westermann

Friedhelm Dukat, Norbert Gehring, Helmut Holtrup, Rainer Lennartz, Gerald Riecke,
Wolfgang Schramm

Herausgeber: Friedhelm Dukat

Prüfungsvorbereitung Fahrzeuglackierer

Gesellenprüfung/Abschlussprüfung

5. Auflage

Bestellnummer 04909

Die in diesem Werk aufgeführten Internetadressen sind auf dem Stand zum Zeitpunkt der Drucklegung. Die ständige Aktualität der Adressen kann vonseiten des Verlages nicht gewährleistet werden. Darüber hinaus übernimmt der Verlag keine Verantwortung für die Inhalte dieser Seiten.

Bildquellenverzeichnis:
|BC GmbH Verlags- und Medien-, Forschungs- und Beratungsgesellschaft, Ingelheim: 86, 122, 154. |Bundesverband Farbe Gestaltung Bautenschutz, Frankfurt am Main: Titel. |Di Gaspare, Michele (Bild und Technik Agentur für technische Grafik und Visualisierung), Bergheim: 170, 181, 187. |Dukat, Friedhelm, Recklinghausen: 86. |Gehring, Norbert, Rheine: 190, 193. |Glasurit, Münster: 83, 109, 144. |HAZET-WERK Hermann Zerver GmbH & Co. KG, Remscheid: 92. |Kfz.-Sachverständigenbüro Brentrop, Dortmund: 3, 8. |LAYHER (Wilhelm Layher GmbH & Co KG), Güglingen-Eibensbach: 155. |Maschmeyer GmbH, Dortmund: 3, 40, 74, 106, 170. |SATA GmbH & Co. KG, Kornwestheim: 85. |stock.adobe.com, Dublin: loraks Titel; markus_marb 86; White, Alex 86. |STORCH Malerwerkzeuge & Profigeräte GmbH, Wuppertal: 11, 145. |Vestische Straßenbahnen GmbH, Herten: Hans Still 3, 136, 150, 156.

Wir arbeiten sehr sorgfältig daran, für alle verwendeten Abbildungen die Rechteinhaberinnen und Rechteinhaber zu ermitteln. Sollte uns dies im Einzelfall nicht vollständig gelungen sein, werden berechtigte Ansprüche selbstverständlich im Rahmen der üblichen Vereinbarungen abgegolten.

service@westermann.de
www.westermann.de

Bildungsverlag EINS GmbH
Ettore-Bugatti-Straße 6-14, 51149 Köln

ISBN 978-3-427-**04909**-8

westermann GRUPPE

Inhaltsverzeichnis

Vorwort

Eine qualifizierte Ausbildung ist der Grundstein für den beruflichen Werdegang. Dazu gehört es, erworbene Kenntnisse und Fertigkeiten in Prüfungen nachzuweisen. Diese Aufgabensammlung soll Auszubildende in der Ausbildung zum Fahrzeuglackierer/zur Fahrzeuglackiererin bei der Vorbereitung auf Teil B (Kenntnisprüfung) der Gesellenprüfung/Abschlussprüfung nachhaltig unterstützen.
Die Aufgaben orientieren sich an sechs konkreten Kundenaufträgen und bieten somit auch Hilfestellungen für das im Teil A (Durchführung einer Arbeitsaufgabe) der Gesellenprüfung/Abschlussprüfung geforderte Fachgespräch. Die Aufgabensammlung enthält eine Fülle von handlungsorientierten Aufgaben, mit denen der/die Bearbeiter/-in üben kann, fachliche Probleme mit verknüpften informationstechnischen, technologischen und mathematischen Kenntnissen zu analysieren, zu bewerten und zu lösen.
Sie ist auch für Schüler/-innen eine große Hilfe, die sich auf handlungsorientiert ausgerichtete Klassenarbeiten vorbereiten wollen.
Die Aufgaben sind so zusammengestellt, dass der Bearbeiter/die Bearbeiterin die Fähigkeit der Analyse, Bewertung und Lösung berufsspezifischer Problemstellungen, wie sie in den verschiedenen Prüfungsbereichen des Teils B gefordert wird, überprüfen und trainieren kann.

Somit eignet sich diese Aufgabensammlung auch sehr gut zum Einsatz

- in der Fachstufe der Berufsschule,
- in der innerbetrieblichen Berufsausbildung,
- in Vorbereitungskursen der Aus- und Weiterbildung,
- als Aufgabensammlung für Tests und Klassenarbeiten.

Damit der Lernende/die Lernende leicht überprüfen kann, ob die Aufgaben richtig gelöst wurden, sind Musterlösungen in einer gesonderten Beilage beigefügt. Im Teilbereich Flächen-, Kosten- und Mengenberechnung sind im Lösungsheft neben den Endergebnissen ausführlich die Lösungswege aufgezeigt.
Der Bundesverband Farbe Gestaltung Bautenschutz dankt allen Autoren, die diese Aufgabensammlung zur Vorbereitung auf die Gesellenprüfung/Abschlussprüfung möglich gemacht haben und ihre Kenntnisse und Erfahrungen haben einfließen lassen.
Allen angehenden Gesellen und Gesellinnen/Facharbeitern und Facharbeiterinnen wünscht viel Erfolg bei den anstehenden Prüfungen und Ihrer weiteren Tätigkeit in unserem Mobilität gestaltenden Handwerk

Ihr

MLM Jan Bauer
Präsident

BUNDESVERBAND FARBE GESTALTUNG BAUTENSCHUTZ
BUNDESINNUNGSVERBAND DES DEUTSCHEN MALER- UND LACKIERERHANDWERKS

Hinweise zur Bearbeitung

Entsprechend der Verordnung über die Berufsausbildung im Maler- und Lackierergewerbe vom 3. Juli 2003 – Gesellenprüfung/Abschlussprüfung für den Ausbildungsberuf Fahrzeuglackierer/Fahrzeuglackiererin – ist jeder Kundenauftrag in dieser Aufgabensammlung in folgende Prüfungsbereiche gegliedert:

1. Prüfungsbereich Beschichtungstechnik und Gestaltung
   Aufgaben zur Vorgehensweise bei der Durchführung von Beschichtungen und Applikationen, Gestaltungen und Beschriftungen von Oberflächen an Fahrzeugen, Objekten, Einzel- und Serienteilen einschließlich Finish-Arbeiten.
   Aufgaben zur Berechnung von Flächen, Kosten und Mengen

2. Prüfungsbereich Instandsetzung und Instandhaltung
   Aufgaben zur Vorgehensweise bei der Instandhaltung von Oberflächen und der Instandsetzung von Fahrzeugen, Bauteilen und Objekten zur Vorbereitung der Lackierung
   Aufgaben zur Vorgehensweise bei der Ermittlung von Schäden und deren Behebung
   Aufgaben zur Vorgehensweise bei der Durchführung von Demontage- und Montagearbeiten
   Aufgaben zur Berechnung von Flächen, Kosten und Mengen

3. Prüfungsbereich Wirtschafts- und Sozialkunde
   Aufgaben zu allgemeinen wirtschaftlichen und gesellschaftlichen Zusammenhängen der Berufs- und Arbeitswelt

Die Inhalte der Aufgaben orientieren sich an den Vorgaben der Ausbildungsordnung Fahrzeuglackierer/Fahrzeuglackiererin und leiten sich aus dem jeweiligen Kundenauftrag ab. Die Positionen der einzelnen Kundenaufträge spiegeln exemplarische Handlungssituationen aus Aufgabenbereichen der Berufspraxis wider. Die Aufgaben können jedoch über den konkreten Kundenauftrag hinaus auch verfahrensübergreifende Fragestellungen beinhalten. Dabei beziehen sie sich aber immer auf Ausbildungsinhalte, die für einen Fahrzeuglackierer/eine Fahrzeuglackiererin zur Gesamtqualifikation erforderlich sind.

Die nicht programmierten Aufgaben sind auf den Arbeitsblättern schriftlich zu bearbeiten.
Bei der Bearbeitung der Fragen nach dem Multiple-Choice-Verfahren aus den Prüfungsbereichen Beschichtungstechnik und Gestaltung, Instandsetzung und Instandhaltung sowie Wirtschafts- und Sozialkunde ist zu beachten, dass jeweils nur eine Antwort richtig ist.

Als Zeitrahmen für die Bearbeitung des Prüfungsbereiches Beschichtungstechnik und Gestaltung sind höchstens 180 Minuten, für Instandsetzung und Instandhaltung 120 Minuten und für den Prüfungsbereich Wirtschafts- und Sozialkunde maximal 60 Minuten anzusetzen. Darüber hinaus wird bewusst auf Bewertungsmaßstäbe, Punktsysteme und Zeitvorgaben verzichtet, da das Werk bei sorgfältiger Bearbeitung und Auswertung der Kundenaufträge eine gute Basis für die eigene Einschätzung des Leistungsstandes bietet.

1 Reparaturlackierung Mercedes Kombi C 230 (T 202)

Kundenauftrag

Der beschädigte Mercedes Kombi C 230 (T 202), 5-türig, Baujahr 2002, Farbton silbermetallic, soll nach einem Unfall instand gesetzt werden.

Schadensbeschreibung

Seitenwand hinten links:	beschädigt und gestaucht
Stoßfänger hinten:	verkratzt, eingerissen und deformiert
Tür hinten links:	Unterteil deformiert
Hecktür:	deformiert
Heckblech:	deformiert
Schlussleuchte hinten links komplett:	beschädigt

Auftragspositionen

Pos. 1 Seitenwand hinten links erneuern
Pos. 2 Stoßfänger hinten erneuern, einschl. Heckblech und Anhängerkupplung
Pos. 3 Tür hinten links, Unterteil instand setzen
Pos. 4 Hecktür instand setzen
Pos. 5 Heckblech erneuern
Pos. 6 Schlussleuchte hinten links komplett erneuern
Pos. 7 Schriftzug mit Dekor

Leistungsbeschreibung des Kundenauftrags

Pos.	Bezeichnung
Pos. 1	**Seitenwand hinten links erneuern** Heckpartie im verunfallten Zustand rückverformen, Seitenwand heraustrennen, neue Seitenwand und Heckleuchtenversteifung passgenau einschweißen, Schweißnähte reinigen und verzinnen. Seitenwand lackieren, Beschichtungsaufbau nach Lackierstufe I.
Pos. 2	**Stoßfänger hinten erneuern, einschl. Heckblech und Anhängerkupplung** Der Stoßfänger wird durch ein Altteil mit geringfügigen Oberflächenbeschädigungen ersetzt. Der Stoßfänger besteht aus Kunststoff (PP-EPDM), ist durch Spachtelarbeiten in Stand zu setzen und in Wagenfarbe zu lackieren, Beschichtungsaufbau nach Lackierstufe K3. Heckblech und Anhängerkupplung erneuern.
Pos. 3	**Tür hinten links, Unterteil instand setzen** Türinnenverkleidung aus- und einbauen, ausbeulen und Beschichtungsaufbau nach Lackierstufe III ausführen sowie Hohlraumschutz aufbringen.
Pos. 4	**Hecktür instand setzen** Hecktür zerlegen und zusammenbauen, ausbeulen und Beschichtungsaufbau nach Lackierstufe III ausführen sowie Hohlraumschutz aufbringen.
Pos. 5	**Heckblech erneuern** Neuteil. Beschichtungsaufbau nach Lackierstufe I.
Pos. 6	**Schlussleuchte hinten links komplett erneuern**
Pos. 7	**Schriftzug mit Dekor** Schriftzug MERCEDES ON TOUR auf die vorderen Türen diagonal einpassen und angrenzende Flächen mit einem Dekor gestalten.

Abbildungen des Unfallfahrzeugs

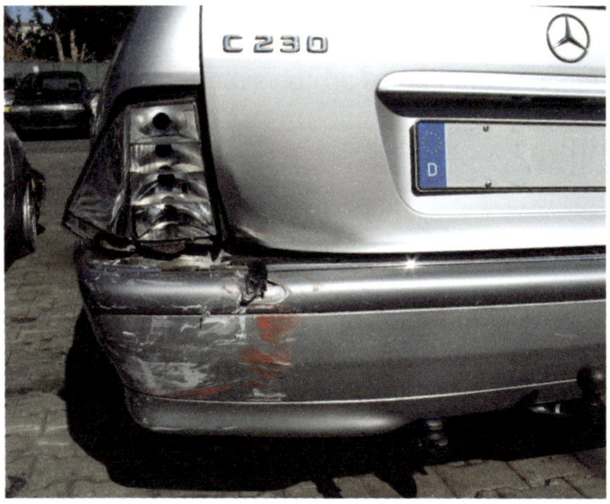

Auszug aus der Reparaturkostenermittlung

Fahrzeug	**MERCEDES KOMBI C 230 (T 202)**	Kennz.	Bj. 5/02	km
Farbe	**silbermet. 744**	Fahrgest.Nr.	AU	HU

Arbeitswerte	**PG**	**Std**	**Preis** in Euro
Sicherheitsmaßnahmen vor Reparaturbeginn durchführen	M	0,2	
Beschlagteile an Tür h l aus- und einbauen	M	0,8	
Hecktür umbauen	M	1,2	
Richtbanksatz und Richtbankarbeiten	K	3,8	
Rückverformung an verunfallter Heckpartie	K	2,8	
Dichtarbeiten (Nähte, UBS)	K	1,3	
Anhängerkupplung erneuern	M	1,2	
Stoßfängerverkleidung hinten erneuern	M	1,3	
Heckleuchte komplett erneuern	M	0,4	
Seitenwand erneuern (einschl. Sicherung der Innenausstattung)	K	13,0	
Reparatursatz/Klebesatz Fenster Seitenwand	M	1,5	
Heckblech erneuern	K	11,5	
Hauptschalldämpfer erneuern	M	0,6	
Spur vermessen und einstellen	M	0,7	
Hecktür instand setzen	K	1,8	
Tür h l instand setzen	K	1,1	

K = Karosseriearbeiten
M = Mechanikerarbeiten

Stundenverrechnungsatz Karosserie = 72,10 €
Stundenverrechnungsatz Mechanik = 72,10 €
Stundenverrechnungsatz Lack = 73,20 €

Auszug aus der Reparaturkostenermittlung

Fahrzeug	**MERCEDES KOMBI C 230 (T 202)**	Kennz.	Bj. 5/02	km
Farbe	**silbermet. 744**	Fahrgest.Nr.	AU	HU

Teile		**Teile-Nr**	**Einzelpreis**	**Ges.Preis** in Euro
1 Stück	Anhängerkupplung	2023100495	208,10	208,10
1 Stück	Träger Stoßfänger hinten	2028850621	128,92	128,92
1 Stück	Zierblendensatz	202851774	137,07	137,07
1 Stück	Stoßfänger hinten komplett	2028851325	299,99	299,99
2 Stück	Stoßfängerhalter seitlich (l + r)	2028800630	5,74	11,48
1 Stück	Heckleuchte komplett l	2028203964	110,73	110,73
1 Stück	Seitenwand l	2026300921	293,02	293,02
1 Stück	Reparatur-/Klebesatz Fenster Seitent l	2206700093	51,62	51,62
1 Stück	Heckblech	2026400571	119,58	119,58
1 Stück	Heckleuchtenträger l	2026370144	18,06	18,06
1 Stück	Hecktür/-klappen/-deckeldichtung	2027400278	41,99	41,99
1 Stück	Firmenemblem	2027580158	4,97	4,97
1 Stück	Typbezeichnung	2028171515	14,04	14,04
1 Stück	Reparatur-/Klebesatz Fenster Hecktür	2206700093	51,62	51,62
1 Stück	Hauptschalldämpfer	2024903521	318,96	318,96
1 Stück	Stoßfängerverkleidung hinten Mitte	2028851125	97,79	97,79
1 Stück	Schweiß-, Zinn- und Flussmittel	2028851225	25,00	25,00

Lackierkosten	**Art**	**Stufe**	**Std**	**Preis** in Euro
Tür h l komplett	200	III	1,3	120,24
Seitenwand h l komplett	200	I	2,6	243,80
Hecktür mit Fensterrahmen	200	I	1,4	129,26
Heckblech komplett	200	I	1,8	156,09
Stoßfänger hinten a+e	200	K1R	0,9	127,34
Abdeckung Stoßfänger hinten Mitte b-d	200	K1R	0,7	91,73
Vorb. Blech (am Fahrzeug mit Vorlackieren)	200		2,1	179,52
Vorb. Kunststoff (Verbundarbeit)	200		0,5	42,20
Lackanmischung mit Mischanlage (1)			0,3	21,96

Nebenkosten	**Preis** in Euro
Endreinigung pauschal	45,00

Zwischensummen	**Std**	**Preis**	**Preis** in Euro
Arbeitswerte	43,2	72,10	3.114,72
Teile			1.932,94
Lackierzeit	11,6	73,20	849,12
Lackiermaterial			263,02
Nebenkosten			45,00
Positionssumme			**6.204,80**

Nettosumme **6.204,80**

Name/Datum

1. Welche Abdeck- und Abklebearbeiten müssen Sie bei den Reparaturarbeiten am Mercedes Kombi C 230 (T 202) durchführen?

2. Woraus besteht in der Regel eine flüssige Abdeckfolie?

- a 80 % Wasser, 10 % Vinylharz, 10 % Alkohol
- b 60 % Wasser, 20 % Vinylharz, 20 % Alkohol
- c 40 % Wasser, 40 % Vinylharz, 20 % Alkohol
- d 20 % Wasser, 40 % Vinylharz, 40 % Alkohol

3. Bei den Abdeckarbeiten am Mercedes Kombi C 230 (T 202) setzen Sie eine flüssige Abdeckfolie ein.
Wovor schützt diese Folie?

4. Womit tragen Sie die flüssige Abdeckfolie auf das Fahrzeug auf?

- a Spritzpistole
- b Lackierroller
- c Mit einem Folienroller
- d Mit einem 14er Ringpinsel

5. Das Fahrzeug soll mit einer flüssigen Abdeckfolie abgedeckt werden.
Beschreiben Sie die erforderlichen Arbeitsgänge.

6. Welchen Vorteil hat die Verwendung einer flüssigen Abdeckfolie?

- a Reduzierung der Entsorgungskosten
- b Oberfläche hat Lotuseffekt
- c Schnelle Durchführung der Abdeckung
- d Schnellerer Arbeitsablauf

7. Welche Eigenschaft muss ein Klebeband besitzen, das Sie bei den Abklebearbeiten einsetzen?

- a Das Klebeband muss scharfkantig sein
- b Das Klebeband muss wasserresistent sein
- c Das Klebeband muss luftdurchlässig sein
- d Das Klebeband muss abrissfest sein

8. Benennen Sie die abgebildeten Geräte, die zum Anrauen von Oberflächen eingesetzt werden.

9. Nennen Sie acht Werkzeuge, Geräte und Maschinen der Lackierwerkstatt, die mit Druckluft betrieben werden können.

10. Nachdem Sie auf dem Unterteil der Fahrzeugtür hinten links den Polyesterspachtel mit Schleifpapier P 150 geschliffen haben, müssen Sie mit einem Schleifpapier anderer Körnung weiterarbeiten.
Welche Körnung muss dieses Schleifpapier haben? Begründen Sie die Kornauswahl.

11. Welche Information enthält die Kornnummer P 150?

- a 150 Körner auf einer Fläche von einem Quadratzoll
- b 150 Körner auf einer Fläche von einem Quadratzentimeter
- c 150 Sieböffnungen auf einer Fläche von einem Quadratzoll
- d 150 Sieböffnungen auf einer Fläche von einem Quadratzentimeter

12. Beim Spachtelschliff kann es zu Durchschliffstellen bis zum blanken Blech kommen.
Diese Durchschliffstellen werden mit einem Primer beschichtet.
Nennen Sie zwei Aufgaben dieses Primers.

13. Wie wird eine verzinnte Stelle am Fahrzeug zur Beschichtung vorbereitet?

- a Durch Abwaschen mit Nitroverdünnung und Trockenreiben mit einem saugstarken Lappen, anschließend Nassschliff mit wasserfestem Schleifpapier P 400
- b Durch Pinselreinigung mit Nitroverdünnung und nach Abtrocknung, Anschleifen mit P 120 Trockenschleifpapier
- c Durch leichtes Reinigen mit Siliconentferner und sofortiges Beschichten mit Washprimer
- d Durch Glasperlstrahlen

14. Was bewirkt eine zu hohe Härterzugabe in Polyesterspachtelmassen?

- a Nicht gebundene Härteranteile wandern durch die Beschichtungen und können an der Oberfläche Farbveränderungen und Vermattungen hervorrufen
- b Die Spachtelmasse härtet schnell, versprödet und haftet nicht auf dem Untergrund
- c Nicht gebundene Härteranteile quellen die Altlackierung an und sorgen so für einen Abbeizeffekt. Die gesamte Beschichtung muss entfernt werden
- d Die Reaktionswärme in der Spachtelmasse wird höher als normal, so dass keine Haftung auf dem Untergrund entstehen kann und sich bei der Trocknung Blasen bilden

15. Erläutern Sie die Eigenherstellung und den Einsatz von Schleifkontrollfarben.

16. Welche Aufgabe hat die Grundierung in einem Beschichtungssystem?

- a Haftvermittler für den Klarlack
- b Haftvermittler für den Lack
- c Haftvermittler für den Untergrund
- d Haftvermittler für den Lackaufbau

17. Mit welchem Material kann der Stahluntergrund für eine nachfolgende Beschichtung vorbereitet werden?

- a Chassislack
- b Primer
- c Bindemittel
- d Additiv

18. Warum wird ein Füller auf Spachtelflächen eingesetzt?

- a Der Füller schützt die Ganzlackierung vor Verwitterung
- b Der Decklack muss dann nicht unbedingt dick aufgetragen werden
- c Die Kohäsionskräfte zwischen Füller und Decklack werden dadurch verbessert
- d Der Untergrund wird abgesperrt, Lunker und Schleifriefen werden abgedeckt

19. Was beschreibt der Begriff HS (High Solid)?

- a Der Festkörpergehalt beträgt bei diesem Produkt 65 % und mehr
- b Der Übertragungswirkungsgrad liegt bei diesem Produkt bei 65 % und mehr
- c Die Haftung auf allen Untergründen ist besonders hoch
- d Die Viskosität eines solchen Produktes ist besonders hoch

20. Nennen Sie den härtenden Bestandteil in Härterzusätzen für 2K-Acryl-Beschichtungsstoffe.

a Alkydharz

b Melaminharz

c Acrylharz

d Isocyanatharz

21. Welcher Beschichtungsstoff ist hygroskopisch?

a HS-Klarlack

b 2K-Acrylfüller

c Polyesterfüller/Spritzspachtel

d Kunststoffhaftprimer

22. Worauf müssen Sie achten, wenn Sie extrem festkörperreiche VHS- oder UHS-Klarlacke verarbeiten? Begründen Sie Ihre Antwort.

23. Worin unterscheidet sich die Trockenschichtstärke des Klarlacks von der des Basislacks?

a Die Trockenschichtstärke des Klarlacks ist 6x höher als die des Basislacks

b Die Trockenschichtstärke des Klarlacks ist halb so hoch wie die des Basislacks

c Die Trockenschichtstärke des Klarlacks ist 3x höher als die des Basislacks

d Die Trockenschichtstärke des Klarlacks ist genau so hoch wie die des Basislacks

24. Welche Zeitangabe entspricht der Ablüftzeit für einen 1K-Kunststoffprimer bei 20 °C?

a 5 Minuten vor Füllerauftrag/Decklackauftrag

b 15 Minuten vor Füllerauftrag/Decklackauftrag

c 25 Minuten vor Füllerauftrag/Decklackauftrag

d 35 Minuten vor Füllerauftrag/Decklackauftrag

25. Warum müssen Werkzeuge, Geräte und Mischgefäße beim Verarbeiten eines 2K-Lacks absolut wasserfrei sein?

- a 2K-Lacke reagieren mit den Verarbeitungsgeräten
- b 2K-Lacke reagieren mit Feuchtigkeit
- c 2K-Lacke reagieren mit den Kunststoffen der Mischgefäße
- d 2K-Lacke reagieren mit der Oberflächenspannung der Lackgefäße

26. Wodurch entstehen Kocher in der Lackoberfläche?

- a Zu dünner Lackaufbau – Temperatur zu niedrig
- b Zu satter Lackaufbau – Ablüftzeit zu lang
- c Zu dünner Lackaufbau – Temperatur zu hoch
- d Zu satter Lackaufbau – Ablüftzeit zu kurz

27. Was bedeutet es für den Fahrzeuglackierer, wenn der zu lackierende Farbton in der Rezeptur in mehreren Nuancen angegeben ist?

- a Der Farbcode auf dem Typenschild gibt die richtige Nuance an
- b Die dunklere Nuance ist immer richtig
- c Die richtige Farbton-Nuance ist beim Hersteller abzufragen
- d Die Farbtonabstimmung ist erschwert

28. Nach Aufspritzen eines Musters im Farbton silbermetallic stellen Sie fest, dass der Farbton des Musters gegenüber dem Fahrzeug zu dunkel erscheint.
Nennen Sie mindestens drei spritztechnische Möglichkeiten, durch die der Farbton heller erscheint.

29. Die Seitenwand des Mercedes Kombi C 230 (T 202) bietet im Bereich der D-Säule keine Absetzmöglichkeiten. Deshalb muss zur Begrenzung der Reparaturfläche eine Beilackierung durchgeführt werden.
Warum wird diese Technik eingesetzt?

30. Welche Ursachen haben vermattete Oberflächen, die beim Trocknen, nach dem Klarlackauftrag, auftreten können?

31. Welches ist das korrekte Spritzbild einer Lackierpistole und welche Fehler liegen bei den anderen Spritzbildern vor?

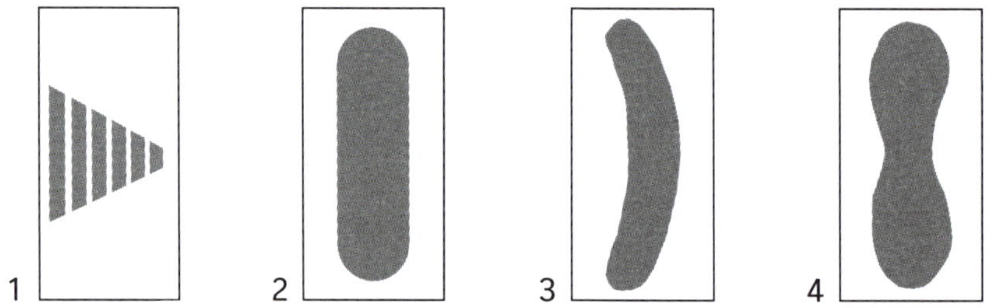

32. Sie bekommen die Aufgabe, eine Spritzpistole zu reparieren.
Bringen Sie die Arbeiten, die beim Austausch der Luftkolbenpackung anfallen, in eine sach- und fachgerechte Reihenfolge.

Reihenfolge	Arbeitsschritte
	Ausbau der Farbnadel
	Luftkolbenpackung einsetzen, festziehen und sichern
	Abzugsbügel anbauen
	bewegliche Teile mit Pistolenfett einfetten
	Bolzen sichern und Sicherungsring festdrücken
	Düsensatz einbauen
	Luftkolbenstange einsetzen
	Bügelbolzen und Federscheibe einsetzen
	Luftkolbenstange herausnehmen
	Sicherungsring mit kleinem Schraubendreher vorsichtig lösen
	die zwischen Pistolenkörper und Abzugsbügel sitzende Federscheibe abbauen
	Luftkolbenpackung mit Inbusschlüssel demontieren
	Feder und Materialmengenregulierung leicht einfetten (Pistolenfett)

33. Sie führen mit der Lackierpistole eine Spritzprobe durch. Der Spritzdruck ist zu gering.
Woran erkennen Sie das am Spritzbild?

a Das Spritzbild ist konkav

b Das Spritzbild ist größer

c Das Spritzbild ist kleiner

d Das Spritzbild ist deformiert

34. Worauf müssen Sie bei der Druckmessung am Pistoleneingang achten?

a Dass die Materialmengenregulierung geschlossen ist

b Dass der Abzugsbügel durchgezogen ist

c Dass die Materialmengenregulierung maximal geöffnet ist

d Dass der Abzugsbügel geschlossen ist

35. Entnehmen Sie dem Auszug aus der Reparaturkostenermittlung für den Mercedes Kombi C 230 (T 202) die Lackierzeit.
Ermitteln Sie den Stundenverrechnungssatz für die Lackierarbeiten.
Welchen Prozentanteil an der Nettosumme der Rechnung haben die Lackierkosten?

Berechnung:

36. Um einen Kundenauftrag abzuarbeiten benötigen zwei Gesellen eine Arbeitszeit von 5,8 Stunden. In wie viel Minuten müssen drei Gesellen die gleiche Arbeit schaffen?
Berechnen Sie die ermittelte Arbeitszeit auch in Stunden.

Berechnung:

37. Als Geselle erhalten Sie einen Bruttolohn von 17,15 €. Sie arbeiten an 22 Tagen im Monat täglich 8 Stunden.
Berechnen Sie Ihren Nettolohn, der monatlich auf Ihr Girokonto überwiesen wird.
Berücksichtigen Sie dabei folgende Abgaben: 20,5 % Sozialabgaben (Arbeitnehmeranteil), 19 % Lohnsteuer, 5,5 % Solidaritätszuschlag und 9 % Kirchensteuer.
Beachten Sie: Berechnungsgrundlage für den Solidaritätszuschlag und die Kirchensteuer ist die Lohnsteuer.

Berechnung:

Name/Datum

38. Der Grundfarbton des Mercedes Kombi C 230 (T 202) ist silbermetallic.
Welche Bestandteile des verarbeiteten Lacks sind für den Farbton sowie für den Metallic-Effekt verantwortlich?

- a Farbtongebende Pigmente und Chromteilchen im Lack
- b Farbtongebende Pigmente und metallische Bindemittel
- c Farbtongebende Pigmente und Aluminiumplättchen
- d Farbtongebende Pigmente, Reflexionsmittel sowie Additive

39. Der Kunde möchte von Ihnen wissen, wodurch eine Farbe bestimmt wird.

- a Farbton, Mischungsverhältnis und Dunkelstufe
- b Buntton, Dunkelstufe und Mischungsverhältnis
- c Buntton, Helligkeit und Dunkelstufe
- d Farbton, Helligkeit und Sättigungsgrad

40. Bei welchem Betrachtungswinkel ist der typische Effekt von Metallic-Lacken am stärksten wahrzunehmen?

- a Bei einem Winkel von 30°
- b Bei einem Winkel von 90°
- c Bei einem Winkel von 45°
- d Bei einem Winkel von 60°

41. Mit welcher Technik kann am Mercedes Kombi C 230 (T 202) der Farbton der Lackierung ermittelt werden?

- a Abgleichen des Farbtons mit Farbmusterplatten
- b Abgleichen des Farbtons durch Auftupfen
- c Abgleichen mit der Lackierung eines anderen gleichfarbigen Fahrzeugs
- d Abgleichen mit dem spritzfertigen Lack am Rührstab

42. Der Schriftzug **MERCEDES ON TOUR** soll in einem Rotton auf die vorderen Türen des Mercedes Kombi C 230 (T 202) appliziert werden.
Welcher Farbkontrast wird dadurch erzielt?

- a Komplementärkontrast
- b Sukzessivkontrast
- c Simultankontrast
- d Hell-Dunkel-Kontrast

43. Welchen Farben wird die Farbe Rot zugeordnet?

a Primärfarben

b Sekundärfarben

c Tertiärfarben

d Quintafarben

44. Welche Farbe liegt im sechsteiligen Farbkreis der Farbe Rot gegenüber?

a Blau

b Grün

c Gelb

d Violett

45. Welche Wirkung hat die Farbe Rot auf den Betrachter?

a Leidenschaftlich, aktiv

b Beruhigend, natürlich

c Kühl, sinnlich

d Feierlich, würdig

46. Welcher Schriftart ist das Schriftbild zuzuordnen?

MERCEDES ON TOUR

a Barock-Antiqua

b Serifenbetonte Linear-Antiqua

c Serifenlose Linear-Antiqua

d Klassizistische Antiqua

47. Was muss beim Herstellen des Schriftzugs **MERCEDES ON TOUR** beachtet werden?

a Die Strichstärke der Großbuchstaben

b Der optische Ausgleich zwischen den Großbuchstaben

c Die Konstruktion der runden Buchstaben

d Die Balkenstärke der geraden Buchstaben

48. Warum ragen bei runden Buchstaben die Bogen über die normale Buchstabenhöhe hinaus?

- a Weil die Schrift dann besser lesbar ist
- b Weil die Rundungen optisch breiter wirken sollen
- c Damit Ungenauigkeiten im Schriftbild nicht auffallen
- d Damit sie optisch gleich hoch wie die anderen Buchstaben wirken

49. Auf der Fahrzeugtür soll der Schriftzug **MERCEDES ON TOUR** eingepasst und auslackiert werden.
Ermitteln Sie die Breite des Schriftzugs. Die Höhe ist vom Kunden mit 80 mm vorgegeben.
Das Verhältnis Breite : Höhe soll 8,5 : 1 betragen.
Wie hoch ist der Schriftzug in cm?

Berechnung:

50. Wann müssen Sie Atemschutz tragen?

- a Wenn Sie in geschlossenen Räumen arbeiten
- b Wenn Sie mit gesundheitsschädlichen Stoffen in der Atemluft zu rechnen haben
- c Wenn Sie keine andere Maßnahme zur Atemerleichterung haben
- d Wenn Sie Arbeiten durchführen, die aus ärztlicher Sicht bedenklich sind

51. Zu Ihrer persönlichen Schutzausrüstung (Atemschutz) gehört eine Halbmaske. Darin befinden sich ein A-Filter und ein P-Filter. Um welche Filterarten handelt es sich? Erläutern Sie Aufbau und Aufgaben dieser zwei Filterarten.

52. Welche Aussage ist richtig?

- a Bei Atemschutzmasken sind A-Filter generell vor dem P-Filter auszutauschen
- b Die „TA-Luft“ schreibt Austauschzyklen der Filter von Atemschutzmasken zwingend vor
- c A- und P-Filter sind bei Atemschutzmasken gemeinsam auszutauschen
- d A- und P-Filter sind je nach Abnutzungsgrad der Atemschutzmasken auszutauschen

53. Eine Packung A-Filter, Inhalt 3 Stück, kostet 17,60 € netto. Bei der Abnahme von mindestens 12 Packungen gibt der Großhändler einen Rabatt von 15 Prozent. Aus diesem Grund werden 15 Packungen bestellt. Berechnen Sie den Nettopreis für einen Filter.

Berechnung:

54. Nennen Sie vier mögliche Bereiche, die in „Sicherheitsdatenblättern" aufgeführt werden.

55. Nennen Sie vier mögliche Bereiche, die in „Betriebsanweisungen" aufgeführt werden.

56. Ein Kollege hat beim Anmischen des Basislacks mehrere Spritzer des Lacks in ein Auge bekommen.
Erläutern Sie, welche Erste Hilfe-Maßnahmen eingeleitet und durchgeführt werden müssen.

57. Mit welchem Verbotszeichen müssen Lackierräume als feuergefährdete Bereiche gekennzeichnet sein?

- a Rauchen verboten
- b Feuer, offenes Licht und Rauchen verboten
- c Zutritt für Unbefugte verboten
- d Berühren verboten

58. Wie sind Deckenfilter aus Lackierkabinen zu entsorgen?

- a Sie sind grundsätzlich als Sonderabfall zu entsorgen
- b Sie sind nach den Vorgaben der Kommune zu entsorgen
- c Sie sind mit dem Altpapier zu verwerten
- d Sie sind gegen Nachweis an den Hersteller zurückzugeben

1. Welcher Bauart nach DIN 70010 wird der Mercedes Kombi C 230 (T 202) zugeordnet?
   Nennen Sie mindestens drei Merkmale dieser Bauart.

2. Neben den Kenntnissen über Einsatz und Eigenschaften der Materialien muss auch eine klare Gliederung beim Ablauf einer Reparatur gewährleistet sein.
   Nennen Sie die Arbeitsschritte bei der Karosserieinstandsetzung in der richtigen Reihenfolge, die bei einer karosseriemäßigen Unfallreparatur einzuhalten sind.

3. In welcher Reihenfolge sind die Demontagearbeiten am Mercedes Kombi C 230 (T 202) durchzuführen?

Reihenfolge	**Demontagearbeiten**

4. Was verstehen Fachleute unter „passiver“ Sicherheit im Fahrzeugbau?

5. Nennen Sie Bauteile und Baugruppen am Mercedes Kombi C 230 (T 202), die zur „passiven“ Sicherheit im Straßenverkehr beitragen.

6. Der Stoßfänger hinten wird durch ein Altteil mit geringfügigen Oberflächenbeschädigungen ersetzt. Erläutern Sie die Reparatur dieses Altteils.

7. Nennen Sie drei Ausbeulwerkzeuge.

8. Die Verformungen in der Hecktür des Mercedes Kombi C 230 (T 202) sollen mit einem Hammer und Gegenhalter beseitigt werden.
   Beschreiben Sie dieses Ausbeulverfahren.

9. Was sind Rückverformungsarbeiten und wann spricht man von Unfallinstandsetzung?

10. An welchen Karosserieteilen des Mercedes Kombi C 230 (T 202) müssen Rückverformungsarbeiten durchgeführt werden?

11. Für die Reparaturarbeiten am Mercedes Kombi C 230 (T 202) wurden 43,2 Stunden veranschlagt. Durch unvorhergesehene Schwierigkeiten verlängerte sich die Bearbeitung auf 52,9 Stunden.
    Berechnen Sie die prozentuale Verlängerung der Arbeitszeit.

    Berechnung:

12. Für die Abrechnung ist es notwendig, die Mechaniker- und Karosseriearbeiten separat aufzuführen. Entnehmen Sie dem Auszug aus der Reparaturkostenermittlung (Kundenauftrag 1, Seite 8 und 9) die Kalkulationswerte für die Mechanikerarbeiten.
    Berechnen Sie die Bearbeitungszeit in Stunden, die Bearbeitungszeit in Minuten und die Arbeitskosten Mechanik.

    Berechnung:

13. Berechnen Sie die Gesamtarbeitskosten (netto) für Mechaniker- und Karosseriearbeiten und den jeweiligen prozentualen Anteil dieser Kosten an den Gesamtarbeitskosten.
    Entnehmen Sie dem Auszug aus der Reparaturkostenermittlung (Kundenauftrag 1, Seite 8 und 9) den Preis für die Karosseriearbeiten.

    Berechnung:

Name/Datum

14. Vor und nach der Unfallinstandsetzung muss am Fahrzeug eine Fahrwerksvermessung durchgeführt werden. Bevor die Vermessung beginnen kann, sind Prüfungen am Fahrzeug vorzunehmen.

Nr.	Zu den erforderlichen Prüfungen gehören:
1.	
2.	
3.	
4.	
5.	
6.	

15. Die Radstellung ist für den Geradeauslauf, eine gute Haftung der Reifen bei Kurvenfahrt und für den Reifenverschleiß von maßgebender Bedeutung.
Wodurch wird die Radstellung bestimmt?

16. Sie müssen nach der Unfallinstandsetzung beim Mercedes Kombi C 230 (T 202) die Anhängersteckdose neu anklemmen.
Was bedeutet die Klemme 54 an einer 7poligen Anhängersteckdose?

a Dauerstrom
b Masse
c Standlicht
d Bremsleuchten

17. Welches Symbol zeigt eine Sicherung?

a b c d

18. Wodurch können Kurzschlüsse und Kabelbrände beim Ausbau von Aggregaten vermieden werden?

a Durch Bereitstellung eines Feuerlöschers

b Durch Bereitstellung eines nassen Putzlappens

c Durch Abziehen des Zündschlüssels vor Arbeitsbeginn

d Durch Abklemmen der Batterie vor Arbeitsbeginn

19. Bei der Überprüfung der elektrischen Anlage müssen Sie einen Strom- und einen Spannungsmesser einsetzen.
In welchem der Schaltbilder sind Strom- und Spannungsmesser richtig angeschlossen?

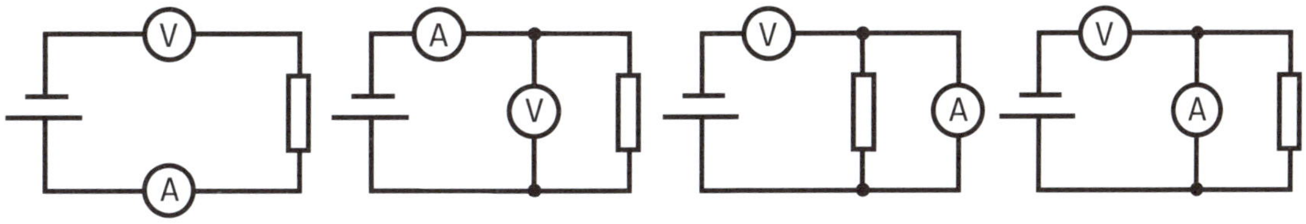

a b c d

20. Bei dem Unfallfahrzeug Mercedes Kombi C 230 (T 202) ist ein elektrisches Stromkabel defekt und muss ersetzt werden.
Wonach richtet sich der Querschnitt eines Kabels zu einem elektrischen Verbraucher?

a Von der Höhe der angelegten Spannung

b Von der Art der Isolierung

c Von der Länge der Leitung

d Von der Stromaufnahme des Verbrauchers

21. Versehentlich wurde in der neuen Signalleuchte (hinten links) beim Mercedes Kombi C 230 (T 202) statt einer 12-Volt-Lampe eine 24-Volt-Lampe eingesetzt.
Welche Folgen hat diese Verwechslung?

a Die Glühlampe leuchtet dunkel

b Die Glühlampe leuchtet sehr hell

c Die Glühlampe brennt durch

d Die Glühlampe leuchtet nicht

22. Während der Instandsetzungsarbeiten am Mercedes Kombi C 230 (T 202) hat sich die Batterie entladen.
Mit welcher Stromart wird eine Kfz-Batterie geladen?

- a Gleichstrom
- b Wechselstrom
- c Drehstrom
- d Netzstrom

23. Nach der Unfallinstandsetzung springt der Mercedes Kombi C 230 (T 202) nicht an.
Sie sollen mithilfe eines Säureprüfers die Fahrzeugbatterie überprüfen.
Bei der Überprüfung wird an dem Säureprüfer der Wert 1,14 abgelesen. Was besagt der Wert?

- a Er gibt den Wassergehalt in der Batterie an
- b Man kann erkennen, dass die Batterie geladen ist
- c Die Zellenspannung beträgt 1,14 Volt
- d Er gibt die Dichte der verdünnten Schwefelsäure an

24. Zum Radwechsel müssen Sie das Fahrzeug anheben. Hierzu benutzen Sie einen Wagenheber.
Wo ist der Wagenheber zu positionieren?

- a An der hinteren Stoßfängeraufnahme
- b Am Aufnahmepunkt
- c An der Hinterachse
- d Am Hebepunkt der B-Säule

25. Vor der Fahrzeugübergabe an den Kunden werden Sie beauftragt den Reifendruck zu prüfen.
Welches Gerät verwenden Sie dafür?

- a Manometer
- b Hygrometer
- c Atü-Meter
- d Mikrometer

26. Bei der Reparatur am Mercedes Kombi C 230 (T 202) wurde die Seitenscheibe hinten links neu eingeklebt.
Wie können Sie die Scheibe auf Dichtigkeit prüfen?

- a Durch die Reklamation des Kunden
- b Durch das Durchfahren einer Waschanlage
- c Durch Aufsprühen von Wasser mit einem Hochdruckreiniger
- d Durch Warten auf einen Wolkenbruch

1. Sie haben vor Beginn Ihrer Ausbildung im Maler- und Lackiererhandwerk einen Berufsausbildungsvertrag abgeschlossen. Mit der Unterzeichnung des Vertrags und der Eintragung in die Lehrlingsrolle sind die Vertragsparteien Rechte und Pflichten eingegangen.
   Welche Pflichten sind die Vertragsparteien eingegangen? Nennen Sie je fünf.

2. Unfallgefahren und Gesundheitsgefährdungen auf der Arbeitsstelle können auch durch die zu verarbeitenden Materialien und die dazu benötigten Geräte und Maschinen entstehen.
   Welche Regelungen des Unfallschutzes sind von Ihnen bei der Verarbeitung von gesundheitsgefährdenden Stoffen zu beachten? Nennen Sie fünf.

3. Der Meister beklagt, dass er wegen der schlechten Konjunktur kaum Nachfolgeaufträge hat.
   Was versteht man unter Konjunktur und in welchen Phasen läuft sie ab?

4. Ein Geselle erzählt Ihnen, dass er sich zu einer beruflichen Fortbildung angemeldet hat. In dem Gespräch fallen auch die Begriffe Berufsausbildung und Umschulung. Erklären Sie die Begriffe Berufsausbildung, berufliche Fortbildung und Umschulung.

5. Zu welchen gesetzlichen Sozialversicherungen müssen Sie und Ihr Arbeitgeber Beiträge abführen? Nennen Sie mindestens drei unterschiedliche Zweige der gesetzlichen Sozialversicherung.

6. Nennen Sie drei Gründe für die Probleme, mit denen die gesetzlichen Sozialversicherungen immer wieder zu kämpfen haben.

7. Nennen Sie drei Reformansätze, mit denen die finanziellen Probleme der gesetzlichen Sozialversicherungen gelöst werden könnten.

8. Wo ist der Urlaubsanspruch eines Arbeitnehmers im Maler- und Lackiererhandwerk nachzulesen?

a Im Gesetz für Urlaubstage eines Arbeitnehmers im Maler- und Lackiererhandwerk

b Im Rahmentarifvertrag für gewerbliche Arbeitnehmer im Maler- und Lackiererhandwerk

c Im Werkvertrag für gewerbliche Arbeitnehmer im Maler- und Lackiererhandwerk

d Im Betriebsverfassungsgesetz für gewerbliche Arbeitnehmer im Maler- und Lackiererhandwerk

9. Wonach richtet sich der Urlaubsanspruch eines Arbeitnehmers im Maler- und Lackiererhandwerk?

a Nach dem Lebensalter und dem Geschlecht

b Nach dem Lebensalter

c Nach dem Lebensalter und der beruflichen Qualifikation

d Nach dem Lebensalter und den Gesellenjahren

10. Wonach berechnen sich die Beitragszahlungen zu Ihren gesetzlichen Sozialversicherungen?

a Nach dem betrieblichen Umsatz

b Nach Ihrem Nettoeinkommen

c Nach Ihrem Bruttoeinkommen

d Nach dem Teil Ihres Einkommens, mit dem Sie versichert sein möchten

11. Wer zahlt in der Regel die Beiträge für die gesetzliche Krankenversicherung?

a Der Arbeitnehmer allein

b Der Arbeitgeber allein

c Der Arbeitgeber und der Arbeitnehmer

d Der Arbeitgeber, wenn er krankenversichert ist

12. Wer leitet die Maler- und Lackiererinnung?

a Der Vorsitzende der Maler- und Lackiererinnung

b Der Geschäftsführer der Kreishandwerkerschaft für Maler- und Lackiererbetriebe

c Der Präsident des Bundesverbandes Farbe Gestaltung Bautenschutz

d Der Obermeister der Maler- und Lackiererinnung

13. Wer finanziert die Maler- und Lackiererinnung?

a Die Kommunen, Bundesländer und das Wirtschaftsministerium

b Die Meister, Gesellen und Auszubildenden des Maler- und Lackierhandwerks

c Die Kreishandwerkerschaft

d Die zur Innung gehörenden Betriebe

14. Zu welcher Aufgabe kann eine Handwerkskammer eine Maler- und Lackiererinnung ermächtigen?

a Durchführung und Abnahme von Meisterprüfungen

b Durchführung und Abnahme von Zwischen- und Gesellenprüfungen

c Bestellung von Sachverständigen für Maler- und Lackiererarbeiten

d Vertretung des Handwerks im Innungsbereich

15. In welchem Gesetz ist die Berufsschulpflicht geregelt?

a Im Berufsbildungsgesetz

b Im Ausbildungsvertrag

c Im Betriebsverfassungsgesetz

d Im Schulpflichtgesetz

16. Welche Aufgaben haben Mitarbeiter eines Betriebes beim Arbeitsschutz?

a Vorgesetzte über sicherheitstechnische Gefahren informieren, Beteiligung bei Unfalluntersuchungen

b Kollegen regelmäßig in Sicherheitsfragen beraten

c Weisungen befolgen, technische Schutzeinrichtungen und persönliche Schutzausrüstung benutzen

d Betriebsinhaber in allen Fragen des Gesundheitsschutzes und der Arbeitssicherheit beraten

17. Wie viele Mitarbeiter müssen bei zwei bis zu 20 anwesenden Versicherten (Mitarbeiter) im Betrieb als Ersthelfer ausgebildet sein?

a Mindestens zwei Mitarbeiter

b Mindestens ein Mitarbeiter

c Kein Mitarbeiter

d Mindestens drei Mitarbeiter

18. Für Anschaffungen ist es notwendig, dass Sie bei einer Bank einen Kleinkredit beantragen. Wie wird der Preis für geliehenes Geld genannt?

a Gewinn

b Bonus

c Zins

d Dividende

19. Menschen haben von Geburt an Bedürfnisse. Welche Bedürfnisse sind für den Menschen lebensnotwendig?

a Nahrung, Bücher, Schmuck

b Nahrung, Kleidung, Wohnung

c Bildung, Theater, Kino

d Reisen, Schmuck, hochwertige Textilien

20. Wie werden die lebensnotwendigen Bedürfnisse eines Menschen genannt?

a Kulturbedürfnisse

b Existenzbedürfnisse

c Luxusbedürfnisse

d Sicherheitsbedürfnisse

21. Welche Aussage ist zu der Marktform „Monopol" richtig?

a Viele Anbieter – mehrere Nachfrager

b Viele Anbieter – viele Nachfrager

c Mehrere Anbieter – viele Nachfrager

d Ein Anbieter – viele Nachfrager

22. Wann beginnt die Rechtsfähigkeit eines Menschen?

a Mit dem 7. Lebensjahr

b Mit der Geburt

c Mit der Volljährigkeit

d Nach der Vollendung des 14. Lebensjahres

23. Welche Aussage ist richtig?

a Grundlage eines Arbeitsvertrags ist eine übereinstimmende Willenserklärung

b Grundlage eines Arbeitsvertrags ist eine einseitige Willenserklärung

c Grundlage eines Arbeitsvertrags ist eine schriftliche Willenserklärung des Arbeitgebers

d Grundlage eines Arbeitsvertrags ist eine schriftliche Willenserklärung des Arbeitnehmers

24. Ihr Betrieb bestellt bei einem Lieferanten mehrere Lackgebinde. Durch die Lieferung des Großhändlers und die Annahme durch Ihren Betrieb ist ein Kaufvertrag entstanden. Durch welchen Umstand kann der Kaufvertrag gestört werden?

a Pünktliche Zahlung der Lacklieferung

b Pünktliche Lieferung der Lacke

c Lieferung mangelhafter Lacke

d Schriftliche Bestätigung der Lieferung

25. Welcher Verwaltungsakt steht am Ende eines gerichtlichen Mahnverfahrens?

a Postnachnahmeverfahren

b Ein Mahnbescheid

c Eine Zwangsvollstreckung durch einen Gerichtsvollzieher

d Ein Vollstreckungsbescheid

26. Wegen fehlender Arbeitsaufträge ist Ihr Arbeitgeber gezwungen, Ihren Arbeitsvertrag zu kündigen. Um welches Rechtsgeschäft handelt es sich dabei?

a Um ein einseitiges Rechtsgeschäft

b Um eine Einzelarbeitsvertragskündigung

c Um ein ungültiges Rechtsgeschäft

d Um ein zweiseitiges Rechtsgeschäft

27. Nach Abzug aller steuerlichen und sozialversicherungspflichtigen Abgaben von Ihrem Bruttolohn verbleibt Ihnen ein „verfügbares Einkommen“. Was wird darunter verstanden?

a Nominallohn

b Fiktiver Lohn

c Effektivlohn

d Reallohn

2 Reparaturlackierung VW Golf VI

Kundenauftrag

Das Geschäftsfahrzeug VW Golf VI, 2-Schicht-Metallic, Deep Black Perleffekt (C9X), des Kosmetik-Studios Laura GbR ist nach einem Hagelschaden beschädigt.
Auf die vorderen Seitentüren soll nach der Instandsetzung das Firmenlogo appliziert werden.

Schadensbeschreibung

Deckel vorne:	beschädigt
Frontscheibe:	beschädigt
Kotflügel links:	Lackabplatzungen
Kotflügel rechts:	beschädigt
Dach:	beschädigt
Dachholm links:	beschädigt

Auftragspositionen

Pos. 1 Deckel vorne sanft instand setzen
Pos. 2 Frontscheibe ersetzen
Pos. 3 Kotflügel links sanft instand setzen
Pos. 4 Kotflügel rechts sanft instand setzen
Pos. 5 Dach instand setzen
Pos. 6 Dachholm links instand setzen
Pos. 7 Schriftzug einschließlich Dekor auf die Seitentüren vorne applizieren

Leistungsbeschreibung des Kundenauftrags

Pos.	Bezeichnung
Pos. 1	**Deckel vorne sanft instand setzen** Lackschadensfreie Dellenbeseitigung.
Pos. 2	**Frontscheibe ersetzen** Verkleidungen für A-Säulen, Innenspiegel, Sonnenblenden und Innenleuchte aus-/einbauen.
Pos. 3	**Kotflügel links sanft instand setzen** Lackschadensfreie Dellenbeseitigung.
Pos. 4	**Kotflügel rechts sanft instand setzen** Lackschadensfreie Dellenbeseitigung.
Pos. 5	**Dach instand setzen** Reparaturlackierung, Lackierstufe IV.
Pos. 6	**Dachholm links instand setzen** Reparaturlackierung, Lackierstufe III.
Pos. 7	**Schriftzug einschließlich Dekor auf die Seitentüren vorne applizieren** Schriftzug „Laura Kosmetik“ und Dekor einmessen, aufbringen, im Kontrast auslackieren.

Abbildungen des Unfallfahrzeugs

Auszug aus der Reparaturkostenermittlung

Fahrzeug	**VW Golf (5K) Team**	Type-Code: 6AF08		
Farbe	Deep Black Perleffekt (C9X)	Fahrgeste.Nr. WVWZZZ1KZBW139527	Bj. 11/10	km 45405
Leistung	118 kW	Kennz. HE - HO1941	HU 11/15	

Arbeitswerte	**Klasse**	**AW**	**Preis** in Euro
Radhausschale v l aus-/einbauen (Rad ausgebaut)	2	3	21,30
Radhausschale v r aus-/einbauen (Rad ausgebaut)	2	3	21,30
Deckel v aus-/einbauen (umfasst: Deckel einstellen)	2	7	49,70
Dämpfung F Deckel v aus-/einbauen	2	2	14,20
Frontscheibe ersetzen (umfasst: Verkleidungen für A-Säulen, Innenspiegel, Sonnenblenden und Innenleuchte aus-/einbauen)	2	22	156,20
Dachverkleidung aus-/einbauen (Säulen Verkleidungen ausgebaut, umfasst: Sonnenblenden und Haltgriffe aus-/einbauen)	2	4	28,40
Dachverkleidung ersetzen (ausgebaut)	3	2	14,20
beide Dämmungen Dach ersetzen	3	19	134,90
Einstiegleiste i l aus-/einbauen	2	1	7,10
Einstiegleiste i r aus-/einbauen	2	1	7,10
Verkleidung B-Säule l aus-/einbauen	2	1	7,10
Verkleidung B-Säule r aus-/einbauen	2	1	7,10
Verkleidung Radhaus h l aus-/einbauen	2	1	7,10
Verkleidung Radhaus h r aus-/einbauen	2	1	7,10
Rad (Räder) v aus-/einbauen	1	2	14,20
Finisharbeiten	1*	15*	106,50
Hagel-System-Formel = Hagel - Expert			
Deckel v sanft instand setzen	5*	38*	269,80
Kotflügel l sanft instand setzen	5*	7*	49,70
Kotflügel r sanft instand setzen	5*	10*	71,00
Dach instand setzen	5*	72*	511,20
Dachholm l instand setzen	5*	11*	78,10
Rüstzeit für sanfte Instandsetzung	5*	6X	42,60

Lackierkosten	**Art**	**Stufe**	**AW**	**Preis** in Euro
Dachholm r	200	III	9	63,90
Dach	200	IV	47	333,70
Vorbereitungsarbeit zur Lackierung/Metall	200	III	19	134,90
Vorbereitungsarbeit für Kunststoffteile/Verbundarbeit	200	K3	8	56,80

Auszug aus der Reparaturkostenermittlung

Fahrzeug	**VW Golf (5K) Team**	Type-Code: 6AF08		
Farbe	Deep Black Perleffekt (C9X)	Fahrgeste.Nr. WVWZZZ1KZBW139527	Bj. 11/10	km 45405
Leistung	118 kW	Kennz. HE - HO1941	HU 11/15	

Teile	**Teile-Nr**	**Einzelpreis**	**Ges.Preis** in Euro
10 Stück Bef-Satz Dämmung	1H5 863 849 A 01C	0,85	8,50
1 Stück Frontscheibe	5K0 845 011 AB NVB	258,00	258,00
2 Stück Applikator	D 009 500 25	2,40	4,80
1 Stück Schneidfaden	357 853 999 B	12,90	12,90
1 Stück Reinigungslösung (0,060 l)	D 009 401 04	5,78	5,78
1 Stück Klebesatz Frontscheibe	D 004 660 M2	37,50	37,50
1 Stück Aktivator Frontscheibe	D 181 802 M1	6,26	6,26
1 Stück Primer Frontscheibe	D 009 200 02	6,85	6,85
2 Stück Dämmung Dach	1K0 867 811 G	32,10	64,20
1 Stück Dachverkleidung	+5K4 867 501 BC 6K8	241,00	241,00
1 Stück Befestigungst. Tür			28,50*
1 Stück Dämm-Matte			10,20*

Nebenkosten	Preis in Euro
Kleinersatzteile (2 %)	12,92
Hohlraumkonservierung	12,00

Zwischensummen	**AW**	**Preis**	**Preis** in Euro
Arbeitswerte/Karosserie			
Gesamt Kl 1 - 71,00 €/Std.	17		120,70
Gesamt Kl 2 - 71,00 €/Std.	47		333,70
Gesamt Kl 3 - 71,00 €/Std.	21		149,10
Gesamt Kl 5 - 71,00 €/Std.	144		1.022,40
Gesamtsumme Arbeitslohn			1.625,90
Teile			645,79
Lackierzeit– 71,00 €/Std.	83		589,30
Lackiermaterial			186,38
Nebenkosten			24,92
Positionssumme			**3.072,29**

Nettosumme **3.072,29**

ARBEITSLOHN
ZEITBASIS: 10 AW = 1 STD
LACKIERUNG
ZEITBASIS: 10 AW = 1 STD

MwSt. 19 %	3.072,29	583,74
Endpreis		**3.656,03**

Zusatzauftrag

Die Stoßfänger, vorne und hinten, aus Kunststoff, reparierbar, sind aufgrund eines Vorschadens beschädigt. Beide Stoßfänger sollen mit instand gesetzt werden. Berechungsgrundlage: 10 AW = 1 Std. = 69,00 €

Arbeitswerte	**Klasse**	**AW**	Preis in Euro
Stoßfänger v aus-/einbauen	2	12	82,80
Stoßfänger h aus-/einbauen, instand setzen	2	24	165,60

Teile	**Teile-Nr**	**Einzelpreis**	**Ges.Preis** in Euro
1 Stück Stoßfänger v	1K0 807 217E GRU	234,50	234,50

Lackierkosten	**Art**	**Stufe**	**AW**	Preis in Euro
Stoßfänger vorne	200	K1R	9	62,10
Stoßfänger hinten	200	K3	15	103,50
Lackiermaterial				116,81
Nettosumme				**765,31**

MwSt. 19 %	765,31 €	145,41 €	**Endpreis**	**910,72**

1. Welche Abdeckmaterialien setzen Sie zum Schutz der nicht ausgebauten Teile und Aggregate bei den Arbeiten am VW Golf VI ein?

2. Nennen Sie zwei Vorteile, die für den Einsatz einer Abdeckfolie sprechen.

3. Welche Nachteile hat die Abdeckung von nicht ausgebauten Teilen und Aggregaten mit Abdeckpapier?

4. Der vordere Stoßfänger des VW Golf VI wird durch ein werkseitig grundiertes Neuteil ersetzt. Wie bereiten Sie das Neuteil für die Beschichtung vor?

5. Der Stoßfänger ist aus dem Kunststoff PP-EPDM hergestellt worden. Bei diesem Stoff handelt es sich um ein „Blend“. Welche Bedeutung hat dieser Begriff?

a Blends sind wärmeempfindlich und nicht schweißbar

b Blends sind Materialien, die das Licht gerichtet reflektieren

c Blends sind Legierungen aus mehreren Kunststoffen

d Blends sind unempfindlich gegen Lösemittel

6. Warum werden Kunststoffe lackiert? Nennen Sie zwei Gründe.

7. Welche Bedeutung hat die Lackierstufe K1R?

a Das Neuteil ist roh und muss gefüllert und anschließend eloxiert werden

b Das Neuteil ist roh und muss vor der Lackierung geschliffen und ggf. Haftvermittler aufgetragen werden

c Das Neuteil ist strukturiert und Haftvermittler bzw. Füller müssen aufgetragen werden

d Das Neuteil ist grundiert oder nicht und es muss Decklack, ggf. Haftvermittler aufgetragen werden

8. Warum müssen tiefe Kratzer in einer Lackoberfläche bis auf den Untergrund ausgeschliffen werden? Beschreiben Sie zwei Schadensmöglichkeiten.

a) ____________________

____

____

____

b) ____________________

____

____

____

____

9. Bei Spachtelarbeiten kommt es vor, dass in die Altbeschichtung gespachtelt wird. Welchen Test müssen Sie vor der Spachtelarbeit auf jeden Fall durchführen?

a Gitterschnittprobe

b Benetzungsprobe

c Suspensionstest

d Solidtest

10. Welche Auswirkungen kann eine hohe Dosierung an Weichmacherzusatz bei einer 2K-Decklackierung (auf Kunststoff) haben?

a Versprödung der Lackoberfläche und beschleunigte Alterung des Lacks

b Spannungsrisse und frühzeitiges Auskreiden der Lackierung

c Verringerung der Deckkraft und Verlängerung der Trocknungszeit

d Erhöhung der Deckkraft und Veränderung des Farbtons

11. Bei welcher Tätigkeit wird eine Lammfellscheibe eingesetzt?

a Beim Polsterreinigen

b Beim Polieren

c Beim Anrauen der Altlackierung zum Beilackieren

d Beim Kunststoffreinigen

12. Die Liste enthält notwendige Arbeitsschritte, um die Hohlraumkonservierung am VW Golf VI auszuführen. Die Arbeitsschritte sind unsortiert.
Ihre Aufgabe ist es, die Arbeitsschritte in der fachlich richtigen Reihenfolge zu nummerieren. Die erste auszuführende Tätigkeit wird mit Nr. 1 gekennzeichnet, die letzte auszuführende Tätigkeit mit Nr. 10.

Reihenfolge	Arbeitsschritte
	Montage der Anbauteile
	Nachkontrolle mit dem Endoskop
	Entfernen von Gummistopfen an den Bohrungen
	Flächen von ausgelaufener Versiegelungsflüssigkeit reinigen
	Demontage von Anbauteilen
	Ausspritzen der Hohlräume (am Boden und/oder auf der Hebebühne)
	Hohlräume austrocknen lassen
	Verschließen der Hohlräume mit Gummistopfen
	Begutachten der Hohlräume mit einem Endoskop
	Anlegen der persönlichen Schutzausrüstung

13. Sie haben die Füllerschicht trocken mit dem Exzenterschleifer Körnung P 400 vorgeschliffen. Welche Körnung wählen Sie zum Nachschleifen der Kanten mit einem Softpad (Vlies) aus?

a Körnung P 180

b Körnung P 500

c Körnung P 800

d Körnung P 1000

14. Wann sollte vor einer Reparaturlackierung ein Lösemitteltest vorgenommen werden?

a Bei der Werkslackierung eines Neuwagens

b Bei dem Verdacht, dass die Altlackierung quellbar oder nicht tragfähig ist

c Bei einer starken Unterrostung der Altlackierung

d Bei Design-Lackierungen auf Wasserbasis

15. Welche Vorarbeit ist notwendig, um einen Lösemitteltest durchzuführen?

a Durchschleifen der Probestellen bis auf den Untergrund

b Anschleifen der Oberfläche der Probestelle

c Gitterschnitt an der Probestelle

d Reinigen der Probestelle mit einer Nadelpistole

16. Womit führen Sie einen Lösemitteltest durch?

a Silikonentferner

b Spiritus

c Salmiakgeist

d NC-Verdünnung

17. Was wird mit dem Flammpunkt eines Lösemittels angegeben?

a Die niedrigste Temperatur, bei der ein Lösemitteldampf-Luftgemisch entzündet werden kann

b Die niedrigste Temperatur, bei der sich ein Lösemitteldampf-Luftgemisch von selbst entzündet

c Die höchste Temperatur, bei der ein Lösemitteldampf-Luftgemisch entzündet werden kann

d Die höchste Temperatur, bei der sich ein Lösemitteldampf-Luftgemisch von selbst entzündet

18. An einem Teil des VW Golf VI muss die Altlackierung abgebeizt werden.
Welches Werkzeug setzen Sie zum Auftragen des Abbeizfluids ein?

a Einen Ringpinsel mit Chinaborsten

b Einen Ringpinsel mit Rosshaar

c Einen Ringpinsel mit Dachshaar

d Einen Ringpinsel mit Kunststoffborsten

19. Welcher Arbeitsgang muss nach dem Abbeizen unbedingt durchgeführt werden?

- a Nachwaschen mit Spiritus
- b Nachwaschen mit Salmiakgeist
- c Nachwaschen mit Nitroverdünnung
- d Netzmittelwäsche

20. Der Flammpunkt des Grundierfüllers ist mit 23 °C definiert. Danach wird er laut Gefahrstoffverordnung eingeteilt in:

- a Hoch entzündlich
- b Entzündlich
- c Leicht entzündlich
- d Nicht entzündlich

21. Welcher Gefahrenbezeichnung ist der Flammpunkt 23 °C zuzuordnen?

- a Leicht entzündlich
- b Entzündlich
- c Schwer entflammbar
- d Brandfördernd

22. Wie hoch ist der organische Anteil an Lösemitteln in wasserverdünnbaren Füllern?

- a 0 % bis 10 %
- b 11 % bis 20 %
- c 21 % bis 30 %
- d 31 % bis 50 %

23. Wann kann ein Hagelschaden durch eine Reparaturlackierung beseitigt werden?

24. Welche vorbereitenden Arbeiten sind nach dem Vordrücken der Hageldellen durchzuführen?

a Klarlackschicht restlos entfernen

b Basislackschicht restlos entfernen

c Verzinkung restlos entfernen

d Sämtliche Beschichtungen restlos entfernen

25. Mit welchem Beschichtungsmaterial werden Unebenheiten in der Dachoberfläche des VW Golf VI nach dem Vordrücken der Hageldellen ausgeglichen?

26. Die Qualität eines Lacks wird durch seine Hauptbestandteile, sein Mischungsverhältnis und seine Zusatzstoffe bestimmt.
Warum werden Zusatzstoffe einem Lack zugegeben?
Beschreiben Sie die folgenden Zusatzstoffe.

Härter

Weichmacher

Verdickungsmittel

Füllstoffe

Netzmittel

Mattierungszusatz

Emulgator

Name/Datum

27. Sie wollen die Lackierarbeiten am VW Golf VI so durchführen, dass Nacharbeiten vermieden werden.
Nennen Sie zu jedem Begriff 2 Ursachen, die zu Spritzfehlern und/oder zu ungenügenden Spritzergebnissen führen können.

Begriff	**Ursache für Spritzfehler / ungenügende Spritzergebnisse**
Lackieranlage	
Lackierobjekt	
Spritzmaterial	
Spritzpistole	

28. Bei den Finisharbeiten werden Sie mit den in der Tabelle aufgeführten Gegebenheiten konfrontiert.
Welche Maßnahmen ergreifen Sie, um die Gegebenheiten auszuschließen?

Gegebenheit	**Maßnahmen**
Poliert mit zerriebenem Material	
Poliert nur mit Sichtkontrolle	
Zu heiß poliert	
Schlechte Durchtrocknung des Untergrunds	

29. In der Stromrechnung des Lackierbetriebs weisen die Stromkosten für das Betreiben einer Lackierkabine einen hohen Wert aus.

Berechnen Sie die jeweiligen Stromkosten während eines Lackiervorgangs und eines Trockenvorgangs pro Stunde. Berechnen Sie den Unterschied in Euro und Prozent.

Eingebaute Leuchtstoffröhren:	24 Stück à 58 Wh
Zuluftventilator (Lackierung):	8,0 kWh
Umluftventilator (Trocknung):	8,0 kWh
Abluftventilator:	7,5 kWh
Preis für eine kWh :	0,234 € (23,4 Cent)

Berechnung:

30. Welcher Schriftart ist das Schriftbild „Laura Kosmetik“ zuzuordnen?

- a Grotesk
- b Fraktur
- c Antiqua
- d Handschriftliche Rotunda

31. Wie werden die Großbuchstaben „L“ und „K“ des Schriftzugs in der Typographie auch bezeichnet?

- a Versalien
- b Lettern
- c Gemeine
- d Initialien

32. Wie werden die Kleinbuchstaben des Schriftzugs in der Typographie auch bezeichnet?

- a Versalien
- b Lettern
- c Gemeine
- d Initialien

33. Wobei ist beim Plotten des Schriftzugs „Laura Kosmetik“ ein Fehler aufgetreten?

- a Bei den Balkenstärken der Buchstaben
- b Bei der Wahl der Schriftart
- c Beim optischen Ausgleich
- d Bei der Schriftgröße

34. Wie werden die verlängerten Abschlüsse an Buchstabenenden der gewählten Schrift genannt?

- a Initialen
- b Serifen
- c Minuskeln
- d Federabstriche

35. Erklären Sie dem Kunden mit Hilfe der Schriftzeile „Laura Kosmetik“ die Begriffe Unterlänge, Mittellänge, Oberlänge und Schriftlinie einer Schrift.

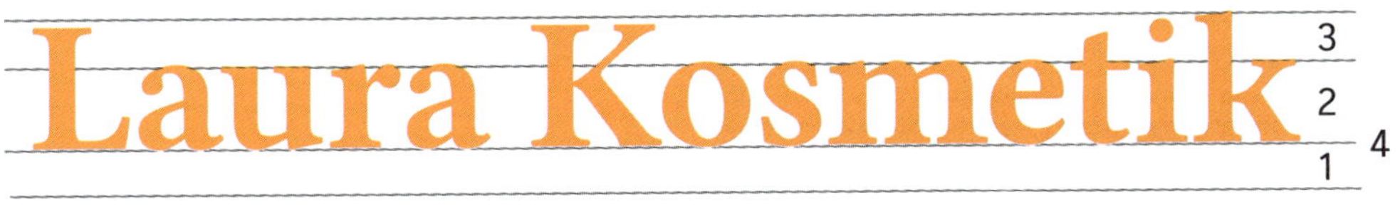

1 = ______

2 = ______

3 = ______

4 = ______

36. Ordnen Sie den abgebildeten Schriften die Laufweitenbezeichnungen „gesperrt, weit, normal, eng und komprimiert“ zu.

LauraKosmetik ______

Laura Kosmetik ______

Laura Kosmetik ______

Laura Kosmetik ______

L a u r a K o s m e t i k ______

37. Nennen Sie die abgebildeten Schriftschnitte.

Laura Kosmetik ______

Laura Kosmetik ______

Laura Kosmetik ______

Laura Kosmetik ______

38. Zur Herstellung der Klebebuchstaben für den Schriftzug „Laura Kosmetik“ wird ein Schneidplotter eingesetzt.
Beschreiben Sie den Bedienungsablauf beim Arbeiten mit dem Schneidplotter.

39. Welche Vorsichtsmaßnahmen sollten Sie während des Betriebs des Schneidplotters beachten?

40. Was versteht man in der Beschichtungstechnik unter der Abkürzung „VOC“?

41. Aus welchen Gründen ist es notwendig, Regeln und Vorschriften zum Umgang mit „VOC“ zu erlassen und einzuhalten?

42. Bei dem Aspekt „Umweltschutz am Arbeitsplatz“ (Arbeitsschutz) nimmt die Einhaltung der VOC-Richtlinie eine besondere Stellung ein.
Welche Bedeutung hat der VOC-Wert 420 g/l?

- a Der Beschichtungsstoff enthält 420 g Wasser als Lösemittel
- b Dem Beschichtungsstoff darf pro Liter Wasser noch maximal 420 g Verdünnung zugegeben werden
- c Der Beschichtungsstoff enthält 420 g destilliertes Wasser als Lösemittel
- d Der Beschichtungsstoff enthält maximal 420 g organische Lösemittel pro Liter spritzfertigen Materials

43. Wie viel Lackmaterial darf am Arbeitsplatz bereitgestellt werden, wenn dieser als feuergefährdeter Bereich eingestuft ist?

- a Höchstens 10 kg einschließlich Lösemittel und Härter
- b Die Materialmenge, die in einer Arbeitsstunde verarbeitet werden kann
- c Die Materialmenge, die in vier Arbeitsstunden verarbeitet werden kann
- d Die Materialmenge, die in einer Arbeitsschicht verarbeitet werden kann

44. Wie müssen Sie flüssige Lackreste entsorgen?

a Die flüssigen Lackreste müssen als Gewerbeabfall entsorgt werden

b Die flüssigen Lackreste können vor Ort verbrannt werden

c Die flüssigen Lackreste müssen als Sonderabfall entsorgt werden

d Die flüssigen Lackreste können als Hausmüll entsorgt werden

45. Wie bewahren Sie mit Waschverdünnung getränkte Lappen auf?

a In offenen, nicht brennbaren Behältern

b In geschlossenen, nicht brennbaren Behältern

c In Sammelbehältern für alle Betriebsabfälle

d In Behältern für den Sondermüll des Betriebs

46. Wo ist die Kennzeichnungspflicht für gefährliche Stoffe geregelt?

a In den Unfallverhütungsvorschriften der Berufsgenossenschaften

b In der Gefahrstoffverordnung

c In den Verordnungen der Gewerbeaufsichtsämter

d In den Sicherheitsdatenblättern der Lackhersteller

47. Woran erkennen Sie, dass ein Gebinde Gefahrstoffe enthält?

a An der Farbe des Gebindes

b An der TRK-Wert-Angabe auf dem Gebinde

c An der Form und Größe des Gebindes

d An dem/den aufgedruckten Gefahrensymbol/en auf dem Gebinde

48. Wer muss Ihnen für die Arbeiten in der Lackiererei die notwendigen persönlichen Schutzausrüstungen zur Verfügung stellen?

a Die Krankenkasse

b Die Berufsgenossenschaft

c Keiner. Jeder Arbeitnehmer muss seine Schutzausrüstung selbst kaufen und bezahlen

d Der Arbeitgeber

49. Welche Forderung an einen Lackvorbereitungsraum besteht nicht?

a Keine Bodenabflüsse

b Türen in Fluchtrichtung öffnen

c Feuerbeständige Wände

d Fünffacher Luftwechsel pro Stunde

50. Wie stuft die „CLP-Verordnung (EG)“ flüssige Beschichtungsstoffe (z. B. Lacke, Lösemittel) ein?

a A I-, A II- und B-Produkte nach Vb

b Extrem entzündbar, leicht entzündbar und entzündbar

c Hochviskos, niedrigviskos und viskos

d B I-, B II- und A-Produkte nach RfbF

51. Welche Aussage ist richtig?

a Wasserlacke sind wasserverdünnbar

b Wasserlacke sind wasserlöslich

c Wasserlacke sind wasserverdünnbar und wasserlöslich

d Wasserlacke sind wasseranlösbar

52. Welche Mengen des Lagervolumens müssen Räume zum Auffangen ausgelaufener brennbarer Flüssigkeiten (Auffangwannen) bei einem Gesamtfassungsvermögen der ortsbeweglichen Gefäße bis 100 m^3 mindestens auffangen?

a 5 % des Rauminhalts aller im Auffangraum gelagerten Gefäße, mindestens jedoch den halben Inhalt des größten gelagerten Gefäßes

b 10 % des Rauminhalts aller im Auffangraum gelagerten Gefäße, mindestens jedoch den Inhalt des größten gelagerten Gefäßes

c 10 % des Rauminhalts aller im Auffangraum gelagerten Gefäße, mindestens jedoch den doppelten Inhalt des größten gelagerten Gefäßes

d 20 % des Rauminhalts aller im Auffangraum gelagerten Gefäße, mindestens jedoch den Inhalt des größten gelagerten Gefäßes

53. Ab welcher Menge ist die Lagerung hoch und leicht entzündlicher Flüssigkeiten in einem Fahrzeuglackierbetrieb erlaubnisbedürftig?

a 1000 Liter

b 2000 Liter

c 10000 Liter

d 20000 Liter

Name/Datum

54. Ein Mitarbeiter hat im letzten Monat im Lackierbetrieb 22 Tage täglich 8 Stunden gearbeitet. Er möchte seine Lohnabrechnung überprüfen und hat dafür folgende Angaben zur Verfügung:

Stundenlohn Geselle/in:	17,15 €	
Lohnsteuer:	21 %	
Solidaritätszuschlag:	5,5 %	von der Lohnsteuer
Kirchensteuer:	9 %	von der Lohnsteuer
Krankenversicherung:	7 %	Arbeitnehmeranteil
Arbeitslosenversicherung:	1,40 %	Arbeitnehmeranteil
Rentenversicherung:	9,95 %	Arbeitnehmeranteil
Pflegeversicherung:	0,975 %	Arbeitnehmeranteil

a) Berechnen Sie den Bruttolohn.
b) Berechnen Sie den Nettolohn.

Berechnung:

1. Wer kann das für eine Fahrzeugbetriebserlaubnis notwendige Gutachten erstellen?

a Ein Diplomingenieur der Kfz-Versicherung

b Ein Diplomingenieur als Mitarbeiter einer Zulassungsstelle

c Ein amtlich anerkannter Sachverständiger für den Kraftfahrzeugverkehr einer Typprüfstelle eines TÜV e.V., eines TÜA oder des DEKRA

d Ein amtlich anerkannter, freier Sachverständiger für das Kraftfahrzeugwesen

2. Sie erhalten den Auftrag, Hageldellen möglichst preiswert und lackschadenfrei zu beseitigen. Welches Reparaturverfahren setzen Sie ein?

a Das Hebelsystem

b Das Rückverformen mit Hammer und Gegenhalter

c Das Außenzugsystem (Miracle)

d Das Zughammerverfahren

3. Welche Demontagearbeiten sind vorbereitend für die Hageldellen-Instandsetzung der Dachoberfläche erforderlich?

4. Welche Voraussetzungen müssen gegeben sein, damit eine Instandsetzung von Hageldellen durch „Drücken" problemlos durchgeführt werden kann?

5. Welche Werkzeuge werden für die Hageldellen-Instandsetzung durch „Drücken" benötigt?

6. Beschreiben Sie das Beseitigen von Dellen mit Hilfe eines Zughammers.

7. In welchen Bereichen der Fahrzeugkarosserie ist das Verfahren „Beseitigen von Dellen durch Wärmetechnik" nicht anwendbar?

8. Nennen Sie mindestens vier Gründe, warum Kunststoffe am Fahrzeug eingesetzt werden.

9. Benennen Sie die elektrischen Schaltungsarten.

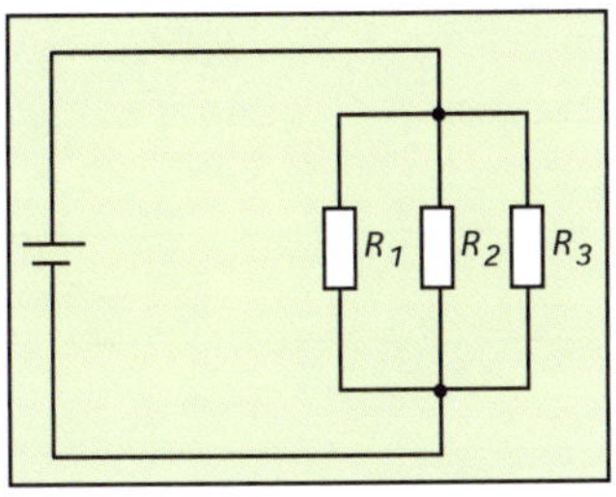

a) ______________________

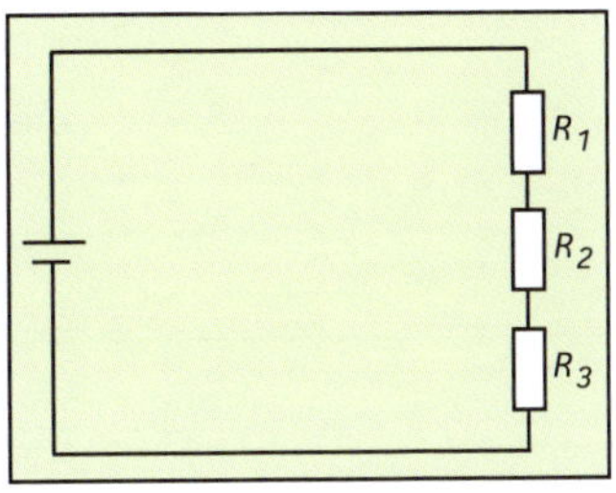

b) ______________________

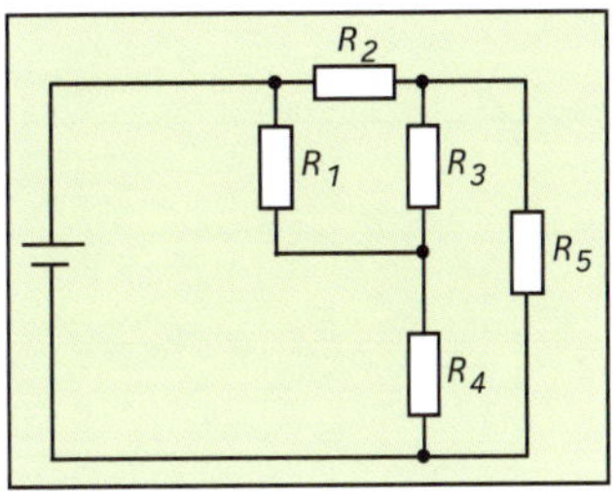

c) ______________________

10. Welche Schmelzverbindungs-Schweißverfahren sind im Karosserie- und Fahrzeugbau von Bedeutung?

11. Bei einigen Arbeiten ist es notwendig, das Fahrzeug mit Hilfe einer Hebebühne anzuheben. Was ist beim Betreiben von Hebebühnen zu beachten?

Name/Datum

12. Beschreiben Sie Sicherungs- und Schutzmaßnahmen für elektronische Bauteile, wenn an der Karosserie elektrische Schweißarbeiten durchgeführt werden.

13. Welche Gesamtstromstärke muss der Generator bereitstellen können, um fehlerfrei zu arbeiten? Die Batterieladespannung beträgt 14 V (Hinweis: $P = U \cdot I$). In die Berechnung sind folgende Verbraucher einzubeziehen: Zündanlage 20 W; Kraftstoffpumpe 80 W; Kraftstoffeinspritzung 95 W; Abblendlicht 120 W; Autoradio, Schlussleuchten, Kennzeichenbeleuchtung, Instrumentenbeleuchtung je 10 W. Die folgenden Verbraucher werden immer nur für kurze Zeit zugeschaltet und gehen in die Berechnung nur zu je einem Drittel ein: Scheibenwischer 50 W; Scheibenheizungen 180 W; Lüftergebläse 85 W; Bremsleuchten 50 W; Blinkleuchten 50 W; Nebelscheinwerfer 70 W; Nebelschlussleuchten 40 W.

Berechnung:

14. Die Anschaffungskosten des Frequenzumformers betragen 2.840,00 €, die der Wärmerückgewinnungsanlage 18.400,00 €. Durch die Anschaffung dieser Geräte spart der Betrieb jährlich 1.911,00 € ein. Nach welcher Zeit lohnt sich die Anschaffung dieser Geräte, wenn
   a) die Anschaffung ohne Fremdkapital durchgeführt wird?,
   b) die Anschaffung durch einen Bankkredit fnanziert wird?
      Der Kredit wird mit insgesamt 14.000,00 € verzinst.
      Geben Sie den Zeitraum in Jahren und Tagen an. (1 Jahr = 360 Tage)

Berechnung:

15. Zur optischen Aufwertung des VW Golf VI wird überlegt, exklusive Scheinwerfer und Rückleuchten in Klarglas-Design zu kaufen.
    Hierzu wird ein Angebot eines Händlers eingeholt. Die Nettokosten betragen für einen Frontscheinwerfer 237,80 € und für eine Rückleuchte 174,55 €, einschließlich der jeweiligen Leuchtmittel.
    Um wie viel Euro würden sich die Reparaturkosten des Fahrzeugs verteuern?
    Um wie viel Prozent würden sich die Reparaturkosten erhöhen?

Berechnung:

16. Was versteht man unter selbsttragender Bauweise der Karosserie?

- a Der Rahmen wird mit der Karosserie verschweißt
- b Rahmen, Bodengruppe und Karosserie werden miteinander verschraubt
- c Die Bodengruppe mit tragenden Teilen wird mit weiteren Blechteilen zur Karosserie verschweißt
- d Karosserie und Fahrwerk werden miteinander verschraubt

17. Welche Antwort enthält nur Begriffe die im Zusammenhang mit aktiver Sicherheit stehen?

- a ABS, Stoßdämpfer, Knautschzone
- b Antriebsschlupfregelung, Reifen, Unterfahrschutz
- c Klimaanlage, Federung, stabiler Geradeauslauf
- d Sicherheitsglas, neutrales Fahrverhalten, präzise Lenkung

18. Welche Aufgabe hat die Leuchtweitenregulierung?

- a Die Neigung des Lichtkegels der Fahrzeugbeladung anzupassen
- b Die Helligkeit der Scheinwerfer der jeweiligen Entfernung anzupassen
- c Bei Kurvenfahrt den Lichtkegel wegen der Blendungsgefahr in die Kurve zu drehen
- d Die Helligkeit der Scheinwerfer den Straßenverhältnissen anzupassen

19. Welche Definition trifft für die elektrische Spannung zu?

- a Die elektrische Spannung stellt einen Elektronenmangel dar
- b Die elektrische Spannung stellt einen Elektronenüberschuss dar
- c Die elektrische Spannung ist das Ausgleichsbestreben unterschiedlicher Ladungsmengen
- d Die elektrische Spannung ist das Ausgleichsbestreben von Elektronen und Protonen

20. Was versteht man unter einer McPherson-Achse?

- a Doppel-Querlenker-Achse
- b Längslenker-Achse
- c Zweigelenk-Pendelachse
- d Federbein mit Querlenker

21. Welche Aussage ist richtig?

a Thermoplaste haben ein weitmaschiges Raumnetzmolekül

b Thermoplaste sind nicht schweißbar

c Thermoplaste werden nach Wärmeentzug nicht wieder fest

d Thermoplaste sind durch Wärmeeinwirkung verformbar

22. Welche Aussage ist richtig?

a Thermoplaste sind nicht brennbar

b Polyolefine sind leichter als Wasser

c Duroplaste sind weitmaschig vernetzt

d Polyolefine sind schwerer als Wasser

23. Kann ein Bauteil aus PP-EPDM mit einem Zusatzstab aus PE geschweißt werden?

a Ja

b Ja, wenn der EPDM-Anteil im Bauteil sehr gering ist

c Ja, wenn die Nahtfuge besonders gut vorgewärmt wird

d Nein

24. Welche Aussage ist richtig?

a Bei einer Reparatur durch Kleben muss die Kunststoffart der zu reparierenden Teile gleich sein

b Bei einer Reparatur durch Kleben muss die Raumtemperatur konstant sein

c Bei einer Reparatur durch Kleben muss das gesamte Reparaturmaterial vom gleichen System sein

d Bei einer Reparatur durch Kleben muss nichts Besonderes beachtet werden

25. Wann sollte eine Kunststoffreparatur nicht durchgeführt werden?

a Wenn der Riss länger als 5 cm ist

b Wenn die Deformationselemente beschädigt sind

c Wenn das Reparaturteil aus ABS ist

d Wenn das Reparaturteil nicht eindeutig gekennzeichnet ist

Name/Datum

26. Um die Arbeitssicherheit und die Einhaltung der TRGS-Werte beim Umgang mit Klebstoffen zu gewährleisten, sind technische und organisatorische Maßnahmen am Arbeitsplatz einzuhalten. Nennen Sie fünf Maßnahmen.

27. Nennen Sie je drei Beispiele für lösbare und unlösbare Verbindungen.

28. Bei dem Unfallfahrzeug VW Golf VI ist eine Bremsleitung gebrochen. Nennen Sie drei wesentliche Erfordernisse, die beim Umgang mit Bremsflüssigkeiten beachtet werden müssen.

a Fügekräfte

b Kohäsionskräfte

c Adhäsionskräfte

d Reaktionskräfte

29. Wodurch erfolgt physikalisches Abbinden von z. B. Lösemittelklebstoffen?

a Durch Verdunsten des Lösemittels

b Durch Vernetzen des Klebstoffs

c Durch zwischenmolekulare Bindungskräfte

d Durch innermolekulare Bindungskräfte

30. Beschreiben Sie den Unterschied zwischen geometrischer Fahrachse und Symmetrieachse.

31. Welche Aussage über Scheinwerfersysteme für Fern- und Abblendlicht bei Pkw und Nkw ist falsch?

- a Sie müssen paarweise angebracht sein
- b Sie müssen ständig betriebsbereit sein
- c Sie müssen symmetrisch zur Fahrzeugmitte angebracht sein
- d Für die Beleuchtung der Fahrbahn darf gelbes Licht verwendet werden

32. Wie lautet die Klemmbezeichnung an einer Lampe für Fern- und Abblendlicht?

- a 49 und 49a
- b 30 und 31
- c 56a und 56b
- d 88a und 88b

33. Bei dem Unfallfahrzeug VW Golf VI ist eine Bremsleitung gebrochen.
Nennen Sie drei wesentliche Erfordernisse, die beim Umgang mit Bremsflüssigkeiten beachtet werden müssen.

34. In der Fahrzeugelektrik und -elektronik werden immer mehr Halbleiter eingesetzt.
Welches Bauteil ist ein Halbleiter?

- a Glühlampe
- b Drehstromgenerator
- c Schmelzsicherung
- d Diode

35. Das Unfallfahrzeug VW Golf VI ist mit einem hydraulischen ABS ausgestattet.
Welche Aussage über das ABS ist richtig?

- a Das ABS verhindert den Bremsschlupf der Antriebsräder im Schiebebetrieb durch Motormomenterhöhung
- b Das ABS ändert den Druck im Hinterachsbremskreis in Abhängigkeit vom Beladungszustand und vom Druck im Vorderachsbremskreis
- c Das ABS hat die Aufgabe, während des Bremsens den bestmöglichen Kraftschluss zwischen zwei Reifen und Fahrbahn zu gewährleisten
- d Das ABS verhindert das Durchdrehen der Räder

36. Nach der Unfallinstandsetzung des VW Golf VI müssen mit dem Multimeter Spannungsmessungen durchgeführt werden.
Welche Aussage über das Messen einer elektrischen Spannung ist richtig?

- a Das Spannungsmessgerät wird in Reihe zum Verbraucher geschaltet
- b Bei der Spannungsmessung wird der Innenwiderstand des Verbrauchers gemessen
- c Bei der Spannungsmessung muss der Minus-Anschluss immer an die Batterie angeschlossen werden
- d Das Spannungsmessgerät wird parallel zum Verbraucher geschaltet

37. Das Unfallfahrzeug VW Golf VI ist mit einem Diebstahlschutzsystem ausgestattet.
Welche der Komponenten gehört zu einem Diebstahlschutzsystem?

- a Funk-Fernbedienungssystem
- b Innenraumüberwachungssystem
- c Fahrwerk-Stabilisierungssystem
- d Pyrotechnisches Gurtstraffsystem

38. Bei dem Unfallfahrzeug VW Golf VI ist der Sidebag des Fahrersitzes aus der Sitzlehne ausgelöst worden. An welcher Stelle des Innenraums kann der Auslösekontakt verbaut sein?

- a Hinter der C-Säule
- b Am Airbag des Lenkrads
- c Hinter der Türverkleidung der Fahrertür
- d Hinter der A-Säule

39. Nach der Unfallinstandsetzung des VW Golf VI müssen die Altteile und Abfälle entsorgt werden. Für welche Abfälle besteht eine Nachweispflicht?

- a Glas, Papier
- b Kühlflüssigkeit, Bremsflüssigkeit
- c Ausgelöste Airbags
- d Stoßfänger aus Kunststoff

1. Grundlage Ihrer Ausbildung ist das Berufsbildungsgesetz (BBiG). Es enthält neben den Vorschriften über den Berufsausbildungsvertrag, über Ausbildungsordnungen auch Angaben über die Pflichten und Rechte des Auszubildenden und des Ausbildungsbetriebes.
   Nennen Sie fünf Pflichten, die Sie gegenüber Ihrem Ausbildungsbetrieb beim Eintritt in die Ausbildung eingegangen sind.

2. In Gesprächen mit Auszubildenden haben Sie gehört, dass es Ausbildungsbetriebe gibt, die der Innung angehören.
   Nennen Sie drei Aufgaben, die die Innung im Rahmen der Handwerksordnung erfüllt und erläutern Sie diese.

3. Schildern Sie zwei mögliche Konfliktsituationen zwischen Ihnen und Ihrem Ausbildungsbetrieb, bei denen der Beauftragte/die Beauftragte für Lehrlingsangelegenheiten bei der Innung vermitteln oder weiterhelfen kann.

Name/Datum

4. Nennen Sie die drei Ausbildungsorte an denen während der Ausbildung in einem staatlich anerkannten Ausbildungsberuf Kenntnisse, Fertigkeiten und Fähigkeiten vermittelt und erlernt werden.

5. Nennen Sie drei Leistungen, die Sie aus der gesetzlichen Krankenversicherung erhalten können.

6. Welche Aufgaben hat ein Meister/eine Meisterin in einem Handwerksbetrieb?

7. Tarifverträge regeln die Rechte und Pflichten von Arbeitgeber und Arbeitnehmer.
Welche Regelungen enthalten Rahmentarif- und Lohntarifverträge?
Nennen Sie jeweils drei Regelungen.

8. Welche Gewerkschaft ist für das Maler- und Lackiererhandwerk zuständig?

- a IG Verdi
- b IG Holz und Kunststoff
- c IG Bergbau, Chemie und Energie
- d IG Bauen-Agrar-Umwelt

9. Welche Institution führt das Verzeichnis der Berufsausbildungsverhältnisse?

- a Das Einwohnermeldeamt
- b Die Agentur für Arbeit
- c Das Wirtschaftsministerium
- d Die Handwerkskammer/ Industrie- und Handelskammer

10. Bei welcher gesetzlichen Sozialversicherung zahlt Ihr Arbeitgeber die Beiträge allein?

- a Gesetzliche Rentenversicherung
- b Gesetzliche Krankenversicherung
- c Gesetzliche Unfallversicherung
- d Gesetzliche Arbeitslosenversicherung

11. Wie viel Stunden täglich beträgt grundsätzlich die Arbeitszeit für Jugendliche?

- a 8 Stunden
- b 7 Stunden
- c 7,5 Stunden
- d 8,5 Stunden

12. Ist die Gesellenprüfung/Abschlussprüfung für den Auszubildenden kostenfrei?

- a Ja, der Ausbildungsbetrieb übernimmt die anfallenden Kosten
- b Ja, wenn er Aussicht hat, die Prüfung zu bestehen
- c Nein, die Hälfte der Prüfungsgebühren muss er übernehmen
- d Nein, er erhält aber beim Bestehen der Prüfung die Kosten erstattet

Name/Datum

13. Wie oft kann die Gesellen-/Abschlussprüfung von einem Auszubildenden wiederholt werden?

a Beliebig oft
b Zweimal
c Einmal
d Dreimal

14. Wann endet Ihr Berufsausbildungsverhältnis?

a Mit dem Ablauf der Ausbildungszeit
b Mit der Zulassung zur Gesellenprüfung/Abschlussprüfung
c Mit dem Bestehen der Gesellenprüfung/Abschlussprüfung
d Mit der Bekanntgabe zur Zulassung zur Gesellenprüfung/Abschlussprüfung

15. Für welche Personengruppe gilt das Jugendarbeitsschutzgesetz?

a Für alle Personen zwischen dem 14. und 18. Lebensjahr
b Für Personen in der Berufsausbildung, wenn sie das 18. Lebensjahr noch nicht vollendet haben
c Für Personen in einem ausbildungsähnlichen Verhältnis bis zum 21. Lebensjahr
d Für alle Personen in einem Arbeitsverhältnis

16. Welches Gesetz ist die wichtigste rechtliche Grundlage für die Berufsbildung im „Dualen System“?

a Grundgesetz
b Jugendschutzgesetz
c Bürgerliches Gesetzbuch
d Berufsbildungsgesetz

17. Einem Arbeitnehmer wird das Krankengeld gesperrt. Sein Widerspruch gegen den Bescheid wird abgelehnt.
Vor welchem Gericht kann er gegen die Entscheidung der Krankenkasse klagen?

a Sozialgericht
b Verwaltungsgericht
c Arbeitsgericht
d Zivilgericht

18. Wie oft müssen Mitarbeiter über den Arbeitsschutz im Betrieb unterwiesen werden?

- a Monatlich, zwölfmal im Kalenderjahr
- b Vierteljährlich, mindestens viermal im Kalenderjahr
- c Mindestens einmal im Kalenderjahr
- d Halbjährlich, mindestens zweimal im Kalenderjahr

19. In welches Register muss ein Betrieb im Maler- und Lackiererhandwerk eingetragen sein?

- a Industrie- und Handelsregister
- b Landgerichtsregister
- c Betriebsregister
- d Handwerksrolle

20. Bei welchem Rechtsgeschäft ist die schriftliche Form gesetzlich (BGB) vorgeschrieben?

- a Schuldanerkenntnis von Nichtkaufleuten
- b Kaufvertrag
- c Dienstvertrag
- d Werkvertrag

21. Der Begriff „Geschäftsfähigkeit" bedeutet:

- a Fähigkeit, seinen eigenen Willen kundzutun
- b Fähigkeit, Träger von Rechten zu sein
- c Fähigkeit, wirksame Rechtsgeschäfte abzuschließen
- d Fähigkeit, alle möglichen Rechtsgeschäfte abzuschließen

22. Welcher Grundsatz gilt für einen Kaufvertrag?

- a Keiner
- b Ein Kaufvertrag muss immer schriftlich abgefasst sein
- c Käufer und Verkäufer müssen den Kaufvertrag unterschreiben
- d Ein Kaufvertrag muss mindestens mündlich geregelt worden sein

23. Wie wird das Einkommen aus nicht selbstständiger Arbeit bezeichnet, das nach der Arbeitszeit berechnet wird?

- a Lohn
- b Besoldung
- c Honorar
- d Gehalt

24. Welche Voraussetzung muss für eine ordentliche Kündigung vorliegen?

- a Befristeter Arbeitsvertrag
- b Pflichtverletzung des Mitarbeiters
- c Strafbare Handlung des Mitarbeiters
- d Unbefristeter Arbeitsvertrag

25. In welchen Angelegenheiten haben Mitarbeiter eines Betriebs ein Mitbestimmungsrecht nach dem Betriebsverfassungsgesetz (BetrVG)?

- a In wirtschaftlichen Angelegenheiten des Betriebs
- b In geschäftlichen Angelegenheiten des Betriebs
- c In sozialen Angelegenheiten des Betriebs
- d In finanziellen Angelegenheiten des Betriebs

26. Welche Arbeitnehmergruppe in einem Betrieb des Maler- und Lackiererhandwerks genießt einen besonderen Kündigungsschutz?

- a Frauen
- b Männer
- c Junggesellen
- d Familienangehörige

27. Grundlage des Handelns in Ihrem Betrieb ist das „ökonomische Prinzip“.
Welche Bedeutung hat dieses Prinzip?

- a Niedrige Preise, niedrige Löhne für die Mitarbeiter
- b Gewinnmaximierung für die Geschäftsführung des Betriebs
- c Ökonomische Preisgestaltung zum Erhalt der Arbeitsplätze im Betrieb
- d Planvolles Wirtschaften und Handeln mit den gegebenen Ressourcen

3 Reparaturlackierung VW T5 Bus Multivan

Kundenauftrag

Das Begleitfahrzeug des Radteams „race 1“ ist an der rechten Seite beschädigt.
Der VW T5 Bus Multivan, frescogrünmet., LA6W (Baujahr 03/2006), soll nach einem Unfall (anfahren einer Hausecke) wieder instand gesetzt werden.

Schadensbeschreibung

Schiebetür rechts:	stark deformiert, großflächig eingedrückt
Zierleiste auf Schiebetür rechts:	stark deformiert
Schweller an Schiebetür rechts:	deformiert
Seitenteil hinten rechts:	stark deformiert
Innenverkleidung Radhaus hinten rechts:	deformiert
Heckstoßfänger rechts:	teilweise verkratzt

Auftragspositionen

Pos. 1	Schiebetür rechts erneuern
Pos. 2	Zierleiste an Schiebetür rechts erneuern
Pos. 3	Schweller an Schiebetür rechts instand setzen
Pos. 4	Seitenteil hinten rechts instand setzen
Pos. 5	Innenverkleidung Radhaus erneuern
Pos. 6	Stoßfänger hinten instand setzen
Pos. 7	Schriftzug einschließlich Dekor auf Fahrzeugseiten aufbringen

Leistungsbeschreibung des Kundenauftrags

Pos.	Bezeichnung
Pos. 1	**Schiebetür rechts erneuern** Schiebetür aus- und einbauen, zerlegen und komplettieren, Lackierstufe I.
Pos. 2	**Zierleiste an Schiebetür rechts erneuern** Zierleiste platzieren, Lackierstufe K1R.
Pos. 3	**Schweller an Schiebetür rechts instand setzen** Schweller instand setzen, Lackierstufe III.
Pos. 4	**Seitenteil hinten rechts instand setzen** Innenblende Radhaus aus- und einbauen, Seitenteil instand setzen, Lackierstufe III, Hohlraumversiegelung.
Pos. 5	**Innenverkleidung Radhaus erneuern**
Pos. 6	**Stoßfänger hinten, durch Spot-Repair instand setzen** Stoßfänger hinten aus- und einbauen, Demontage und Montage der Beleuchtungskörper.
Pos. 7	**Schriftzug einschließlich Dekor auf Fahrzeugseiten aufbringen** Schriftzug „race 1“ und Dekor einmessen, aufbringen und im Kontrast auslackieren.

Abbildungen des Unfallfahrzeugs

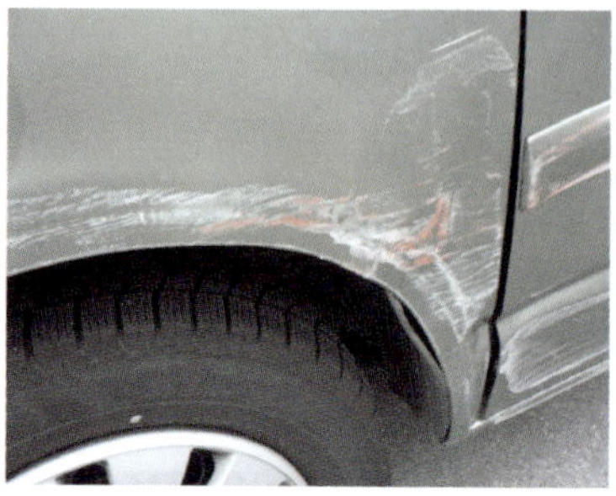

Auszug aus der Reparaturkostenermittlung

Fahrzeug	**VW TRANSPORTER T5 (7H) MULTIVAN**		Typ-Code: 68904	
Farbe	FRESCOGRUENMET.	Fahrgest.Nr. WV2ZZZ7HZ6H100809	Bj. 03/06	km 44380
Farbcode	A6W	Kennz. MA - RI 1962	AU 03/16	HU 03/16

Arbeitswerte	**Klasse**	**AW**	**Preis** in Euro
Außenspiegel elektr. aus-/einbauen		1	7,12
Türverkleidung v r aus-/einbauen		5	35,60
Türgriff v r aus-/einbauen		3	21,36
Dichtung Schiebetür r aus-/einbauen		2	14,24
Schiebetür r ersetzen und Schiebtür einstellen		25	178,00
Seitenteil h r Unterteil Teile demontieren (Schiebetürseite) umfasst: Stoßfänger h, Schlussleuchten, Verkl. Seitenteil, Zierleisten, Bodenbelag, Sitzbank/Sitz M/H, Schiebtür, ggf. Rückenlehne h und Türfeststeller ausbauen		16	113,92
Seitenteil h r Unterteil ersetzen (Teilstück, Verbundarbeit)		37	263,44
Seitenteil h r Unterteil Teile mont. (Schiebetür) umfasst: demontierte Teile einbauen, ggf. ersetzen		29	206,48
Unterholm a r Teilst ersetzen (VBA)		33	234,96
Seitenfenster v r aus-/einbauen		16	113,92
Schutzfolie Radlauf h r kleben		2	14,24
Folie Türschweller h r kleben		2	14,24
Abdeckung Führungsschiene a l aus-/einbauen		2	14,24
Abdeckung Führungsschiene a r aus-/einbauen		2	14,24
Abdeckung Führungsschiene i l aus-/einbauen		2	14,24
Abdeckung Führungsschiene i r aus-/einbauen		2	14,24
Aufnahmeblech h r Teile demontieren (Bodenbelag h lösen)		1	7,12
Aufnahmeblech h r ersetzen		22	156,64
Aufnahmeblech h r einbauen ggf. ersetzen		1	7,12
Querträger h aus-/einbauen		1	7,12
Dichtung Rückwandklappe aus-/einbauen		5	35,60
Verkleidung Stufe h r aus-/einbauen		2	14,24
Verkleidung C-Säule r aus-/einbauen		2	14,24
Rad (Räder) h aus-/einbauen		2	14,24

Auszug aus der Reparaturkostenermittlung

Karosserieteil Hohlraum konservieren	2	14,24
Schiebetür r Hohlraum konservieren	1	7,12
Scharniersäule r Holhraum koservieren	1	7,12
Unterholm r Hohlraum konservieren	1	7,12
Seitenteil h r Hohlraum konservieren	1	7,12

Teile		**Teile-Nr**	**Einzelpreis**	**Ges.Preis** in Euro
1 Stück	Schiebetür r	7H0 843 108AL	600,60	600,60
1 Stück	Scharnier Schiebetür r	7H0 843 336D	58,41	58,41
1 Stück	Feststeller Tür h r	7H0 843 648D	5,50	5,50
1 Stück	Rollenführung u r	7H0 843 398AF	58,41	58,41
1 Stück	Schutzleiste Schiebetür r	7H5 853 074B GRU	21,45	21,45
1 Stück	Zierleiste Schiebetür r	7H5 867 420A 4Z7	35,92	35,92
1 Stück	Folie Türschw h r	7H0 853 405	1,49	1,49
1 Stück	Kleber Seite h r	D 190 MKDA3	22,44	22,44
1 Stück	2K-Kleber Seite r	DA 001 730A1	25,85	25,85
1 Stück	Seitenw h r Unterh	7H1 809 844	380,60	380,60
1 Stück	Aufnahme Schlussl r	7H0 813 320	92,62	92,62
1 Stück	Schutzf Radlauf h r	7H3 853 932	3,52	3,52
1 Stück	Kleber Seitensch v r	DA 004 600A2	30,80	30,80
1 Stück	Aktivator Seitensch	D 181 801A1	4,95	4,95
1 Stück	Primer Seitensch v	D 009 20002	5,50	5,50
1 Stück	Radhausschale h r	7H0 810 972B	21,45	21,45
1 Stück	Radblende h r	7H0 601 147C RGZ	21,45	21,45

Nebenkosten		**Preis** in Euro
Endreinigung pauschal		45,00
Unterbodenschutz		12,50
Hohlraumkonservierung		12,50
Klebe-/Dichtmaterial		8,50
Lohn	6 AW	42,72

Zwischensummen	**AW**	**Preis**	**Preis** in Euro
Arbeitswerte/Karosserie	221		1.573,52
Teile			1.390,96
Lackierzeit	123		875,76
Lackiermaterial			291,36
Nebenkosten			121,22
Positionssumme			**4.252,82**

Lackierkosten	**Art**	**Stufe**	**Std**	**Preis** in Euro
Neuteillackierung		K1R		96,61
Reparaturlackierung				109,98
Reparaturlackierung		K3		92,31
Oberflächenlackierung				4,98
Materialvorgabe				2,10
Mat.-Konst. Hpt.-Arb. Metall-Lack.				21,10
Mat.-Konst. Verb.-Arb. Kunstst.-Lack.				10,00

Nettosumme **4.252,82**

ARBEITSLOHN
ZEITBASIS: 10 AW = 1 STD

LACKIERUNG
ZEITBASIS: 10 AW = 1 STD

Nettosumme	4.252,82
MwSt. 19 % 4.252,82	808,04
Endpreis	**5.060,86**

1. Die nicht zu bearbeitenden Oberflächen des VW T5 Bus Multivan werden mit einer flüssigen Abdeckfolie vor Verunreinigungen geschützt.
   Welche Argumente sprechen für den Einsatz der flüssigen Abdeckfolie?
   Nennen Sie 4.

2. Wie entsorgen Sie die Reste der flüssigen Abdeckfolie?

   a Als Gewerbemüll sammeln und entsorgen

   b Reste mit Verdünnung anreichern und verbrennen

   c Reste nach den Bestimmungen der zuständigen Behörden entsprechend Abfallschlüsselnummer entsorgen

   d Als Sondermüll sammeln und entsorgen

3. Bei den Schutzmaßnahmen für nicht zu bearbeitende Flächen setzen Sie verschiedene Arten von Klebebändern und Abdeckmaterialien ein.
   Nennen Sie 4 Qualitätsanforderungen an Klebebänder.

4. Am VW T5 Bus Multivan soll der Steinschlagschutz am Schweller ersetzt bzw. erneuert werden.
   Nennen Sie 4 Abdeckmaterialien/Werkzeuge, die für diese Arbeiten benötigt werden.

5. Im Materiallager stehen für die Arbeiten am VW T5 Bus Multivan verschiedene 2K-Spachtelmassen zur Verfügung.
Nennen Sie 2 und beschreiben Sie deren Eigenschaften.
Entscheiden Sie sich für ein Produkt, mit dem Sie die Egalisierungsarbeiten ausführen und begründen Sie Ihre Entscheidung.

6. Nach der Instandsetzung und dem Grobspachteln des Seitenteils und des Schwellers setzen Sie Polyester-Spritzfüller ein.
Warum setzen Sie dieses Material ein? Nennen Sie 3 Gründe.

7. Die Schiebetür (Neuteil) des VW T5 Bus Multivan wird werkseitig grundiert geliefert.
Wie können Sie feststellen, ob die Werksgrundierung für die nachfolgende Beschichtung geeignet ist?

a Lösemittelprobe mit lösemittelhaltigem Silikon-Entferner

b Lösemittelprobe mit NC-Verdünnung

c Schleifprobe mit P 80-Schleifpapier

d Schleifprobe mit Hilfe des Gitterschnitts

8. Bei der werkseitig grundierten Schiebetür des VW T5 Bus Multivan musste die Grundierung, aufgrund von Haftungsstörungen, großflächig entfernt werden.
Beschreiben Sie die nach dem Entfernen der Grundierung notwendigen Arbeitsschritte.

Name/Datum

9. Die Vorbereitung der Füllerflächen zur Decklackierung des VW T5 Bus Multivan in frescogrün-metallic verlangt eine hohe Qualität der Schleifarbeiten.
   a) Notieren Sie, mit welcher Körnung die Füllerflächen trocken bzw. nass zu schleifen sind, um eine einwandfreie Oberfläche zu erzielen.
   b) Erklären Sie, warum zu grobe bzw. zu feine Körnungen nicht den optimalen Erfolg garantieren.

10. Mit welcher Körnung sind die gefüllerten Flächen des VW T5 Bus Multivan vor der Decklackierung nass nachzuschleifen, damit keine Schleiffehler in der Endbeschichtung sichtbar werden?

a	P 180	b	P 1500
c	P 800	d	P 4000

11. Mit welcher Körnung wird ein Staubeinschluss in der Decklackierung des VW T5 Bus Multivan am effektivsten plan geschliffen?

a	P 400	b	P 800
c	P 2000	d	P 5000

12. Bei den Schleifarbeiten am VW T5 Bus Multivan entsteht das abgebildete Schleifbild. Welche Schleifmaschine wurde für diese Schleifarbeiten eingesetzt?

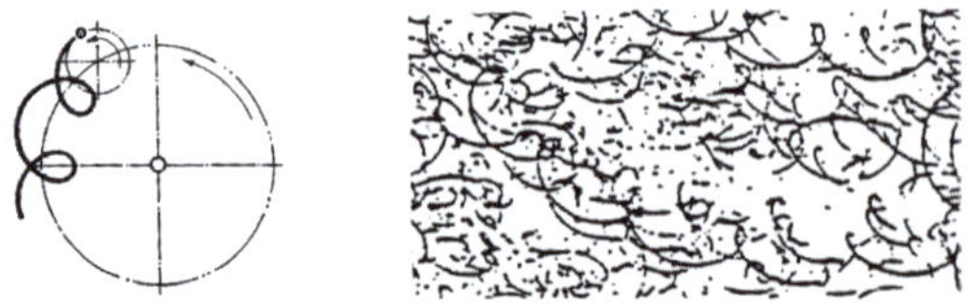

13. Im Zusammenhang mit den Instandsetzungsarbeiten am VW T5 Bus Multivan werden Sie in Technischen Merkblättern und Herstellerangaben mit folgenden englischen Begriffen konfrontiert. Übersetzen Sie die vorgegebenen englischen Begriffe.

Englische Begriffe	
battery	
corrosion protection	
painting	
belt	
painting technique	
customer satisfaction	
respray	
repair handbook	
checking	
vehicle paintwork	

14. Wie hoch ist der Anteil der organischen Lösemittel in dem Wasserbasislack, der auf dem VW T5 Bus Multivan appliziert wird?

a 10–15 %

b 25–30 %

c 35–40 %

d 45–50 %

15. In einer modernen Spritzkabine wird die Abluft nicht mehr über eine Abluftklappe gesteuert um den Druck in der Kabine zu regeln, sondern mit einer Frequenzsteuerung.
Erklären Sie die Wirkungsweise einer Frequenzsteuerung. Welche Möglichkeit bietet sie? Welcher Druck muss in der Kabine anliegen, um ein optimales Ergebnis zu erzielen?

16. Mit welcher Spritzpistole wird der Steinschlagschutz an dem Fahrzeug VW T5 Bus Multivan aufgebracht?

a	Dekorpistole	b	Niederdruckpistole
c	Fließbecherpistole	d	Saugbecherpistole

17. Sie verwenden beim Spritzen des Basislackes eine HVLP-Spritzpistole mit einem RPS-Becher als Materialträger.
Worauf müssen Sie bei Verwendung dieses Materialbechers achten?

18. Nach dem Spritzen des Füllers haben Sie im Lackierbetrieb unterschiedliche Möglichkeiten das Material beschleunigt zu trocknen.
Nennen Sie 2 Trocknungsarten und deren Wirkprinzip.

19. Für die Grundierung werden 450 ml HS-Grundfüller, grau, spritzfertig angemischt.
Der Festkörpergehalt beträgt 70 %. Es wird eine Nassschichtdicke von 160 µm erzielt.
Hinweis: Technische Informationen (Seite 6).
a) Wie viel ml sind von den Einzelkomponenten in dem verarbeitungsfertigen Grundfüller enthalten?
b) Wie viel m^2 können bei der erzielten Nassschichtdicke von 160 µm mit den 450 ml beschichtet werden?
c) Berechnen Sie die Trockenschichtdicke.

Berechnung:

Name/Datum

20. Während der Lackierarbeiten am VW T5 Bus Multivan erkennen Sie, dass das Spritzbild immer kleiner wird. Welche Ursache kann dieses Spritzbild haben?

- a Unterdruck im Fließbecher
- b Überdruck im Saugbecher
- c Material wurde nicht gefiltert
- d Farbdüse in der Spritzpistole ist locker

21. Während der Lackierarbeiten am VW T5 Bus Multivan erkennen Sie, dass sich der Spritzstrahl nach rechts verlagert.
Welche Funktionsstörung an der Spritzpistole ist dafür verantwortlich?

- a Der Druck ist zu hoch eingestellt
- b Die Hornbohrung ist seitlich verstopft
- c Die Luftkappe ist diagonal festgeschraubt
- d Die Viskosität des Lacks ist falsch eingestellt

22. Bei Finisharbeiten am Unfallfahrzeug VW T5 Bus Multivan zeigen sich in den Sicken mehrere Blasen.
Welche Ursache ist dafür verantwortlich?

- a Die Temperatur beim Trocknen war zu hoch
- b Der 2K-Klarlack war zu kurz eingestellt
- c Der Wasserbasislack war beim Überlackieren mit 2K-Klarlack noch nicht trocken
- d Der Basislack wurde zu trocken gespritzt

23. Zum Polieren der Oberflächen des VW T5 Bus Multivan setzen Sie eine Lammfellscheibe ein.
Wie können Sie sicherstellen, dass beim Polieren der Lackfilm nicht überhitzt?

- a Die Polierscheibe wird vor der Nutzung mit verdünntem Klarlack benetzt
- b Die Polierscheibe wird vor der Nutzung mit Silikonentferner benetzt
- c Die Polierscheibe wird vor der Nutzung mit Terpentin benetzt
- d Die Polierscheibe wird vor der Nutzung mit Wasser benetzt

24. Bei der Reparaturlackierung des VW T5 Bus Multivan sind bei der Trocknung einige Lackläufer entstanden.
Nennen Sie 2 Möglichkeiten, wie diese Lackläufer entfernt werden können.

25. Auf den Technischen Informationen des Lackherstellers sind folgende Piktogramme abgebildet. Welche Bedeutung haben sie?

26. Um die Polierarbeiten an dem VW T5 Bus Multivan durchzuführen, benötigen Sie eine Poliermaschine. Welche ist die technisch richtige Poliermaschine?

- a Gradschleifer mit 6000 bis 8000 U/Min.
- b Schwingschleifer mit 4000 bis 6500 U/Min.
- c Winkelschleifer mit 8000 bis 12000 U/Min.
- d Winkelschleifer mit 800 bis 2000 U/Min.

27. Welche Eigenschaft beschreibt einen Schraubenkompressor, der im Lackierbetrieb die Druckluft erzeugt?

- a Er hat einen geringen Schallpegel
- b Er hat einen hohen Schallpegel
- c Er hat hohe Wartungskosten
- d Er hat geringe Anschaffungskosten

28. Folgende Maße der Spritzkabine sind bekannt: Länge: 7,20 m – Breite: 4,15 m – Höhe: 3,00 m.
   a) Errechnen Sie das Volumen der Spritzkabine in Liter und Kubikmeter.
   b) Wie viel Kubikmeter (Abluftvolumenstrom) verlassen in einer Stunde die Spritzkabine, wenn die Luftsinkgeschwindigkeit von 0,30 m/s zu Grunde gelegt wird?
   c) Um die Zulufttemperatur bei niedrigen Außentemperaturen auf ca. 22 °C erwärmen zu können, benötigt man die Leistung von 1 kW pro Stunde, um 80 m^3 Luft zu erwärmen. Welcher Anschlusswert in kW ergibt sich für die gesamte Anlage?

Berechnung:

Name/Datum

29. Für die Lackierarbeiten am VW T5 Bus Multivan benutzen Sie eine Fließbecher-Spritzpistole. Tragen Sie die vorgegebenen Bezeichnungen der Bestandteile auf die Linien des unten abgebildeten Fließbecher-Pistolenschnitts ein.

Bestandteile der Fließbecher-Spritzpistole:
Farbdüse, Luftkappe, Farbnadel, Materialzufuhr, Anschluss Luftschlauch, Materialmengenregulierung, Rückholfeder, stufenlose Rund-/Breitstrahlregulierung

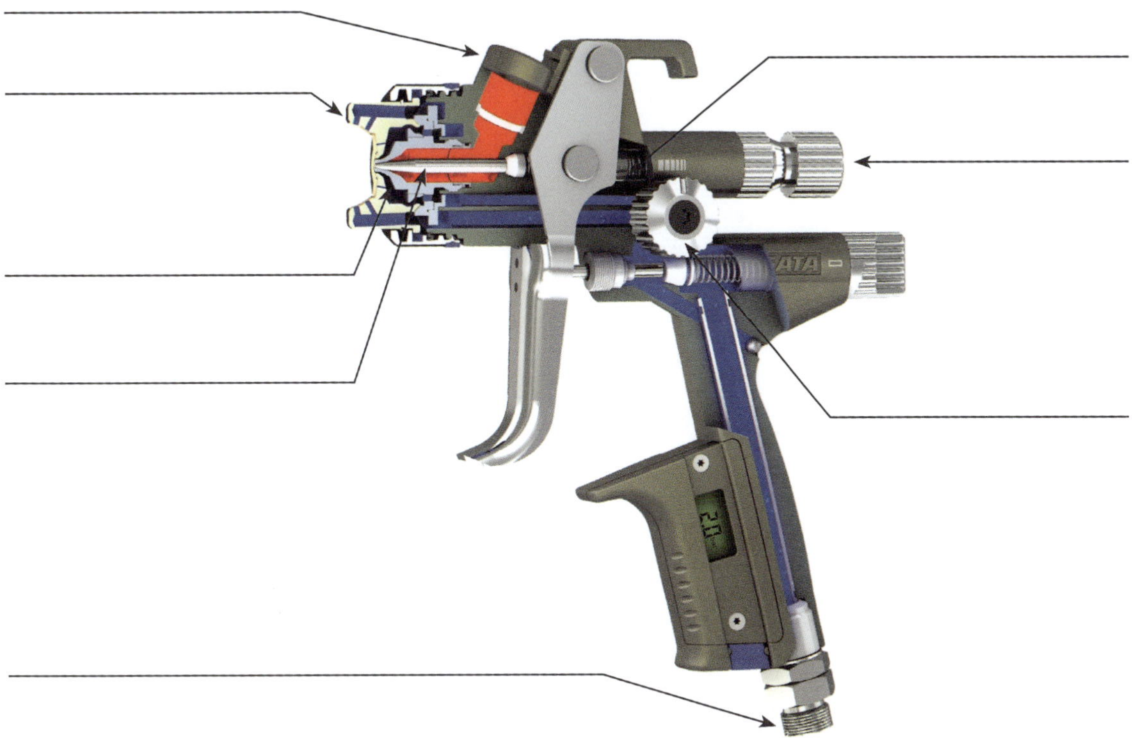

30. Wie hoch ist der Düseninnendruck bei einer HVLP-Spritzpistole?

a 0,3–0,5 bar

b 0,7–0,9 bar

c 1,3–1,5 bar

d 1,8–2,0 bar

31. Wie bewahren Sie mit Waschverdünnung getränkte Lappen auf?

a In Sammelbehältern für alle Betriebsabfälle

b In Behältern für Sondermüll

c In offenen, nicht brennbaren Behältern

d In geschlossenen, nicht brennbaren Behältern

32. Welche Informationen können Sie den gesetzlich vorgeschriebenen Kennzeichnungen auf einem Gebinde mit Waschverdünnung entnehmen?

Nennen Sie 4.

33. Die Symbole auf dem Gebinde der Waschverdünnung wurden durch Symbole des GHS „Global Harmonisiertes System" ersetzt.

Welche „global harmonisierten Symbole" ersetzen die dargestellten Symbole?

xn

1

2

3

4

5

- a 1 und 5
- b 1 und 4
- c 1 und 2
- d 1 und 3

34. Welche Bedeutung haben diese Gefahrensymbole?

1

2

3

4

- a Explosionsgefährlich, giftig/tödlich, umweltgefährdend, ätzend
- b Giftig/tödlich, ätzend, umweltgefährdend, brandfördernd
- c Ätzend, komprimierte Gase, giftig/tödlich, explosionsgefährlich
- d Brandfördernd, ätzend, giftig/tödlich, hochentzündlich

35. Nach dem Reinigen der Spritzwerkzeuge schütten Sie die verschmutzte Reinigungsverdünnung in den Behälter für Altverdünnung (Durchmesser 0,42 m). Danach beträgt der Füllstand 46 cm.
    a) Wie viel Liter Altverdünnung befinden sich in dem Behälter?
    b) Wie viel Liter Verdünnung können noch eingefüllt werden, wenn der maximale Füllstand 68 cm betragen darf?
    c) Die Entsorgung kostet pro Liter 1,85 € netto.
    Welche Bruttokosten fallen für die Entsorgung des gefüllten Behälters an.
    Die Mehrwertsteuer beträgt 19 %.

Berechnung:

Name/Datum

36. Wie verhalten Sie sich, wenn Sie während Ihrer Tätigkeiten in der Lackierwerkstatt Gefahrstoffe verarbeiten müssen?
Nennen Sie 4 generelle Verhaltensweisen.

37. Die Sorge um die Umwelt, die Gesundheit und die Sicherheit am Arbeitsplatz haben den Gesetzgeber zu Maßnahmen zur Reduzierung von Lösemittelemissionen bewogen.
Nennen Sie 3 Maßnahmen, die bei der Fahrzeuglackierung zur Reduzierung der organischen Lösemittelemissionen beitragen.

38. Während der Lackierarbeiten am VW T5 Bus Multivan tragen Sie eine frischluftversorgte Halbmaske.
Welchen Vorteil bietet sie?

a Höherer Einatemwiderstand als bei Filtermasken

b Sehr flexibler, ortsunabhängiger Einsatz

c Atemluft kann aus kontaminiertem Bereich angesaugt werden

d Objektive Anzeige des Sättigungsgrads vom Aktivkohle-Filter

39. Damit Sie bei den Lackierarbeiten geschützt sind ist es notwendig, dass die persönlichen Schutzausrüstungen funktionieren und getragen werden.
Wann müssen Sie den A2-Filter in Ihrer umgebungsluftabhängigen Atemschutz-Halbmaske wechseln?

a Spätestens zum Datum, das auf dem Filter aufgedruckt ist

b Spätestens nach einem Monat

c Spätestens nach sechs Monaten oder wenn der Einatemwiderstand deutlich sinkt

d Spätestens nach einer Woche

40. Das Logo ist mit der Schrift „Tiffany“ gestaltet worden.
Um die Schrift zu charakterisieren wurde eine Checkliste entwickelt.
Kreuzen Sie in jeder waagerechten Zeile der Tabelle ein Merkmal zur Bestimmung der gewählten Schrift an.

Schriftart/ Schriftgruppe	Venezianische Renaissance-Antiqua		Klassizistische Antiqua		Handschrift-liche Antiqua		Serifenbetonte Linear-Antiqua	
Schriftschnitt	Italic		Regular		Bold		Bold Itallic	
Schrift-auszeichnung	Gevierte		Gemeine		Initiale		Reglette	
Strichführung	kursiv		schräg		rund		gerade	

41. Für den Schriftzug **race 1** hat sich der Kunde für die Schrift „Tiffany“ entschieden.
Wählen Sie aus den gegebenen Begriffen die richtigen für die gekennzeichneten Elemente der Schrift aus. Ordnen Sie diese den freien Feldern zu.

Begriffe: Grundstrich – Gemeine – Oberlänge – Proportion – Schriftlinie – Serife – Spationierung – Ziffer – Versalienhöhe – Zeilenabstand

42. Der Farbton des Fahrzeugs VW T5 Bus Multivan ist ein helles Grün.
Wozu zählt der Farbton Grün bei der subtraktiven Farbmischung?

a Zu den Sekundärfarben

b Zu den Quintärfarben

c Zu den Primärfarben

d Zu den Tertiärfarben

43. Wodurch zeichnet sich die gewählte Schriftzeile besonders aus?

race 1

a Durch klare und einfache Formen

b Durch unpräzise ausgearbeitete Grundstriche

c Durch automatische Dicktenweiten

d Durch künstlerisch gestaltete Rundungen

44. Schriftzug und Dekor sind in den Farbtönen RAL 2000 Gelborange und RAL 6028 Kieferngrün gestaltet worden.
In welche Bereiche des Farbkreises sind diese Farben einzuordnen?

45. Die Farbtöne RAL 2000 Gelborange und RAL 6028 Kieferngrün haben bestimmte Wirkungen auf die Menschen.
Folgende Wirkungen haben diese Farben:
aktivierend, angenehm, anregend, ausflippend, ausgewogen, belebend, beruhigend, billig, erfrischend, erheiternd, erquickend, exotisch, fern, freundlich, fröhlich, gesund, leuchtend, natürlich, vitalisierend
Ordnen Sie den Farben jeweils 4 Wirkungen in der Tabelle zu.

RAL 2000 Gelborange	**RAL 6028 Kieferngrün**

1. Am VW T5 Multivan muss eine Schadensaufnahme durchgeführt werden.
   Nennen Sie 6 mögliche Schadensarten, die Sie durch eine Sichtprüfung erkennen können.

2. Welche Schadensarten können Sie durch eine Sichtprüfung nicht sofort erkennen?
   Nennen Sie 4 Schadensarten.

3. Nennen Sie je Tätigkeit 3 Werkzeuge, Maschinen, Geräte oder Materialien, die sich für die aufgeführten Tätigkeiten/Arbeiten am VW T5 Multivan eignen.

Tätigkeiten/Arbeiten	**Werkzeuge, Maschinen, Geräte oder Materialien**
Demontage des Stoßfängers	
Entfernen der Seitenwand-Innenverkleidung	
Ausbau der Schiebetür	
Instandsetzung und Richten der Seitenwand	
Seitenfenster ausbauen	

Name/Datum

4. In Ihrem Steckschlüsselsatzkasten, der für die Karosseriearbeiten genutzt wird, sind unterschiedliche Schlüsselweiten vorhanden: 8er, 10er, 13er, 17er, 19er, 21er, 27er.
Ordnen Sie den in der Tabelle aufgeführten Gewindedurchmessern die richtige Schlüsselweite zu.

Gewindedurchmesser	Schlüsselweiten
M10	
M6	
M14	
M12	

5. Bei Ihren Tätigkeiten/Arbeiten am VW T5 Multivan setzen Sie verschiedene Werkzeuge ein.
Zu welchem Zweck nutzen Sie das abgebildete Werkzeug?

- a Zum Abklemmen von Leitungen
- b Zum Stanzen von Schweißlöchern
- c Zum Abisolieren elektrischer Kabel
- d Zum Blechkanten schneiden

6. Bei Ihren Tätigkeiten/Arbeiten am VW T5 Multivan setzen Sie verschiedene Werkzeuge ein.
Benennen Sie die abgebildeten Werkzeuge.

Werkzeuge	Bezeichnung
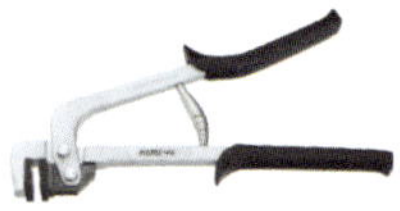	

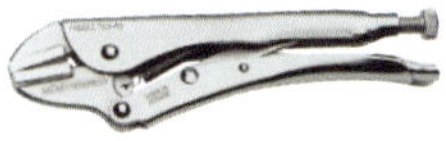	

7. Beim Lösen der M8 Schraube an der Halterung des Stoßfängers des VW T5 Multivan verwenden Sie einen Steckschlüssel. Welche Schlüsselweite benötigen Sie?

- a Schlüsselweite 8
- b Schlüsselweite 17
- c Schlüsselweite 13
- d Schlüsselweite 10

8. Welcher Arbeitsschritt ist bei der Instandsetzung der Karosserieschäden unter Einsatz eines Multispotters erforderlich?

- a Anheben des Fahrzeugs mittels Hebebühne
- b Fahrzeug entriegeln
- c Demontage aller Räder
- d Abklemmen der Batterie

9. Welchen Arbeitsschritt haben Sie durchzuführen, bevor Sie die Batterie für die Instandsetzung außer Betrieb setzen?

- a Spannungsbrücke anbringen, um die elektronischen Bauteile weiter mit Spannung zu versorgen
- b Reifendruck reduzieren, um das Fahrzeug zu erden
- c Motorhaube demontieren, um eine Zwangsbelüftung der Batterie zu gewährleisten
- d Kraftstoffbehälter restlos entleeren, um die Explosionsgefahr zu minimieren

10. Vor der Beschichtung des Stoßfängers des VW T5 Multivan muss die Kunststoffart des Stoßfängers festgestellt werden.
Wie können Sie die Kunststoffart erkennen?

- a Durch die Lackierung des Stoßfängers
- b Durch eine Kennzeichnung auf der Rückseite
- c Durch die Farbe des Kunststoffs
- d Durch eine Eintragung im Fahrzeugschein

11. Am VW T5 Multivan muss die Seitentür wieder eingebaut werden.
Durch welche Maßnahmen können Schraubenverbindungen gesichert werden?

- a Durch Schraubengewinde
- b Durch Sicherungsmuttern
- c Durch Unterlegscheibe
- d Durch Sicherungsglas

12. Nennen Sie die am Unfallfahrzeug durchzuführenden Rückverformungsarbeiten sowie die entsprechenden Positionen aus dem Kundenauftrag.

___

___

___

13. Die Verformung in dem Seitenteil des VW T5 Multivan soll durch einen Spotter mit Zughammer beseitigt werden.
Beschreiben Sie die Vorgehensweise bei diesem Ausbeulverfahren.

14. Das Rad auf der Vorderachse rechts muss nach der Instandsetzung wieder montiert werden.
Mit welchem Werkzeug wird der feste Sitz des Rads kontrolliert?

a Mit dem Schlagschrauber
b Mit dem Drehmomentschlüssel
c Mit dem Radkreuz
d Mit der Steckschlüsselverlängerung

15. Sie müssen die Reifenprofiltiefe an dem demontierten Rad prüfen.
Welche Mindestprofiltiefe schreibt der Gesetzgeber vor?

a 0,6 mm
b 1,6 mm
c 2,6 mm
d 3,6 mm

16. Die Schiebetür ist nach der Leistungsbeschreibung Pos. 1 erneuert worden.
Sie stellen die Schiebetür ein.
Worauf müssen Sie achten?

a Auf das Vorhaltemaß
b Auf das Lückenmaß
c Auf das Gesamtmaß
d Auf das Spaltmaß

17. Sie müssen nach dem Einbau der Schiebetür die Spannungsversorgung der elektrischen Verbraucher der Schiebetür prüfen.
Welches Werkzeug setzen Sie ein?

a Digitales Multimeter
b Volt/Ampere-Tester (V/A-Tester)
c Vierkanal-Messgerät
d 12-Volt-Prüflampe

18. Die Schiebetür des VW T5 Multivan ist an dem Datenbussystem des Fahrzeugs angeschlossen. Was bedeutet im Fahrzeugbau der Begriff Datenbussystem?

a Das Datenbussystem ist nur für die Wegfahrsperre zuständig und wird von den Versicherungen vorgeschrieben

b Das Datenbussystem ist zur Schaltung des Arbeitsstroms von über 200 Ampere zuständig

c Das Datenbussystem überträgt die Informationen mit Hilfe von Informationseinheiten (Bits) innerhalb des Fahrzeugs

d Die Fahrzeugdaten werden ausschließlich vom Hersteller zum Fahrzeug digital übertragen

19. Laut der Leistungsbeschreibung Pos. 2 müssen Sie an die Schiebetür rechts eine neue Zierleiste kleben.
Wie werden die Flächenhaftungskräfte beim Kleben genannt?

a Kohäsionskräfte

b Reaktionskräfte

c Adhäsionskräfte

d Fügekräfte

20. Der Kunde fragt besorgt, ob die werkseitig aufgebrachten Korrosionsschutzmaterialien an seinem Fahrzeug nach dem Unfall noch vorhanden sind.
a) Erklären Sie dem Kunden 4 Korrosionsschutzmaßnahmen, die werkseitig am Fahrzeug durchgeführt wurden.
b) Erklären Sie dem Kunden, wie Sie den Korrosionsschutz bei der Instandsetzung ohne Qualitätsverlust wieder herstellen. Nennen Sie 4 Maßnahmen.

21. Sie haben bei Ihren Tätigkeiten/Arbeiten am VW T5 Multivan auf den elektrischen/elektronischen Bauteilen die Bezeichnung EMV (elektromagnetische Verträglichkeit) gelesen.
Was bedeutet EMV im Kraftfahrzeug?

Name/Datum

22. Sie messen auf dem VW T5 Multivan eine **maximale** Schichtdicke von 133 µm.
Wie hoch sind die einzelnen Schichten dieser Serienlackierung in Prozent zur gemessenen Schichtdicke?
Tragen Sie die Prozentwerte der einzelnen Schichtdicken in die vorgegebene Tabelle ein.
Ergebnisse auf eine Stelle nach dem Komma runden.

Lackaufbau	Schichten des Lackaufbaus	Schichtdicke	Schichtdicke in %
	Klarlack	30–45 µm	
	Basislack	12–15 µm	
	Füller	30–45 µm	
	Grundierung (Elektrotauchbad)	15–25 µm	
	Zinkphosphatierung	1–3 µm	
	Blech	ca. 620 µm	

Berechnung:

23. Im Zusammenhang mit den Instandsetzungsarbeiten am VW T5 Bus Multivan werden Sie in Technischen Merkblättern und Herstellerangaben mit folgenden englischen Begriffen konfrontiert. Übersetzen Sie die vorgegebenen englischen Begriffe.

Englische Begriffe	
airpuller	
airless	
chassis	
airbag	
rear light	
steering	
welding	
top coat	
undercoating	
OFF	

24. Im Zusammenhang mit der Karosserieinstandsetzung des VW T5 Multivan hören Sie den Begriff „Abschnittsreparatur“.
Welche Bedeutung hat dieser Begriff in der Karosserieinstandsetzung?

- a Den teilweisen Ersatz eines Karosserieteils
- b Das Aufteilen der Reparatur auf mehrere Betriebe
- c Dass die Versicherung des Fahrzeugs den Schaden nur abschnittsweise bezahlt
- d Das Fahrzeug kann nur in mehreren Abschnitten repariert werden

25. Sie müssen nach der Instandsetzung an dem VW T5 Multivan die Scheinwerfer überprüfen und einstellen. Das Fahrzeug ist mit einer LWR (Leuchtweitenregulierung) ausgestattet.
Auf welche Position muss die LWR eingestellt werden, wenn Sie die Hauptscheinwerfer mit dem Scheinwerfereinstellgerät überprüfen wollen?

- a Position 1
- b Position 4
- c Position 3
- d Position 0

26. Sie haben die Aufgabe, vor der Auslieferung des VW T5 Multivan, die Batterie zu laden. Mit wie viel Prozent der Batteriekapazität wird die Batterie normal geladen?

a 5 %

b 30 %

c 40 %

d 10 %

27. Vor der Auslieferung des VW T5 Multivan muss eine Fahrwerksvermessung durchgeführt werden. Bei der Vermessung müssen verschiedene Voraussetzungen beachtet werden, wie z. B. Reifen. Nennen Sie 4 weitere Voraussetzungen, die vor der Fahrwerksvermessung überprüft werden müssen.

28. Das Unfallfahrzeug ist mit Reifen ausgerüstet die folgende Bezeichnung haben: 205/55 R 16 91V.
Ordnen Sie den vorgegebenen Bedeutungen die entsprechende Bezeichnung zu?
205 - 55 - R - 16 - 91 - V

Bedeutung	Bezeichnung
Reifenbreite in mm	
Verhältnis Reifenhöhe zu Reifenbreite	
Kennbuchstabe für Radialreifen	
Kennbuchstabe für zulässige Höchstgeschwindigkeit	
Kennzahl für Reifentragfähigkeit	
Felgendurchmesser in Zoll	

29. An dem verunfallten VW T5 Multivan müssen im Vorderbau des Fahrzeugs verschiedene Bauteile ein- und ausgebaut werden. Hierbei sind Fügeverfahren notwendig.
Ordnen Sie den vorgegebenen Fügeverfahren in der Tabelle die Art des Zusammenhaltes zu.
Art des Zusammenhaltes: Formschluss, Einschluss, Kraftschluss, Stoffschluss, Adhäsion/Kohäsion

Fügeverfahren	Art des Zusammenhalts
Fügen durch Löten	
Füllen	
Anpressen/Einpressen	
Fügen durch Schweißen	
Fügen durch Umformen	
Kleben	

1. Um Unfallgefahren und Gesundheitsgefährdungen bei Arbeiten weitgehend auszuschließen, müssen Sie Regeln zur Vermeidung von Unfällen und Vorschriften bei der Verarbeitung von gesundheitsgefährdenden Stoffen genau beachten.
Welche Informationen können Sie aus Betriebsanweisungen entnehmen?

2. Das Maler- und Lackiererhandwerk trägt mit seiner Arbeit zu einem nachhaltigen Sachwertschutz bei. Dabei kommt dem Umweltschutz ein hoher Stellenwert zu. Durch die fachgerechte Anwendung von Werkstoffen und die richtige Entsorgung werden Gefahren für Umwelt und Gesundheit vermieden.
Beschreiben Sie, wie Betriebsleitung und Mitarbeiter eines Fahrzeuglackierbetriebs zur Abfallvermeidung beitragen können.

3. Die öffentliche Hand (Bund, Länder, Gemeinden) verwendet ihre Einnahmen (Steuern) zur Erfüllung öffentlicher Aufgaben und zur sozialen Absicherung der Bevölkerung.
Nennen Sie 5 Beispiele.

4. Welche Sozialversicherungen trägt Ihr Arbeitgeber für Sie als Geselle anteilig mit und welche trägt der Arbeitgeber allein?

5. Sie können durch Wahlen mitbestimmen, wer eine Mehrheit in Institutionen hat, die Gesetze verabschieden.
Nennen Sie die politischen Institutionen, deren Zusammensetzung Sie mit Ihrer Wahl mitbestimmen können.

6. Die Gewerkschaft (Industriegewerkschaft Bauen-Agrar-Umwelt) hat sich mit dem Bundesverband Farbe Gestaltung Bautenschutz - Bundesinnungsverband des deutschen Maler- und Lackiererhandwerks zu Tarifverhandlungen zusammengefunden.
Was kann in Tarifverträgen geregelt sein?

7. Aus den Nachrichten erfahren Sie von den Tarifauseinandersetzungen in Ihrer Berufsgruppe. In dem Bericht spricht der Reporter über Schlichtungsversuche, Urabstimmung und Aussperrungen.
Erklären Sie die Begriffe Schlichtung, Urabstimmung und Aussperrung.

8. Wie hoch ist das zusätzliche Urlaubsgeld für gewerbliche Arbeitnehmer im Maler- und Lackiererhandwerk bei einem Urlaubsanspruch von 25 Arbeitstagen?

- a 15 Prozent
- b 10 Prozent
- c 30 Prozent
- d 50 Prozent

9. Der Meister hat auf den Rechnungsbetrag für eine Materiallieferung 2 % Skonto erhalten. Was versteht man darunter?

- a Mengenrabatt
- b Betragsminderung bei Einhaltung einer vorgegebenen Zahlungsfrist
- c Verzugszinsen für einen bestimmten Zeitraum
- d Mindermengenaufschlag

10. Eine Materiallieferung erfolgte zum Betrieb. Sie sollen den Empfang bestätigen. Was müssen Sie auf dem Lieferschein vermerken?

- a Datum und Ihre Unterschrift
- b Datum und Unterschrift des Überbringers
- c Datum und Name des Chefs
- d Datum und Unterschrift des Lieferanten

11. Wer entscheidet in Ihrer Stadt über die Höhe der Gebühren für die öffentliche Müllentsorgung?

- a Die Stadtverwaltung
- b Der Rat der Stadt
- c Der Bürgermeister
- d Der Kreistag

12. Welche Institution regelt und überwacht die Berufsausbildung zum Fahrzeuglackierer?

- a Die zuständige Bezirksregierung
- b Die zuständige Berufsgenossenschaft
- c Die zuständige Agentur für Arbeit
- d Die zuständige Handwerkskammer/Industrie- und Handelskammer

13. An wen kann sich ein Auszubildender wenden, wenn er sich über die Bedingungen in seinem Berufsausbildungsverhältnis beschweren will?

a An das Sozialgericht

b An die Berufsschule

c An das Amtsgericht

d An den Innungsausschuss für Lehrlingsstreitigkeiten/Ausbildungsberater

14. Ein Geselle vertritt die Meinung, dass die Kündigung seines Arbeitsverhältnisses nicht rechtens ist.
Vor welchem Gericht kann er gegen seine Kündigung klagen?

a Arbeitsgericht

b Sozialgericht

c Verwaltungsgericht

d Finanzgericht

15. Ein Betrieb im Maler- und Lackiererhandwerk führt in seinem Namen die Bezeichnung GmbH. Welche Unternehmensform hat sich dieser Betrieb gegeben?

a Kapitalgesellschaft

b Personengesellschaft

c Einzelunternehmen

d Kommanditgesellschaft

16. Welchen Vorteil hat ein Einzelunternehmen im Maler- und Lackiererhandwerk?

a Beschränkte Haftung des Betriebsinhabers

b Arbeitsteilung in der Geschäftsführung zur Entlastung des Betriebsinhabers

c Hohe Kreditwürdigkeit bei den Banken

d Schnelle und freie Entscheidungen des Betriebsinhabers

17. Nach dem Bürgerlichen Gesetzbuch wird zwischen natürlichen und juristischen Personen unterschieden.
Wer ist eine juristische Person?

a Jeder Richter

b Jeder eingetragene Verein

c Jede Person

d Jeder Bewährungshelfer

18. Viele Betriebe haben sich in Einkaufsgenossenschaften zusammengeschlossen. Welchen Vorteil haben die Mitglieder der Genossenschaft?

- a Gewährung zinsgünstiger Darlehen an Mitarbeiter der Betriebe
- b Preisgünstiger Einkauf für Mitglieder
- c Mietgünstige Betriebsgelände für die Mitglieder
- d Bessere Verteilung von Aufträgen unter den Mitgliedern

19. Mit welchem rechtmäßigen Mittel kann eine Gewerkschaft ihre Forderungen gegenüber den Arbeitgebern in einer Tarifauseinandersetzung durchsetzen?

- a Mit einer Aussperrung der Geschäftsführung eines Betriebs
- b Mit einer oder mehreren Betriebsbesetzungen durch Gewerkschaftler
- c Mit einem Boykott der Betriebe
- d Mit einem Streik im Tarifgebiet

20. Vor welchem Gericht werden Streitigkeiten aus Tarifverträgen verhandelt?

- a Vor einem Betriebsverfassungsgericht
- b Vor einem Zivilgericht
- c Vor einem Sondergericht
- d Vor einem Arbeitsgericht

21. Darf ein Arbeitgeber nach Beendigung des Arbeitsverhältnisses Arbeitspapiere des ehemaligen Mitarbeiters zurückbehalten, wenn er noch berechtigte Forderungen gegen den Arbeitnehmer geltend machen will?

- a Ja, aber nur den Reisepass des Mitarbeiters
- b Ja, damit kann der Arbeitgeber seine Forderungen besser durchsetzen
- c Nein
- d Nein, lediglich den letzten Lohn kann der Arbeitgeber zurückbehalten

22. Womit muss ein Kunde rechnen, wenn die Nachfrage nach einer Ware größer ist als das Warenangebot?

- a Die Preise steigen, die Kaufkraft nimmt ab, der Geldwert sinkt
- b Die Preise steigen, die Kaufkraft nimmt ab, der Geldwert steigt
- c Die Preise steigen, die Kaufkraft nimmt zu, der Geldwert steigt
- d Die Preise steigen, die Kaufkraft nimmt zu, der Geldwert sinkt

23. Womit muss ein Kunde rechnen, wenn das Warenangebot größer ist als die Nachfrage nach dieser Ware?

- a Die Preise sinken, die Kaufkraft nimmt ab, der Geldwert sinkt
- b Die Preise sinken, die Kaufkraft nimmt zu, der Geldwert sinkt
- c Die Preise sinken, die Kaufkraft nimmt zu, der Geldwert steigt
- d Die Preise sinken, die Kaufkraft nimmt ab, der Geldwert steigt

24. Welches Merkmal kennzeichnet die soziale Marktwirtschaft der Bundesrepublik Deutschland?

- a Freie Arbeitsplatzwahl
- b Eingeschränktes Tarifrecht der Sozialpartner
- c Preisregulierung durch die Bundesregierung
- d Sozialisierung der Verkehrswege

25. Welche Geldart spielt in unserer Wirtschaftsordnung die bedeutendste Rolle?

- a Das Münzgeld
- b Das Papiergeld
- c Das Bargeld
- d Das Buchgeld

26. Wann muss ein Berufsausbildungsverhältnis verlängert werden?

- a Auf Verlangen der Berufsschule nach nicht bestandener Prüfung
- b Auf Verlangen des Ausbildenden nach nicht bestandener Prüfung
- c Auf Verlangen des Auszubildenden nach nicht bestandener Prüfung
- d Auf Verlangen der Handwerkskammer

4 Instandsetzung eines Motorrads, Modell Mareb BX 550

Kundenauftrag

Das beschädigte Motorrad (Modell Mareb BX 550), Farbe Rot Perleffekt, 3-Schicht-Aufbau, soll nach einem Unfall instand gesetzt werden.

Schadensbeschreibung

Tank:	verbeult
Verkleidung:	rechte Seite verkratzt und gerissen
Schutzblech vorn:	abgerissen und deformiert
Scheinwerfer vorn:	beschädigt
Rückspiegel und Blinker rechts:	abgerissen
Gabelbein rechts:	verbogen
Lenker:	beschädigt
Felge vorn:	beschädigt
Fußraste rechts:	beschädigt
Schalldämpfer:	beschädigt

Auftragspositionen

Pos. 1 Tank erneuern
Pos. 2 Verkleidung instand setzen, Reparaturlackierung
Pos. 3 Schutzblech vorn erneuern
Pos. 4 Scheinwerfer, Rückspiegel rechts und Blinker rechts erneuern
Pos. 5 Gabelbein rechts erneuern
Pos. 6 Lenker, Felge, Fußraste rechts und Schalldämpfer erneuern
Pos. 7 Beschriftung erneuern

Leistungsbeschreibung des Kundenauftrags

Pos.	Bezeichnung
Pos. 1	**Tank erneuern** Demontage des Tanks (Kraftstoff aus dem Tank restlos entfernen). Auswechseln durch ein intaktes Ersatzteil. Neuer Beschichtungsaufbau.
Pos. 2	**Verkleidung instand setzen, Reparaturlackierung** Zerlegen der Verkleidung. Geplatzte und gerissene Stellen ausarbeiten und kleben. In Motorradfarbe lackieren. Beschichtungsaufbau nach Lackierstufe K1R.
Pos. 3	**Schutzblech vorn erneuern** Schutzblech vorn aus- und einbauen. Neulackierung in Motorradfarbe. Beschichtungsaufbau nach Lackierstufe K1N.
Pos. 4	**Scheinwerfer, Rückspiegel rechts und Blinker rechts erneuern** Neuteile.
Pos. 5	**Gabelbein rechts erneuern** Neuteil.
Pos. 6	**Lenker, Felge, Fußraste rechts und Schalldämpfer erneuern** Neuteile. Felge im Originalfarbton lackieren.
Pos. 7	**Beschriftung erneuern** Schriftzug (Mareb BX 550) auf Verkleidung einpassen.

Abbildungen des Unfallfahrzeugs

Auszug aus der Reparaturkostenermittlung

Fahrzeug	**Mareb BX 550**	Kennz.	Bj. 1/03	km 23456
Farbe	**Rot Perleffekt**	Fahrgest.Nr.	AU	HU

Arbeitswerte	**PG**	**Std**	**Preis** in Euro
Tank aus- und einbauen, erneuern durch Ersatzteil (gebraucht)	1	0,8	57,68
Lampenverkleidung zerlegen und zusammenbauen	1	1,4	100,94
Lampenverkleidungsteile instand setzen (Klebetechnik)	1	2,7	194,67
Fußraste r erneuern	1	0,2	14,42
Blinkleuchte v r erneuern	1	0,2	14,42
Blinkleuchte h r erneuern	1	0,2	14,42
Scheinwerfer v erneuern	1	0,3	21,63
Gabelbein v r erneuern	1	0,4	28,84
Lenker erneuern	1	0,5	36,05
Felge v aus- und einbauen, erneuern	1	1,1	79,31
Schalldämpfer erneuern	1	0,3	21,63

Stundenverrechnungssatz Karosserie = 72,10 €
Stundenverrechnungssatz Mechanik = 72,10 €
Stundenverrechnungssatz Lack = 73,20 €

Auszug aus der Reparaturkostenermittlung

Fahrzeug	**Mareb BX 550**	Kennz.	Bj. 1/03	km 23456
Farbe	**Rot Perleffekt**	Fahrgest.Nr.	AU	HU

Teile	**Teile-Nr**	**Einzelpreis**	**Ges.Preis** in Euro
1 Stück Kraftstofftank Ersatzteil (gebraucht)	600606TK	148,50	148,50
1 Satz Aufkleber für Tank	9934848KK	35,75	35,75
1 Stück Fußraste	500612KY	26,14	26,14
1 Stück Rückspiegel	8802lOMZ	43,12	43,12
1 Stück Schutzblech v	611010MY	89,26	89,26
1 Stück Scheinwerfer v kompl	131000MW	163,57	163,57
1 Stück Blinkleuchte v r kompl	33030OMM	42,98	42,98
1 Stück Blinkleuchte h r kompl	330500KW	41,49	41,49
1 Stück Gabelbein r kompl	510400MY	358,81	358,81
1 Stück Lenker	531OOMY	56,22	56,22
1 Stück Schalldämpfer	18310MY	315,57	315,57
1 Stück Felge v lackierfertig	4454687ZB	478,90	478,90

Lackierkosten	**Art**	**Stufe**	**Std**	**Preis** in Euro
Kraftstofftank, einschl. zweiter Klarlackversiegelung	300	III	2,1	188,69
Schutzblech v	300	K1N	0,6	81,36
Felge	200	I	1,3	116,80
Lampenverkleidung 2-teilig	300	K1R	6,5	768,95
Vorb. Kunststoff (nur abgebaute Montageteile)	300		0,9	99,42
Vorb. Blech (Verbundarbeit)	300		0,5	48,95

Nebenkosten	**Preis** in Euro

Zwischensummen	**Std**	**Preis**	**Preis** in Euro
Arbeitswerte	8,1	72,10	584,01
Teile			1.800,31
Lackierzeit	11,9	73,20	871,08
Lackiermaterial			433,09
Nebenkosten			
Positionssumme			**3.688,49**

Nettosumme	**3.688,49**

1. Das Schutzblech des Motorrads wird durch ein nicht vorbehandeltes Neuteil ersetzt. Wie wird das Neuteil für den Beschichtungsaufbau nach Lackstufe K1N vorbereitet?

2. Warum müssen die nicht mit zu lackierenden Teile abgeklebt werden?

3. Nennen Sie zwei allgemeine Regeln, die beim Lackieren von Kunststoffen zu beachten sind.

4. Welche Kunststoffe sind nicht beschichtbar?

a PUR-Schaum hart + weich

b ABS + GFK

c PP/EPDM + PA

d PP + PE

5. Wie muss ein unbehandeltes Kunststoffteil aus PP/EPDM vorbereitet werden?

a Tempern, reinigen, tempern

b Reinigen, schleifen, reinigen

c Tempern, schleifen, reinigen

d Schleifen, tempern, reinigen

6. Warum dürfen gereinigte Kunststoffteile nicht trocken abgerieben werden?

a Sie erwärmen sich unzulässig

b Sie laden sich statisch auf

c Sie reagieren chemisch

d Sie verlieren ihre Oberflächenspannung

7. Bei der Lackierung der Motorradteile setzen Sie einen Grundfüller ein.
Ergänzen Sie die unten stehende Tabelle mithilfe der entsprechenden Technischen Information.

Lackaufbau	
VOC spritzfertig	< 540 g/l ______
Mischungsverhältnis **Härter** **Verdünnung**	______ 100 % Vol. % 25 % Vol. % 25 % Vol. %
Spritzviskosität DIN 4 20 °C	______ **Potlife 20 °C** ______
Fließbecher Spritzdruck	______ ______ ______ ______
Saugbecher Spritzdruck	______ ______ ______ ______
Spritzgänge	______ ______
Schichtdicke	______ ______
Trocknung 20 °C **60 °C** **Infrarot (kurzwellig)** **(mittelwellig)**	2,5 h 20 Min 8 Min. 10–15 Min.
Schleifen **Exzenter**	______

8. Kreuzen Sie die Piktogramme für die Verarbeitungshinweise an, die in der Aufgabe 7 (Tabelle) angegeben sind.

9. In welcher Zeit muss nach dem Auftragen des Kunststoffhaftvermittlers überlackiert werden, um die Haftung der Lackierung zu gewährleisten?

- a Nach 15 Min. und vor 30 Min.
- b Nach 5 Min. und vor 10 Min.
- c Nach 30 Min. und vor 5 Stunden
- d Nach 1 Stunde und vor Ablauf des 2. Tages

10. Welcher Kunststoff benötigt einen Elastifizierer im Klarlack oder Einschicht-Decklack?

- a GFK
- b PA
- c ABS
- d PP/EPDM

11. Weshalb gibt es für die Spachtelung auf Kunststoffteilen spezielle Spachtelmassen?

- a Sie passen sich dem Farbton und der narbigen Struktur des Kunststoffs besser an
- b Sie haben dem Kunststoff ähnliche Eigenschaften in Flexibilität und Temperaturempfindlichkeit
- c Sie müssen, wie die anderen Beschichtungsstoffe auch, zusätzlich mit einem Elastifizierer angemischt werden
- d Sie sind ein überflüssiges Produkt der Hersteller von Spachtelmassen

12. Welcher Beschichtungsstoff ist bei einer Kunststoffbeschichtung mit einem Weichmacher zu versetzen?

- a Wasserbasislack
- b Konventioneller Basislack
- c Kunststoffhaftgrund
- d 2K-Acrylfüller

13. Was ist Overspray?

- a Farbnebel, der auf dem Weg von der Spritzpistole zum Beschichtungsobjekt vorbei nebelt
- b Lösemittel, das aus der aufgebrachten Lackschicht verdunstet
- c Pigmente, die auf dem Weg von der Spritzpistole zum Beschichtungsobjekt vorbei nebeln und so den Farbton verändern
- d Eine Lackschicht, bei der es zu Beschichtungsfehlern aufgrund einer zu hohen Nassschichtdicke kommt

14. Welche Eigenschaften haben reversible Beschichtungsstoffe?

a Sie trocknen glashart auf

b Sie sind nicht überarbeitbar

c Sie lösen sich durch sich selbst wieder an

d Sie sind nur auf verzinkten Oberflächen einsetzbar

15. Welche Eigenschaften haben Reflow-Lacke?

a Bei hohen Temperaturen verflüssigt sich der Lack wieder

b Bei hohen Temperaturen versprödet der Lack stärker

c Bei hohen Temperaturen verändert sich der Farbton

d Bei hohen Temperaturen vermattet der Lack

16. Weshalb ist eine Beschichtung eines Motorradrahmens aus Stahl im Hochdruckspritzverfahren nicht effektiv?

17. Wie müssen Sie einen Auspuff behandeln, auf dem Sie einen hitzebeständigen Lack aufbringen sollen?

18. Wozu wird ein Folienradierer benutzt?

- a Zum Entfernen von Kantenrost und Rostnarben mittels Folienoberfäche
- b Zum Korrigieren von Klebefolien und Werbeaufklebern nach dem Anlegen auf der Oberfläche
- c Zum Anreiben von Klebefolien und Werbeaufklebern
- d Zum schadensfreien Entfernen von alten Folien- und Kleberrückständen

19. Wie wird ein Staubeinschluss in der Decklackierung ausgearbeitet?

- a Planschliff mit Exzenterschleifer und Papier P 180 bis P 320 und Nachschliff mit P 400 auf Exzenterschleifer
- b Planschliff mit Handschliff und Papier P 3000 und Nachschliff mit Rundschleifer P 280
- c Planschliff mit Schleifklotz und Papier P 1500 bis P 2000 und Nachschliff P 2500 bis P 3000
- d Planschliff mit Handschliff und Papier P 800 bis P 1200 und Nacharbeit mit Schleifpaste

20. Für welche Arbeit ist der Einsatz eines Schleifpads sinnvoll?

- a Für grobe Entrostungsarbeiten
- b Für Profile und Formen, die mit einer Schleifmaschine nicht geschliffen werden können
- c Für Finisharbeiten an kratzfesten Klarlacken
- d Für den Planschliff von Polyester-Spachtelstellen

21. Der Technischen Information zum 2K-Grundfüller entnehmen Sie folgendes: „Potlife 8 h/20 °C". Welche Bedeutung hat diese Angabe?

- a Das Material ist bei 20 °C erst nach 8 Stunden verarbeitbar
- b Das Material ist bei 20 °C 8 Stunden verarbeitbar
- c Das Material ist bei 20 °C erst nach 8 Stunden schleifbar
- d Das Material ist bei 20 °C 8 Stunden lang nicht zu beschichten

22. Welche Trockenzeit müssen Sie bei der Verarbeitung eines 2K-Acryl-Grundierfüllers beachten?

- a 2 Std. bei einer Umgebungstemperatur von 20 °C
- b 30 Min. bei einer Umgebungstemperatur von 20 °C
- c 2 Std. bei beschleunigter Trocknung
- d 30 Min. bei verlangsamter Trocknung

23. Nennen Sie zwei Vorteile für den Einsatz eines wasserverdünnbaren Füllers.

24. Für welche Basislackfarbtöne ist ein Tönfüller als Untergrund besonders vorteilhaft?

a Gelb/Rot
b Blau/Grün
c Schwarz/Weiß
d Braun/Violett

25. Die gefüllerten Teile des Motorrads werden vor der Lackierung komplett nass geschliffen. Welche Körnung muss das Nassschleifpapier mindestens haben, um einen einwandfreien Untergrund zu schaffen?

a P 320
b P 400
c P 500
d P 800

26. Aus welchen Gründen werden Wasserbasislacke in den Lackierbetrieben eingesetzt?

27. Welche Drehzahl darf eine Poliermaschine höchstens haben?

a 500 U/Min.
b 1 000 U/Min.
c 2000 U/Min.
d 10000 U/Min.

28. Warum ist es von Vorteil, wenn an Poliermaschinen die Drehzahl elektronisch geregelt werden kann?

29. Was verstehen Sie unter einem Lacknasenentferner?

- a Ein Tuch zum Entfernen von Lackläufern (Microfaser-Tuch)
- b Einen Spachtel zum Aufbringen von Ausgleichsmasse, um Lacknasen zu egalisieren
- c Einen scharf geschliffenen Metallhobel zum Abtragen von Lackläufern
- d Einen Aufsatz für Schwingschleifer, mit dessen scharfer Frontkante, Lackläufer und andere an der Lackoberfläche überstehende Teile zu entfernen sind

30. Mit welchem Material wird eine Lackoberfläche konserviert?

- a Mit einer Schleifpaste
- b Mit einem Lackreiniger
- c Mit einem Hartwachs
- d Mit einem Fliegenschwamm

31. Mit welchen Poliermedien lässt sich die neue Klarlackgeneration der kratzfesteren Klarlacke nur noch hochwertig aufpolieren?

- a Schaumstoffschwämme
- b Norpelschwämme
- c Lammfell mit ausgedünntem Wollvlies
- d Lammfell mit stark verdichtetem Wollvlies

32. Entnehmen Sie der Reparaturkostenermittlung sämtliche Kosten, die mit der Erneuerung des Scheinwerfers, einschließlich der Lampenverkleidung, in Zusammenhang stehen. Welche Kosten vor Steuer fallen dafür an?
Hinweis: Kosten der Vorbereitung bleiben bei der Berechnung unberücksichtigt.

Berechnung:

33. Der Originaltank hatte ein Fassungsvermögen von 19,400 Liter. In den gebrauchten Tank, der den alten Tank ersetzt, passen dagegen 25,600 Liter.
Das Motorrad verbraucht 4,8 Liter bis 6,5 Liter pro 100 km.
Berechnen Sie, wie viel km man mit dem neu eingebauten Tank mehr fahren kann als mit dem alten, wenn von vollen Tankfüllungen und einem mittleren Verbrauch von 5,5 Liter pro 100 km ausgegangen wird.

Berechnung:

34. Berechnen Sie die gesamten Materialkosten für den spritzfertigen 2K-Füller und 2K-Klarlack für die Lackierung der Kunststoffverkleidung des Motorrads.
Die Kunststoffverkleidung hat eine Oberfläche von 9300,00 cm^2.
Die Materialien kosten pro Liter:
2K-Füller 22,35 €; 2K-Füller-Härter 24,35 €; 2K-Klarlack 32,85 €;
2K-Klarlack-Härter 28,10 €; Elastifizierungszusatz 32,70 €; Verdünnung 10,90 €.
Verbrauch des 2K-Füllers (Stammmaterial) 120 ml pro m^2.
Verbrauch des 2K Klarlack (Stammmaterial) 145 ml pro m^2.
Mischungsverhältnisse:
Füller + 20 % Elastifizierungszusatz + Härter (4 : 1) + 10 % Verdünnung
(bezogen auf Füller und Elastifizierungszusatz);
Klarlack + 20 % Elastifizierungszusatz + Härter (2 : 1) + 15 % Verdünnung
(bezogen auf Klarlack und Elastifizierungszusatz).

Berechnung:

35. Die Schrift wird als Negativschablone mit Übertragungsfolie geliefert.
Erstellen Sie einen Ablaufplan für die Beschriftung auf der Vollverkleidung des Motorrads und geben Sie Werkzeuge, Hilfsmittel und Materialien an.

Reihenfolge	Tätigkeiten	Werkzeuge/Hilfsmittel/Materialien
1.		
2.		
3.		
4.		
5.		
6.		
7.		
8.		
9.		
10.		

36. Wozu werden in der Beschriftungstechnik Übertragungsfolien benötigt?

a Zum Herstellen einer Schriftpause

b Um eine konstruierte Schrift auf den Untergrund zu bringen

c Um eine geschnittene Schrift auf den Untergrund zu übertragen

d Als Schneidefolie für Schriften

37. Wie wird die Übertragungsfolie von einer aufgeklebten Schrift abgezogen?

a Folie buchstabenweise abheben

b Folie im rechten Winkel buchstabenweise abziehen

c Folie im spitzen Winkel langsam abziehen

d Folie von einer Seite zur anderen langsam aufrollen

38. Die Schriftvorlage wurde auf einem Computer erstellt.
Worauf muss beim Schriftbild geachtet werden?

- a Auf die Konturenschärfe
- b Auf die Schriftart
- c Auf die Größe
- d Auf den optischen Ausgleich

39. Wie nennt man die gestaltete Anordnung von Form und Schrift auf einer Fläche?

- a Grafik
- b Typografie
- c Symbolik
- d Scribble

40. Was ist unter dem optischen Ausgleich bei der Aneinanderreihung von Buchstaben zu einem Wort zu verstehen?

- a Der Abstand zwischen den Buchstaben muss gleich erscheinen
- b Alle Buchstaben müssen gleich breit erscheinen
- c Alle Buchstaben müssen gleich hoch sein
- d Der Abstand zwischen den Buchstaben muss messbar gleich sein

41. Wie wird die brillante Tiefe und hohe Farbintensität bei vielen Motorradfarbtönen erreicht (z. B. Brillantrot Perleffekt)?

42. Welcher Kontrast soll bei der Beschriftung vermieden werden?

- a Der Kalt-Warm-Kontrast
- b Der Hell-Dunkel-Kontrast
- c Der Qualitätskontrast
- d Der Simultankontrast

43. Wie lässt sich der Flimmereffekt bei der Farbgestaltung (Aufgabe 42) vermeiden?

a Durch eine Vergrößerung der roten Fläche

b Durch eine gleichmäßige Aufhellung beider Farbtöne

c Durch den Austausch der Farbtöne miteinander

d Durch einen deutlichen Hell-Dunkel-Kontrast zwischen den beiden Farbtönen

44. Welche Hintergrundfarbe ergibt für das Wort „Mareb" in diesem Farbton die beste Lesbarkeit?

a Schwarz

b Grün

c Gelb

d Violett

Mareb BX 550

45. Wie verändert sich die Farbwirkung der Schrift „Mareb", wenn sie mit grünblauem Licht angestrahlt wird?

a Das Rot erscheint erheblich heller

b Sie reflektiert den Farbton des Lichts

c Sie wirkt vergraut

d Der Farbton wirkt intensiver

46. Für die Farbtonangleichung haben Sie ein Muster lackiert.
Beim Vergleich Musterlackierung mit der Originallackierung stellen Sie fest, dass der Farbton auf der Musterlackierung zu dunkel erscheint.
Nennen Sie zwei Möglichkeiten, die den Farbton heller erscheinen lassen.

47. Der Schriftzug „*Mareb BX 550*“ ist mit der Schrift Brush Script gesetzt worden.
Welcher Schriftart wird diese Schrift zugeordnet?

a Klassische Antiqua

b Serifenbetonte Linear-Antiqua

c Handschriftliche Antiqua

d Schreibschrift

48. Aus welchen Schriften sind Schreibschriften entwickelt worden?

a Aus den lateinischen Schul- und Kanzleischriften

b Aus den zierlichen Kupferstecher-Schriften

c Aus den Renaissance-Schriften

d Aus den Ziervarianten der Frakturschriften

49. Wie hoch ist der Zerstäubungsdruck bei einer HVLP-Spritzpistole?

a 0,5 bar

b 0,7 bar

c 0,9 bar

d 1,3 bar

50. Bei konventionellen Spritzpistolen soll ein Spritzabstand von der Pistole zum Objekt von 20 cm eingehalten werden.
Welcher Abstand sorgt bei einer HVLP-Spritzpistole für ein optimales Ergebnis?

a 15 cm

b 20 cm

c 25 cm

d 30 cm

51. Was muss im Vergleich zum konventionellen Lackieren beim Lackieren mit HVLP-Spritzpistolen beachtet werden?

a Die Zuggeschwindigkeit muss abhängig von der Düsengröße stark erhöht werden

b Die Zuggeschwindigkeit muss abhängig von der Düsengröße leicht gesenkt werden

c Die Zuggeschwindigkeit muss abhängig von der Düsengröße leicht erhöht werden

d Die Zuggeschwindigkeit muss abhängig von der Düsengröße stark gesenkt werden

52. Was müssen Sie im Vergleich zum konventionellen Lackieren, beim Lackieren mit HVLP-Spritzpistolen für die Bearbeitung der gleichen Flächen beachten?

- a Es müssen nur die Hälfte der Züge ausgeführt werden
- b Es müssen weniger Züge ausgeführt werden
- c Es müssen gleich viele Züge ausgeführt werden
- d Es müssen mehr Züge ausgeführt werden

53. Welche Eigenschaft muss der Luftschlauch an einer Spritzpistole besitzen?

54. Beim Wechseln des Düsensatzes ist die Reihenfolge unbedingt einzuhalten. Beschreiben Sie die richtige Vorgehensweise und erläutern Sie die Sachverhalte, auf die bei einem Düsensatzwechsel besonders zu achten sind.

55. Wie müssen elektrische Anlagen in Lackier- und Trockenkabinen beschaffen sein?

- a Sie müssen spritzwassersicher sein
- b Sie müssen wasserdicht sein
- c Sie müssen explosionsgeschützt sein
- d Sie müssen berührungssicher sein

56. Welche Einrichtung dient Ihrer Sicherheit in der Lackierkabine?

- a Komplette Bodenberostung
- b Nach zwei verschiedenen Seiten führende Ausgänge
- c Elektrisches Hubtor
- d Öl- und Wasserabscheider

57. Welche Arbeiten sind in unmittelbarer Nähe der Lackierkabine nicht erlaubt?

a Reinigungsarbeiten mit Lösemitteln

b Arbeit mit funkenreißenden Werkzeugen

c Nassschleifarbeiten mit Druckluftschleifgeräten

d Abdeckarbeiten mit Konfektioniergeräten

58. Wie sind Bodenfilter aus Lackierkabinen zu entsorgen?

a Sie sind grundsätzlich als Sonderabfall zu entsorgen

b Sie sind an den Großhändler zurückzugeben

c Sie werden wie hausmüllähnlicher Gewerbeabfall entsorgt

d Sie dürfen nur verbrannt werden

59. Warum wird dem Umlaufwasser von Spritzwänden Koagulierungsmittel zugesetzt?

a Es entkalkt das umlaufende Wasser

b Es vermindert den Flammpunkt des Spritznebels

c Es erhöht die Atemluft des Lackierers

d Es bewirkt das Ausflocken des aufgenommenen Spritznebels

60. Welche Schuhe müssen Sie in Lackierräumen tragen?

a Schutzschuhe mit antistatischer Laufsohle

b Schutzschuhe mit trittsicherer Sohle

c Knöchelhohe Schutzschuhe

d Schutzschuhe mit säurefester Sohle

61. Was bedeutet dieses Verbotszeichen?

a Zutritt für Unbefugte verboten

b Berühren verboten

c Betreten der Fläche verboten

d Mit Wasser löschen verboten

1. Welche Möglichkeiten zur Reparatur von Kunststoffen gibt es?
Nennen Sie drei Kunststoffarten und dazu das jeweilige Reparaturverfahren.

	Kunststoffart	**Reparaturverfahren**
1.		
2.		
3.		

2. Um die Arbeitssicherheit und die TRK-Werte beim Umgang mit Klebstoffen zu gewährleisten, sind technische und organisatorische Maßnahmen einzuhalten.
Nennen Sie vier Maßnahmen.

3. Beschreiben und erklären Sie das Arbeitsverfahren zur Beseitigung von Dellen durch Wärmetechnik.

4. Welche Möglichkeiten der Rückverformung des Motorrad-Kraftstofftanks gibt es?

a Dellendrücken

b Herausziehen mit Kleber

c Herausziehen durch Aufschweißen von Stiften

d Keine, Kraftstofftanks dürfen nicht rückverformt werden

5. Welche Gründe sprechen besonders für den Einsatz von Kunststoffen bei der Herstellung von Motorrad-Karosserieteilen?

a Geringer CW-Wert, Sicherheit durch Molekularteilung, ökologisch abbaubar

b Geringes Gewicht, Sicherheit durch Verformbarkeit, Wiederverwertung

c Hoher dB-Wert, Sicherheit durch Biegefestigkeit, Temperfähigkeit

d Hohe Dichte, Sicherheit durch Umformbarkeit, Lösemittelunempfindlichkeit

6. In welchem Winkel muss beim WF-Schweißen der Schweißzusatzstab gehalten werden?

a 45° nach vorne in Schweißrichtung

b 45° nach hinten in Schweißrichtung

c Der Winkel ist je nach Zwangshaltung frei wählbar

d 90° zur Schweißfläche

7. Warum muss vor dem Schweißen das Werkstück und der Zusatzstab geschabt werden?

a Um die Oxydschicht auf dem Kunststoff zu entfernen

b Das Schaben ist nicht zwingend notwendig

c Um das Durchrutschen des Zusatzstabes durch die Klebestelle zu verhindern

d Um die Doppelwulstbildung zu vermeiden

8. Welche Temperatur sollte beim WF-Schweißen von ABS eingehalten werden?

a 30 °C bis 80 °C

b 130 °C bis 150 °C

c 230 °C bis 250 °C

d 350 °C bis 400 °C

9. Welche Anforderungen werden an einen Motorradrahmen gestellt? Nennen Sie vier.

10. Durch den Unfall ist die Vorderradgabel verbogen.
Darf die Vorderradgabel gerichtet werden?

- a Nein, eine verbogene Vorderradgabel darf nicht gerichtet werden
- b Ja, wenn das Motorrad nicht schneller als 100 km/h fahren darf
- c Ja, wenn eine Prüforganisation das Motorrad nach § 29 der StVZO überprüft
- d Ja, wenn die Vorderradgabel vom Meister gerichtet wird

11. Sie müssen bei der Instandsetzung des Motorrads in den Stoßdämpfer der Vorderradgabel neues Öl füllen. Was müssen Sie beachten?

12. Welche Komponenten beeinflussen das Dämpfungsverhalten einer Vorderradgabel?

13. Das Motorrad hat eine hydraulische Bremsanlage.
Erklären Sie das physikalische Prinzip dieser Bremsanlage. Fertigen Sie dazu eine Skizze.

Skizze:

14. Nach der Instandsetzung des Motorrads sollen Sie den Bremsflüssigkeitsstand korrigieren. Sie haben zwei Bremsflüssigkeitsbehälter im Lager mit den Bezeichnungen DOT 3 und DOT 4. Wodurch unterscheiden sich diese beiden Bremsflüssigkeiten?

- a Nass-Siedepunkt
- b Trocken-Siedepunkt
- c Gefrierpunkt
- d Es gibt keinen Unterschied

15. Die gesetzlichen Vorschriften für die Bremsen der Kraftfahrzeuge sind in der StVZO, den EG-Richtlinien und den ECE-Regelungen festgelegt. In welcher Klasseneinteilung befindet sich ein Kraftrad?

- a Klasseneinteilung M
- b Klasseneinteilung O
- c Klasseneinteilung L
- d Klasseneinteilung N

16. Wodurch werden die elektrische Anlage und die Verbraucher am Motorrad bei Kurzschluss oder Überlastung vor Zerstörung geschützt?

- a Durch elektronisch gesteuerte Relaiseinheiten
- b Durch Schmelzsicherungen
- c Durch doppelte Kabelummantelungen
- d Durch die Diodenplatte des Generators

17. Der Kraftstofftank des Motorrads besteht aus einer Metalllegierung. Was ist eine Metalllegierung?

- a Eine Mischung mehrerer Stoffe im verarbeiteten Zustand
- b Eine Mischung von mindestens zwei Stoffen im gasförmigen Zustand
- c Eine Mischung von mindestens zwei Stoffen im festen Zustand
- d Eine Mischung von mindestens zwei Stoffen im flüssigen Zustand

18. Welches der genannten Elemente ist keine Schraubensicherung?

- a Federring
- b Unterlegscheibe
- c Kontermutter
- d Zahnscheibe

19. Was sagt die SAE-Viskositätsklasse bei Einbereichsölen aus?

- a Je höher die Kennzahl, desto dickflüssiger das Öl
- b Je niedriger die Kennzahl, desto dickflüssiger das Öl
- c Je höher die Kennzahl, desto dünnflüssiger das Öl
- d Die Viskosität ist bei Einbereichsölen bei jeder Kennzahl gleich

20. Die Felge und der Reifen werden bei dem Motorrad erneuert.
Auf der Felge steht die Bezeichnung 3.50 x 17 MT H2.
Was bedeutet diese Bezeichnung?

21. Auf einen Niederquerschnittsreifen steht unter anderem die Bezeichnung TL.
Was bedeutet diese Bezeichnung?

- a Der Reifen wurde nach dem TL-Verfahren hergestellt
- b Das ist ein schlauchloser Reifen
- c Der Reifen hat ein TL-Profil
- d Das ist ein Hochgeschwindigkeitsreifen

22. Die Fahreigenschaften eines Motorrads hängen unter anderem vom Nachlauf ab.
Was ist Nachlauf bei einem Motorrad?

23. Um einige Arbeiten an dem Motorrad durchführen zu können, müssen Sie mit einer Bohrmaschine arbeiten.
Nennen Sie mindestens sechs Vorschriften, die zur Unfallvermeidung und Gefahrenabwehr beim Arbeiten mit einer Bohrmaschine unbedingt zu beachten sind.

24. Welche Eigenschaft ist nicht einer Scheibenbremse zuzuordnen?

a Empfindlich gegen Nässe

b Einfache robuste Bauweise

c Unempfindlich gegen Schmutz

d Gute Kühlbarkeit

1. Sie haben vor Beginn Ihrer Ausbildung im Maler- und Lackiererhandwerk einen Berufsausbildungsvertrag abgeschlossen.
   Welche Mindestangaben muss die Vertragsniederschrift enthalten?

2. Welche Gründe hat die vertraglich geregelte Probezeit zu Beginn einer Berufsausbildung?
   Nennen Sie zwei Gründe.

3. Ihre Berufsausbildung erfolgte im sogenannten „Dualen System“.
   Erklären Sie stichpunktartig das Prinzip dieser Berufsausbildung.

Name/Datum

4. Beim Eintreten eines Unfalls ist die sogenannte „Rettungskette“ einzuhalten.
Nennen Sie die richtige Reihenfolge der „Rettungskette“.

5. Nennen Sie Möglichkeiten des Gesundheitsschutzes in einem Fahrzeuglackierbetrieb.

6. In welchen Fällen werden Versicherungsleistungen der Berufsgenossenschaft fällig?

7. Nennen Sie drei Belastungen, die die Gesundheit eines Erwerbstätigen beeinflussen können.

8. Für einen erkrankten Kollegen wird ein zusätzlicher Mitarbeiter eingestellt.
Welche Unterlagen müssen beim Antritt einer neuen Arbeitsstelle am ersten Arbeitstag dem Arbeitgeber auf jeden Fall vorgelegt werden?

a Schulzeugnisse und Geburtsurkunde

b Reisepass und polizeiliches Führungszeugnis

c Sozialversicherungsausweis

d Urlaubsbescheinigung

9. Wie wird das Einkommen bezeichnet, das nach der erbrachten Leistung berechnet wird?

a Sold

b Zeitlohn

c Prämienlohn

d Akkordlohn

10. Wonach richtet sich die Höhe Ihrer Lohnsteuerabgabe an das zuständige Finanzamt?

a Steuerklasse, Familienstand, Einkommen des Arbeitsjahres, Kinderzahl

b Höhe des Verdienstes, Höhe der Abzüge, Kinderzahl, Eingruppierung der Steuerklasse

c Familienstand, Steuergruppierung, Abgabenhöhe, Kinderzahl

d Steuerklasse, Arbeitnehmergruppe/Familienstand, Höhe des Einkommens, Kinderzahl, Freibeträge auf der Steuerkarte

11. Welche Kosten kann ein Arbeitnehmer als Werbungskosten bei der Steuererklärung geltend machen?

a Beiträge zur Pflegeversicherung

b Beiträge zur Gewerkschaft

c Beiträge zur Haftpflichtversicherung

d Beiträge an eine politische Partei

12. Welche Bedeutung hat der Begriff „Steuerprogression“ im Zusammenhang mit der Lohnsteuer?

a Steuerprozentsatz steigt mit steigendem Einkommen

b Steuerprozentsatz fällt mit steigendem Einkommen

c Steuerprozentsatz ist bei jeder Einkommenshöhe gleich

d Steuerprozentsatz gilt nur für unverheiratete Steuerzahler

Name/Datum

13. Im Gespräch mit Ihrem Arbeitskollegen bemängeln Sie gemeinsam, dass Ihnen die Abzüge für Steuern und Sozialversicherungen vom Lohn zu hoch sind.
Welche dieser Abgabenarten können Sie durch fristgerechte Kündigung des bisherigen Anbieters und Auswahl eines günstigeren unter Umständen mindern?

a Die Rentenversicherungsbeiträge

b Die Lohnsteuer

c Die Arbeitslosenversicherungsbeiträge

d Die Krankenversicherungsbeiträge

14. Welchen Anteil vom Beitrag der gesetzlichen Rentenversicherung zahlen Sie als versicherungspflichtiger Arbeitnehmer?

a Den gesamten Betrag

b 60 % des Betrags

c 25 % des Betrags

d Die Hälfte des Betrags

15. Welche Leistung erhalten Sie aus der gesetzlichen Rentenversicherung?

a Häusliche Pflegeleistungen

b Rehabilitationsmaßnahmen

c Umschulungsmaßnahmen

d Verletztengeld

16. Welche Leistung erhalten Sie aus der gesetzlichen Krankenversicherung?

a Sterbegeld

b Hinterbliebenenrente

c Heilbehandlungen

d Stationäre Pflegeleistungen

17. Wer trägt im Betrieb die Gesamtverantwortung für die Durchführung von Arbeitssicherheitsmaßnahmen?

a Der Betriebsinhaber

b Der Mitarbeiter

c Der Vorgesetzte

d Die Sicherheitsfachkraft

18. Für welchen Bereich der gesetzlichen Sozialversicherung ist die Berufsgenossenschaft zuständig?

- a Für das Tarifvertragswesen
- b Für die Altersversorgung der gewerblich Beschäftigten
- c Für die Unfallverhütung und die gesetzliche Unfallversicherung
- d Für das Krankenhauswesen der Bundesländer

19. Wann wird die Kündigung eines Mitarbeiters rechtswirksam?

- a Mit der Erklärung der Kündigung gegenüber dem Mitarbeiter
- b Mit dem Zugang der schriftlichen Kündigung beim Mitarbeiter
- c Mit der Schließung des Betriebs
- d Mit der Zustimmung des Mitarbeiters

20. Welches Organ des Betriebs muss bei einer Kündigung eines Mitarbeiters gehört werden?

- a Der Vorarbeiter
- b Der Personalleiter
- c Die Mitarbeiter
- d Der Betriebsrat

21. Welche Aussage über die Kündigung eines Arbeitsvertrags ist richtig?

- a Arbeitnehmer müssen einen Kündigungsgrund nennen
- b Arbeitgeber müssen einen Kündigungsgrund nennen
- c Die Kündigung eines Arbeitsvertrags ist immer eine zweiseitige Willenserklärung
- d Eine Kündigung eines Arbeitsvertrags ohne Anhörung des Betriebsrats kann auch wirksam sein

22. Welche Bedeutung hat der Begriff „Bruttosozialprodukt“?

- a Einnahmen eines Staats
- b Gesamtwert der erzeugten Produkte eines Staats
- c Gesamtwert der Dienstleistungen eines Staats
- d Gesamtwert aller produzierten Güter und Dienstleistungen eines Staats in einem bestimmten Zeitraum

Name/Datum

23. Wann kann ein Arbeitsverhältnis ohne besondere Formalitäten gelöst werden?

a Bei Ablauf von Arbeitsverträgen mit bestimmter Dauer

b Nach einer Betriebszugehörigkeit von 10 Monaten

c Bei Arbeitsverträgen mit mündlichen Zusagen

d Bei gravierenden Arbeitsmängeln im Betrieb

24. Welches ist ein Ziel der staatlichen Wirtschaftspolitik?

a Hohe Zinsen

b Schutzzölle

c Preisstabilität

d Niedrige Löhne

25. Worauf beruht die Wirtschaftskraft der Bundesrepublik Deutschland?

a Sie beruht auf den hohen Ertragsflächen in der Landwirtschaft

b Sie beruht auf der hohen Motivation der Arbeitnehmer in den Betrieben

c Sie beruht auf dem hohen Stand der Technologie in den Betrieben

d Sie beruht auf den großen Bodenschätzen in den Industriegebieten

26. Wodurch kann die Arbeitsproduktivität in einem Betrieb gesteigert werden?

a Durch Kürzung der Vorgabezeiten

b Durch Einstellung zusätzlicher Mitarbeiter

c Durch Erhöhung der Urlaubstage

d Durch Reduzierung der Nebenkosten

27. Innerhalb welcher Frist müssen Sie dem Arbeitgeber mitteilen, dass Sie wegen einer Erkrankung arbeitsunfähig sind?

a Unverzüglich, möglichst zu Beginn des ersten Krankentags

b Vor Ablauf des dritten Krankentags

c Spätestens drei Tage nach einer ärztlichen Untersuchung

d Spätestens vor Wiederaufnahme des Arbeitsverhältnisses

5 Restaurierung des Triebwagens einer Straßenbahn

Kundenauftrag

Ein Triebwagen (TW 314), Baujahr 1929, einer historischen Straßenbahn, die bis 1970 auf den Straßenbahngleisen unterwegs war, soll als Museumsbahn hergerichtet werden.

Schadensbeschreibung

Rahmen:	Stahl, Rostschäden
Seiten-, Stirn- und Heckwand:	Gerippebauweise, Gefache Stahlblech, Rostschäden
Dachgruppe:	Teile der Dachkonstruktion Holz (Buche), teilweise verwittert
Bestuhlung:	Holz (Teak- und Mahagoniholz), teilweise verwittert und zerstört
Lackoberfläche:	stark verwittert, Schäden durch mechanische und chemische Einflüsse

Auftragspositionen

Pos. 1 Rahmen aufarbeiten, teilweise weggerostet
Pos. 2 Gefache erneuern, neue Alu-Bleche
Pos. 3 Dachkonstruktion aufarbeiten
Pos. 4 Bodengruppe aufarbeiten
Pos. 5 Innenverkleidung und Bestuhlung aufarbeiten
Pos. 6 Chassis innen und außen erneuern
Pos. 7 Beschriftung erneuern

Leistungsbeschreibung des Kundenauftrags

Pos.	Bezeichnung
Pos. 1	**Rahmen aufarbeiten** Schadstellen freilegen (maschinelle bzw. mechanische Entrostung). Verrostete Stahlteile (ab Ri 4) ersetzen. Ggf. Spachtelarbeiten. Grundieren, Füllerarbeiten und Decklackierung. Lackaufbau Stahl.
Pos. 2	**Gefache erneuern** Neue Aluminiumbleche in Gefache einkleben. Lackaufbau Aluminium.
Pos. 3	**Dachkonstruktion aufarbeiten** Rekonstruierten Dachaufbau beschichten. Lackaufbau Holz (Buche).
Pos. 4	**Bodengruppe aufarbeiten** Rekonstruierte Bodengruppe beschichten. Lackaufbau Holz (Buche). Verlegeplatten.
Pos. 5	**Innenverkleidung und Bestuhlung aufarbeiten** Unzerstörte Innenverkleidung und Bestuhlung aufarbeiten. Neue Innenverkleidung und Bestuhlung beschichten. Lackaufbau Holz (Teak- und Mahagoniholz, deckend/lasierend).
Pos. 6	**Chassis innen und außen erneuern** Neue Stahlteile und Aluminiumbleche. Lackaufbau Stahl und Aluminium.
Pos. 7	**Beschriftung erneuern** Schriftzug (Tram mobil) auf Seitenwand einpassen und im grünen Farbton auslackieren.

Abbildungen des Triebwagens (TW 314) der Straßenbahn

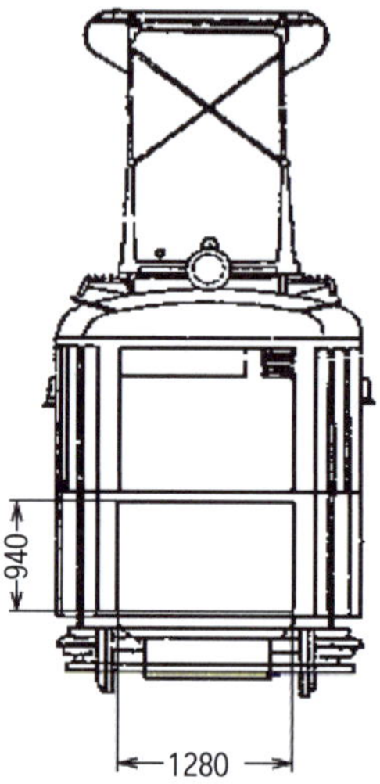

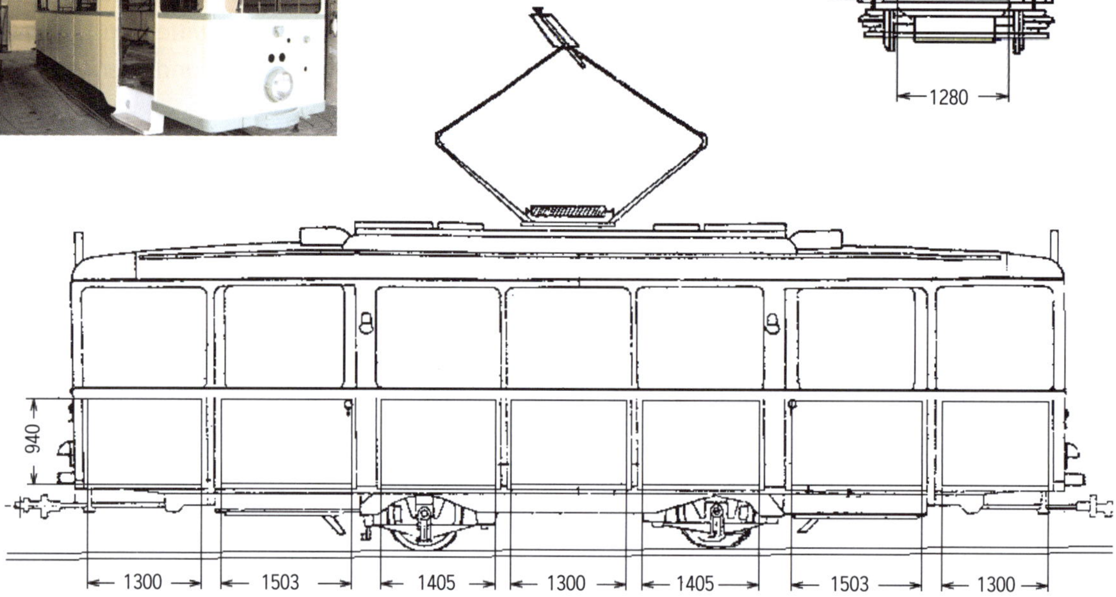

Vorbemerkungen zum Kundenauftrag:

Die Restaurierung des Triebwagens (TW 314) der Straßenbahn ist eine sehr komplexe Aufgabe. Sie erstreckt sich von der Bestandsaufnahme des zu restaurierenden Wagens, über die Bergung noch intakter Einbauteile und Technik bis zur Auswahl der richtigen Ersatzmaterialien. Die Gewerke reichen vom Metallbauer/Karosseriebauer, Tischler/Stellmacher, über Elektriker/Starkstromelektriker und Maschinenbauer bis hin zum Maler/Fahrzeuglackierer.

Der Auftrag wurde deshalb in einer Ausbildungswerkstatt durchgeführt.

Hierbei konnten Auszubildende gewerkeübergreifend interessante, nicht alltägliche Arbeiten durchführen. Die Verrechnungssätze für die Arbeiten wurden daher entsprechend angepasst.

Auszug aus der Aufstellung für Materialien und Zeiten für die Restaurierungsarbeiten

Holzkonstruktion:		**Teile-Nr**	**Einzelpreis**	**Ges.Preis** in Euro
22 Stück	Verlegeplatten V 100 19 mm		16,70	367,40
168 m	Kantholz 80/80		2,12	356,16
280 m	Konstruktionsholz 45/27		1,26	352,80
12,20 m^2	Allwetter-Sperrholz. B.rke 45 mm		5,15	62,83
10 m	Bohlen 280mm/50mm/5000mm		8,65	86,50
16 Tafeln	Aluminium-Bleche 2000/1000/3		62,60	1.001,60

Auszug aus der Aufstellung für Materialien und Zeiten für die Restaurierungsarbeiten

Beschichtungsmaterialien		**Teile-Nr**	**Einzelpreis**	**Ges.Preis** in Euro
5,000 l	Holzschutzgrund		10,77	53,85
5,000 l	Holzlasur		11,38	56,90
13,000 l	Holz-Vorstreichfarbe		8,45	109,85
14,500 l	Holz-Lackfarbe (Alkydharz)		12,30	178,35
20,000 l	PUR-Grundierung für Holz		10,93	218,60
2,000 l	PUR-Härter für Grundierung		27,88	55,76
25,000 l	PUR-Schlussbeschichtung für Holz		6,71	167,75
2,500 l	PUR-Härter für Schlussbeschichtung		15,60	39,00
10,000 l	PUR-Verdünnung		5,15	51,50
15,000 l	EP-Grundierung		26,50	397,50
3,000 l	EP-Härter		31,20	93,60
20,000 l	Universalgrundfüller		30,10	602,00
5,000 l	Universalhärter kurz		32,25	161,25
15,000 l	Spezialverdünnung		6,40	96,00
30,000 l	2K-Decklack, RAL 1014		34,95	1.048,50
10,000 l	2K-Härter lang		27,54	275,40
10,000 l	Acryl-Einstellzusatz		7,25	72,50
10,000 l	Verkehrsgrau, RAL 7043 (Dach)		34,95	349,50
7,000 l	Karosseriedichtungsmasse		10,35	72,45
12,000 l	Karosseriekleber		13,58	162,96

Hilfsmittel	**Teile-Nr**	**Einzelpreis**	**Ges.Preis** in Euro
Schleifpapiere für Schwingschleifer:			
50 Streifen P 60		0,16	8,00
150 Streifen P 80		0,16	24,00
200 Streifen P 120		0,14	28,00
300 Streifen P 240		0,12	36,00
Schleifpapiere für Exzenterschleifer:			
80 Scheiben P 240		0,23	18,40
110 Scheiben P 400		0,23	25,30
35 Schleifscheiben für Winkelschleifer, P 80		1,16	40,60
24 Rollen Klebeband 25 mm		2,24	53,76
1 Rolle Abdeckpapier 90 cm breit, 300 m lang		36,75	36,75
12 kg Spachtelmassen		4,45	53,40
5 Tuben Planstoffkleber für das Dach		6,85	34,25
14 CSD Scheiben		8,75	122,50
400 Spax-Schrauben 60/100		0,15	60,00

Zeitkonten	**Std**
Entrosten	165,0
Grundierung der Konstruktion und des Chassis	24,0
Konstruktionsholz grundieren und lackieren	56,0
Lackierung der inneren Metallflächen des Triebwagens	22,0
Chassis lackieren	28,0
Alu-Bleche spachteln, grundieren und füllern	16,0
Triebwagen außen spachteln, grundieren und füllern	86,0
Einkleben der Alu-Bleche in den Triebwagen – Außengefache	32,0
Endbeschichtung des Triebwagens außen einschl. vorhergehendem Schlussschliff und Abklebearbeiten	78,0
Dachaufbau Holz (Buche) beschichten	10,0
Holzverkleidung innen, Teak, schleifen, ausbessern, grundieren und mit Klarlack beschichten	98,0
Sitzbänke Mahagoni, schleifen, ausbessern, grundieren und mit Klarlack matt beschichten	82,0
Beschriftung (Tram mobil) applizieren	5,0
Zeitaufwand für die Beschichtung des Triebwagens der Straßenbahn	702,0

1. An dem Triebwagen der Straßenbahn müssen umfangreiche Arbeiten durchgeführt werden. Ordnen Sie die angegebenen Arbeiten, die der Fahrzeuglackierer bei der Restaurierung des Triebwagens durchführt, in der richtigen Reihenfolge.

Reihenfolge	Tätigkeiten/Arbeiten
	Ausgewechselte Teile durch Lasieren dem Farbton der verbliebenen Hölzer angleichen
	Zugeschnittene Aluminiumbleche grundieren und füllern
	Konstruktionshölzer und Verlegeplatten V 100 grundieren und für den Einbau schlussbeschichten
	Holzvertäfelung und hölzerne Sitzflächen mit einer Grundbeschichtung auf PUR-Basis beschichten
	Konstruieren und Aufbringen der Beschriftung
	Geborgene Holzteile durch Schleifen aufbereiten/aufarbeiten
	Verkleben der Aluminiumbleche in die Stahlkonstruktion
	Stahlkonstruktion grundieren, spachteln und füllern
	Stahlkonstruktion einschließlich Chassis durch maschinelles und manuelles Entrosten zur Beschichtung vorbereiten
	Außenlackierung des Triebwagens mit 2K-Acryl-Decklack Elfenbein RAL 1014
	Chassis und Stahlunterkonstruktion mit EP-Grundierung grundieren
	Stahlkonstruktion innen mit 2K-Acryl-Decklack fertig beschichten
	Chassis mit 2K-Chassislack fertig beschichten/rollen/streichen
	Holzvertäfelung und hölzerne Sitzflächen mit einer Schlussbeschichtung auf PUR-Basis beschichten

2. Nennen Sie Werkzeuge, Maschinen und Geräte, die sich für die aufgeführten Tätigkeiten/Arbeiten bei der Restaurierung des Triebwagens der Straßenbahn eignen.

Tätigkeiten/Arbeiten	Werkzeuge, Maschinen und Geräte
Aufarbeitung der alten Holzvertäfelung und der Holzsitze aus Teak und Mahagoni	
Stahlkonstruktion und Chassis entrosten	
Stahlkonstruktion und Chassis beschichten	
Konstruktionsholz beschichten (vor dem Einbau)	
Stahlkonstruktion grundieren, spachteln und füllern	
Zugeschnittene Aluminiumbleche beschichten	
Verkleben der Aluminiumbleche in die Stahlkonstruktion	
Schlussbeschichtung des Triebwagens der Straßenbahn	
Plotten und Aufbringen der Beschriftung	

3. Nennen Sie zwei erforderliche Eigenschaften von Abdeckpapieren für den Einsatz bei Lackierarbeiten.

4. Welche Eigenschaften sollen Klebebänder aufweisen?

5. Holz ist ein schwieriger Beschichtungsuntergrund.
Erläutern Sie diese Behauptung anhand der holzspezifischen Eigenschaften.

6. Welche speziellen Anforderungen werden an die Beschichtungsstoffe von Holzflächen in Eisen- und Straßenbahnen gestellt?

- a Hoher Glanzgrad und schnelles rückstandsfreies Verbrennen im Brandfall
- b Mattes Aussehen und zähflüssiges Verhalten bei hohen Temperaturen im Brandfall
- c Geringe Rauchentwicklung und schwere Entflammbarkeit im Brandfall
- d Verwandeln der Beschichtung zu einem hitzeabsorbierenden Schaum mit Löschwirkung im Brandfall

7. Welche Schäden kann die alte Bestuhlung im Triebwagen der Straßenbahn aufweisen?

Name/Datum

8. Welche Mängel, die sich nachteilig auf eine Beschichtung auswirken können und daher vor der Beschichtung beseitigt werden müssen, können an den neu eingebauten Holzteilen vorkommen?
Erläutern Sie, welche Auswirkungen eine Nichtbeseitigung dieser Mängel auf die Beschichtung haben kann.

9. Wie wird die Aufarbeitung von Teak- und Mahagonihölzern im Bereich der Sitzbänke und Vertäfelungen durchgeführt?

10. Der Triebwagen der Straßenbahn ist innen mit Teakholz vertäfelt und mit Klarlack beschichtet. Diese Vertäfelung soll wieder aufgearbeitet werden.
Welche Möglichkeiten gibt es, übliche Holzbeschichtungsstoffe zu erkennen?

11. Worauf ist bei der Beschichtung von Teakholz in Bezug auf dessen Inhaltsstoffe zu achten?

a) Die Inhaltsstoffe führen bei falschen Beschichtungen zu Haftungsproblemen und Verfärbungen

b) Die Inhaltsstoffe müssen mit einer Siliconentferner/Wasser-Mischung ausgewaschen werden

c) Die Inhaltsstoffe sind unerheblich, da sie in alten Holzvertäfelungen bereits ausreagiert haben

d) Die Inhaltsstoffe verbinden sich mit der neuen Beschichtung zu einer, das Holz besonders stark schützenden, Oberfläche

12. Mit welcher Methode ist Teakholz zu entschichten?

- a Durch Abbeizen mit Methylenchlorid
- b Mit ammoniakalischer Netzmittelwäsche
- c Durch Abreiben mit einer Siliconentferner/Wasser-Mischung
- d Durch Abschleifen mit Trockenschleifpapier P 150–P 240

13. Warum muss nach dem Entschichten der Holzoberfläche noch am gleichen Tag mit dem neuen Lackaufbau begonnen werden?

14. Die Sitzmöbel im Triebwagen der Straßenbahn sind aus Mahagoniholz gefertigt und sind ebenfalls aufzuarbeiten.
Welche Eigenschaft muss eine Beschichtung hierfür unbedingt haben?

- a Die Beschichtung muss lichtecht sein
- b Die Beschichtung muss feucht zu reinigen sein
- c Die Beschichtung muss kratzfest sein
- d Die Beschichtung muss mit der Lammfellrolle aufzubringen sein

15. Mit welcher Applikationstechnik wird gearbeitet, um mit den Holzbeschichtungsstoffen eine strukturfreie Oberfläche zu erreichen?

- a Hochdruckspritzen
- b Pinsellackierung mit Naturborsten
- c Rollen mit der Schaumstoffwalze
- d Niederdruckspritzen

16. Nennen Sie zwei Gefährdungen für unbehandeltes Holz.

17. Neben dem Gitterschnitt als Prüfmethode eignen sich auch andere Methoden für die Beurteilung der Haftfestigkeit und Tragfähigkeit von Altbeschichtungen.
Nennen und beschreiben Sie drei weitere Prüfmethoden.

18. Was müssen Sie bei der Lagerung von Schleifmitteln beachten?

19. Der Triebwagen der Straßenbahn ist nach dem Füllern komplett zu schleifen.
Sie müssen sich für ein Schleifverfahren (Trockenschliff/Nassschliff) entscheiden.
Begründen Sie Ihre Entscheidung.

20. Welcher Beschichtungsstoff ist als Haftvermittler für Aluminiumbleche ideal?

a 2K-AC-Füller

b 2K-Reaktionsgrundierung (säurehärtend)

c 2K-Kunststoffhaftprimer

d 2K-AC-Decklack

21. Was beschreibt den Begriff „oxidative Trocknung“?

a Verdunstung von Lösemitteln

b Abspaltung von Kohlenstoff

c Aufnahme von Sauerstoff

d Vernetzung mit Härtern

22. Wie funktioniert der Korrosionsschutz von verzinktem Stahlblech?

a Durch Auflösung des Zinks zu Zinkoxid

b Durch Verseifung des Zinküberzugs

c Durch die wechselseitige Härtung von Stahl und Zink zu einer unzerstörbaren Oberfläche

d Durch ein sich mit Feuchtigkeit aufbauendes passivierendes elektrisches Spannungsfeld

23. Welche Topfzeit besitzen Polyester-Spachtelmassen bei 20 °C?

a 1 bis 3 Minuten

b 3 bis 5 Minuten

c 5 bis 10 Minuten

d 10 bis 15 Minuten

24. Sie haben eine Polyester-Spachtelmasse auf die Gefache aufgetragen. Nach wie viel Minuten können Sie diese bei normaler Umgebungstemperatur frühestens schleifen?

a Nach 10 Minuten

b Nach 45 Minuten

c Nach 60 Minuten

d Nach 30 Minuten

25. Nennen Sie mindestens zwei Vorteile des 2K-Kunststoff-Grundfüllers.

26. Welche Düsengröße kommt beim Verarbeiten von 2K-Kunststoff-Grundfüller mit einer HVLP-Pistole zum Einsatz?

a Düsengröße 0,8 mm–0,9 mm

b Düsengröße 1,0 mm–1,1 mm

c Düsengröße 1,7 mm–1,8 mm

d Düsengröße 1,2 mm–1,3 mm

27. Womit müssen blanke Untergründe vor dem Auftrag mit 2K-Kunststoff-Grundfüller vorgrundiert werden?

a 2K-EP-Füllprimer

b 1K-Säureprimer

c 1K-Acrylfüller wasserbasierend

d 2K-Plastikprimer

28. Beim Anmischen des 2K-Kunststoff-Grundfüllers haben Sie sich mit PE-Härter am Arm beschmutzt.
Wie müssen Sie sich verhalten?

a Sofort den Betriebsarzt aufsuchen

b Sofort mit Verdünnung abwaschen

c Sofort mit Wasser und Seife abwaschen

d Sofort mit Siliconentferner abtupfen

29. In dem Technischen Informationsblatt für den 2K-Kunststoff-Grundfüller ist das abgebildete Piktogramm aufgeführt.
Welche Bedeutung hat es?

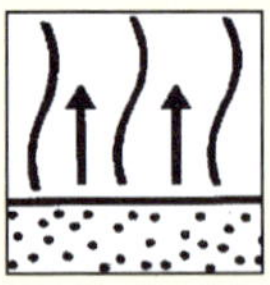

a Trockenzeit

b Ablüften

c Härterzugabe

d Spritzgänge

30. Mit welchem Werkzeug tragen Sie den Polyesterspachtel auf?

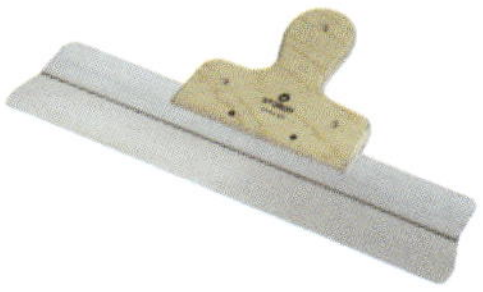

a

b

c

d

31. Die angelieferten Aluminiumtafeln für die Verplankung des Triebwagens der Straßenbahn müssen an einigen Stellen gespachtelt werden. Sie setzen dafür den Polyesterspachtel ein. Nennen Sie drei Vorteile eines Polyesterspachtels.

32. Zum Ausfüllen (Beplanken) der Außengefache am Triebwagen der Straßenbahn werden Aluminiumtafeln verarbeitet.
Jede Tafel hat die Maße 2000 mm/1 000 mm/3 mm und kostet 62,60 € netto.
Bei der Abnahme von mehr als zehn Tafeln gewährt der Händler 11 % Mengenrabatt.
Bei Begleichung der Rechnung innerhalb von 14 Tagen kann Skonto in Höhe von 2 % einbehalten werden.
Zu welchem Preis (vor Steuer) werden die bestellten Aluminiumtafeln eingekauft, wenn die Tafeln nach neun Tagen bezahlt werden?

Berechnung:

33. Berechnen Sie den Verbrauch an Beschichtungsstoffen für die Aluminiumtafeln.
Beachten Sie, dass die zugeschnittenen Tafeln vor dem Einbau beidseitig grundiert werden. Der Füllerauftrag wird aber nur von außen vorgenommen.

Grundierung:	Füller:
Mischungsverhältnis: 5 : 1 + 40 %;	Mischungsverhältnis: 4 : 1 + 25 %;
Ergiebigkeit pro Liter bei 1 µm = 490,00 m^2;	Ergiebigkeit pro Liter bei 1 µm = 415,00 m^2;
aufgebrachte Schichtstärke 22 µm;	aufgebrachte Schichtstärke 75 µm;
Overspray-Verlust = 25 %.	Overspray-Verlust = 20 %.

Hinweis für die Berechnung: Die in der Zeichnung angegebenen Maße sind die Öffnungen im Stahlgerippe des Triebwagens der Straßenbahn.
Damit die Aluminiumtafeln in die Stahlkonstruktion eingeklebt werden können, sind den Maßen der Öffnungen umlaufend 30 mm zuzurechnen.

Berechnung:

34. Berechnen Sie die Kosten für das Material der Grund- und Zwischenbeschichtung der Aluminiumtafeln:

EP-Grundierung:	26,50 € pro l	Füller:	30,10 € pro l
EP-Härter:	31,20 € pro l	Füllerhärter:	32,25 € pro l
Verdünnung:	6,40 € pro l		

Berechnung:

35. Berechnen Sie die Lohnkosten für die Beschichtung des Triebwagens der Straßenbahn.
Die Arbeiten werden in einer Ausbildungswerkstatt von Auszubildenden ausgeführt.
Für die Projektberechnung wird ein fiktiver Lohn berechnet.
Der Stundenverrechnungssatz für Auszubildende orientiert sich prozentual am Gesellenlohn (Std.-Verrechnungssatz 86,80 € netto) und beträgt:

im ersten Ausbildungsjahr	20 %;
im zweiten Ausbildungsjahr	50 %;
und im dritten Ausbildungsjahr	80 %.

Die Arbeitszeiten verteilen sich wie folgt:

erstes Ausbildungsjahr	188 Stunden;
zweites Ausbildungsjahr	310 Stunden;
drittes Ausbildungsjahr	204 Stunden.

Berechnung:

36. Wie hoch wäre der Lohnkostenanteil bei einer Ausführung der Arbeiten in einem Fahrzeuglackierbetrieb, wenn 1/3 der Arbeiten von Junggesellen ausgeführt würden, deren Verdienst 90 % des Gesellenlohns beträgt und für diese Arbeiten auch nur 90 % des normalen Stundenverrechnungssatzes angesetzt werden.
Um wie viel Prozent würden sich die Arbeiten verteuern, wenn die Beschichtung des Triebwagens der Straßenbahn nur mit Gesellen ausgeführt würde?

Berechnung:

37. Welcher Schriftart ist das Schriftbild zuzuordnen?

a Barock-Antiqua
b Serifenbetonte Linear-Antiqua
c Serifenlose Linear-Antiqua
d Klassizistische Antiqua

38. Welchen Ziffern wird die abgebildete Zahl (Aufgabe 37) zugeordnet?

a Europäischen Ziffern
b Abendländischen Ziffern
c Römisch-germanischen Ziffern
d Arabischen Ziffern

39. Worin besteht der Unterschied zwischen Ziffern und Zahlen?

a Zwischen Ziffern und Zahlen gibt es keinen Unterschied
b Ziffern stellen im Gegensatz zu Zahlen immer einen Wert dar
c Zahlen stellen im Gegensatz zu Ziffern immer einen Wert dar
d Der Unterschied zwischen Ziffern und Zahlen bezieht sich lediglich auf die Werte 0 bis 9

40. Wie wird die Satzart in der Abbildung (Aufgabe 37) genannt?

a Rechtsbündiger Flattersatz
b Linksbündiger Flattersatz
c Zentrierter Satz
d Blocksatz

41. Wie wird die Schrägstellung der Schrift genannt?

Tram mobil

a Versalie
b Kursiv
c Gemeine
d Initiale

42. Was wird mit dem Begriff „Schriftschnitt" beschrieben?

- a Die Strichstärke, die Stellung und die Breite der Zeichen einer bestimmten Schrift
- b Die Schriftgröße, die Stellung und die Breite der Zeichen einer bestimmten Schrift
- c Die Versalhöhe, die Gemeinehöhe und die Breite der Zeichen einer Schrift
- d Die Schriftlinie, die Mittellänge, die Oberlänge und die Breite der Zeichen einer Schrift

43. Wie wird die Breite eines Buchstabens bezeichnet?

- a Laufweite
- b Dickte
- c Satzparameter
- d Zeichenbreite

44. Wodurch zeichnet sich die Schriftzeile **Tram mobil** besonders aus?

- a Durch automatisches Ausgleichen der Buchstabenabstände
- b Durch präzise Serifen und Abschlussstriche
- c Durch klare und einfache Formen
- d Durch innen und außen auslaufende Serifen

45. Welche Aussage zur Lesbarkeit einer Schrift ist richtig?

- a Die beste Lesbarkeit erzielt der Typograph mit gesperrten Schriftzeilen
- b Magere und sehr fette Schriften sind besonders lesefreundlich
- c Texte mit leichten Schriften lassen sich besonders gut lesen
- d Kleinbuchstaben lassen sich besser lesen als Großbuchstaben

46. Der Farbton für die Schriftzeile **Tram mobil** ist ein sehr helles Grün.
Wozu zählt Grün bei der subtraktiven Farbmischung?

- a Zu den Grundfarben
- b Zu den Sekundärfarben
- c Zu den Tertiärfarben
- d Zu den unbunten Farben

47. Welcher Farbkontrast entsteht bei einer Farbgestaltung nach dem abgebildeten Beispiel?

- a Der Kalt-Warm-Kontrast
- b Der Simultankontrast
- c Der Farbe-an-sich-Kontrast
- d Der Komplementärkontrast

48. Welche beiden Farbkontraste entstehen bei dieser Abbildung?

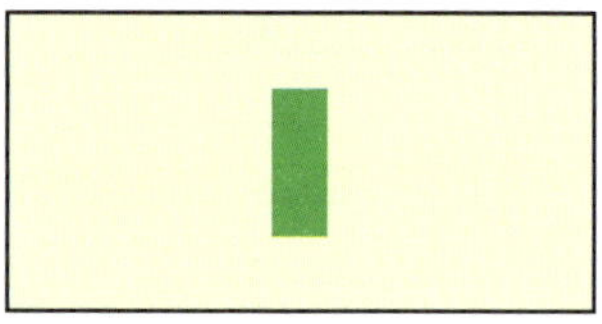

- a Komplementärkontrast und Quantitätskontrast
- b Hell-Dunkel-Kontrast und Simultankontrast
- c Kalt-Warm-Kontrast und Quantitätskontrast
- d Farbe-an-sich-Kontrast und Quantitätskontrast

49. Warum heizt sich bei Sonneneinstrahlung die Oberfläche eines Fahrzeugs mit dunklem gesättigten Farbton stärker auf als die mit einem hellbeigen Farbton?

- a Weil ein dunkler gesättigter Farbton ein wärmerer Farbton ist
- b Weil ein Großteil der Lichtstrahlen absorbiert wird
- c Weil ein Großteil der Lichtstrahlen reflektiert wird
- d Weil durch dunklere gesättigtere Farben mehr Lichtstrahlen hindurchgehen

50. Was wird unter einer monochromen Farbgestaltung verstanden?

- a Eine nur mit Schwarz und Weiß ausgeführte Gestaltung
- b Eine mit mehreren Munttönen ausgeführte Farbgestaltung
- c Eine Ton-in-Ton-Farbgestaltung
- d Eine durch Lichteffekte erzeugte Gestaltung

51. Welcher RAL-Farbreihe wird der Grundfarbton der Straßenbahn zugeordnet?

- a RAL 1000
- b RAL 2000
- c RAL 3000
- d RAL 4000

52. Welche Sicherheitsmaßnahmen sind beim Umgang mit Wasser, Strom und Hochdruckreinigern zu beachten?

53. Wie kann ein Fahrzeuglackiererbetrieb zur Abfallvermeidung beitragen?

54. Nach den Lackierarbeiten am Triebwagen der Straßenbahn soll das Auswaschbecken für Lackierwerkzeuge gereinigt werden.
Welche persönlichen Schutzmaßnahmen sind vorzunehmen und welche Arbeitsschritte sind erforderlich? Nennen Sie diese in der richtigen Reihenfolge.

Name/Datum

55. Um Unfallgefahren und Gesundheitsgefährdungen weitgehend auszuschließen müssen Sie Regeln zur Vermeidung von Unfällen und Vorschriften bei der Verarbeitung von gesundheitsgefährdenden Stoffen genau beachten.
Bezeichnen Sie die abgebildeten Gefahrensymbole.
Nennen Sie jeweils einen Stoff, der mit diesen Gefahrensymbolen gekennzeichnet werden muss.

Symbole	Bezeichnung	Stoffe

56. Mit welchen Gesundheitsgefährdungen müssen Sie rechnen, wenn Sie mit lösemittelhaltigen Abbeizmitteln arbeiten, die Chlorkohlenwasserstoffe, Methylenchlorid, Methanol oder Flusssäure enthalten?

1. Für die Arbeiten an dem Triebwagen der Straßenbahn steht eine fahrbare Arbeitsbühne zur Verfügung.
   Beschreiben Sie die wesentlichsten Bauteile, die zur Arbeitssicherheit beitragen.

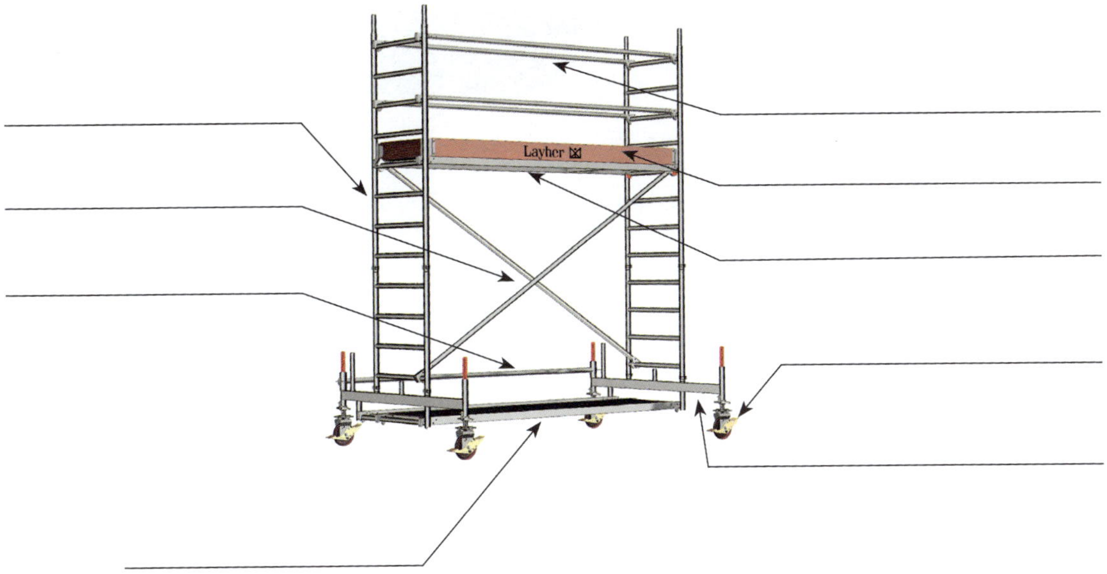

2. Um die Instandsetzungsarbeiten an dem Triebwagen der Straßenbahn durchführen zu können, müssen Sie Höhen mit Steh- und Anlegeleitern überbrücken.
   Erläutern Sie den Unterschied zwischen Steh- und Anlegeleitern sowie deren Gebrauch und die dabei einzuhaltenden Arbeitssicherheitsmaßnahmen.

3. Welche allgemeinen Sicherheitsregeln müssen Sie bei der Benutzung von Leitern unbedingt beachten?

4. Die Abbildungen zeigen im Detail den Zustand des Triebwagens der Straßenbahn vor den Instandsetzungsarbeiten.
Erklären Sie die verschiedenen Rostgrade mithilfe der vorgegebenen Tabelle.
Welche Maßnahme empfehlen Sie zur Beseitigung der gezeigten Roststellen an dem Triebwagen der Straßenbahn?

Ri = ISO-Rostgradskala
Re = europäische Rostgradskala

Rostgrad	Zustand der Fläche
Ri 0/Re 0	
Ri 1/Re 1	
Ri 2/Re 2	
Ri 3/Re 3	
Ri 4/Re 5	
Ri 5/Re 7	

5. Was ist die Ursache für Kontaktkorrosion?

6. Wie kann Kontaktkorrosion verhindert werden?

7. Nennen Sie verschiedene Strahlgutarten zur Oberflächenvorbereitung.

8. Wie wird das Korrosionsprodukt von Aluminium genannt?

a Weißrost
b Gelbrost
c Grünspan
d Flugrost

9. Was ist beim Be- und Verarbeiten von Aluminiumteilen zu beachten?

10. Weshalb werden Aluminiumbleche im Fahrzeugbau eingesetzt?

a Sie sind elastisch wie Kunststoffe
b Sie sind korrosionsbeständig wie Kunststoffe
c Sie bringen eine erhebliche Gewichtseinsparung
d Sie sind unempfindlich gegen mechanische Belastung

11. Wie wird eine Stahlkonstruktion entrostet, damit sie ein einheitliches metallisches Aussehen erhält?

a Durch Handschliff mit Schleifpapier Körnung P 24
b Durch Strahlen mit Korund/Hochofenschlacke
c Durch Abbeizen mit Ameisensäure
d Durch Trockeneisstrahlen

12. Nennen Sie drei Funktionen des Wagenkastens einer Straßenbahn.

13. Nennen Sie vier zentrale Baugruppen des Triebwagens der Straßenbahn.

14. Welche Baugruppen am Triebwagen der Straßenbahn sind beweglich?

a Türen

b Beplankung

c Sitzbänke

d Bodengruppe

15. Nennen Sie die Konstruktionsstrukturen des Triebwagens der historischen Straßenbahn.

16. Welche Scharnierarten können bei der Restaurierung des Triebwagens der Straßenbahn zur Anwendung kommen?

17. Die Tritte an den Türen des Triebwagens der Straßenbahn sind aus rutschfestem Aluminiumblech gefertigt.
Nennen Sie mindestens drei Blechoberflächen, die verwendet werden können.

18. Welche Gründe sprechen gegen den Einsatz von Aluminiumblechen bei der Restaurierung des Triebwagens der historischen Straßenbahn?

19. Die Seitenwände des Triebwagens der Straßenbahn benötigen, um formstabil zu bleiben, eine Flächenversteifung.
Nennen Sie Möglichkeiten, wie großflächige Bleche in der Herstellung versteift werden.

20. Welche Blechschraubenarten können bei der Verschraubung von Blech auf Holz verwendet werden?

21. Aus welchem Material muss eine zur Verschraubung der Aluminiumbleche eingesetzte Schraube bestehen?

- a Stahl
- b Blech
- c Messing
- d Verzinktes Blech

22. Welche Bezeichnung für eine Holzschraube ist richtig?

- a DIN 97-18 x 18 - R
- b DIN 97-12 x 4 - Q
- c DIN 97-5 x 5 - Ts
- d DIN 97-5 x 30 - St

23. Aus welchem Werkstoff werden Holzschrauben üblicherweise gefertigt?

- a Kupfer-Zinn
- b Aluminium-Legierung
- c Kupfer-Bronze
- d Aluminium-Magnesium-Legierung

24. Womit können Schraubenmuttern gesichert werden?

- a Netzsicherung
- b Verbundsicherung
- c Splintsicherung
- d 2K-Sicherung

25. In welchen Bereichen des Triebwagens der Straßenbahn werden Hölzer verbaut?

26. Bei der Restaurierung des Triebwagens der Straßenbahn wurden Spanplatten verarbeitet. Woraus besteht eine Spanplatte?

- a Holzmark
- b Holzstücke
- c Holzreste
- d Holzspäne

27. Mit welcher Schraubenart werden Spanplatten befestigt?

- a Schlossschraube
- b Herzogschraube
- c Spax-Schraube
- d Dehnschraube

28. Die elektrischen Leitungen der Beleuchtungsanlage des Triebwagens der Straßenbahn müssen erneuert werden.
Aus welchem Material bestehen die elektrischen Leitungen?

- a Kupfer
- b Antimon
- c Blei
- d Messing

29. Wie verhält sich der Strom in der elektrischen Leitung der Beleuchtungsanlage, wenn die Spannung bei gleichem Widerstand sinkt?

- a Der Strom sinkt
- b Der Strom steigt
- c Der Strom bleibt gleich groß
- d Der Strom schwankt

30. Auf der Glühbirne der Beleuchtungsanlage steht die Bezeichnung 12 V – 21 Watt.
Welche Bedeutung hat die Bezeichnung?

31. Bei der Restaurierung des Triebwagens der Straßenbahn müssen für die elektrischen Anlagen Sicherungen ausgewechselt werden.
Welche Aufgabe hat die Sicherung in einem elektrischen System?

- a Sie schützt die elektrische Leistung vor Überlastung
- b Sie schützt den elektrischen Verbraucher vor zu hoher Belastung
- c Sie schützt die Batterie vor Überladung
- d Sie schützt das Fahrzeug vor zu niedriger Spannung

32. In der elektrischen Anlage wurden Relais verbaut.
Welche Aufgaben übernehmen Relais in elektrischen Schaltkreisen?

- a Steuerungsfunktion
- b Regelfunktion
- c Umwandlungsfunktion
- d Transformationsfunktion

33. Womit können verrostete Stahl-Rahmenteile aus dem Triebwagen herausgetrennt werden?

- a Rohrschneider
- b Seitenschneider
- c Kraftformer
- d Plasmaschneider

34. Welches Schweißverfahren hat die größte Bedeutung im Karosserie- und Fahrzeugbau?

- a Press-Verbindungsschweißen
- b Warmluftschweißen
- c Wolfram-Schutzgasschweißen
- d Gasschmelzschweißen

35. Zwei Bleche müssen mit der Punktschweißzange verbunden werden. Wie überprüfen Sie die Schweißpunktfestigkeit?

- a Faltprobe
- b Spaltprobe
- c Drehprobe
- d Biegeprobe

36. Welche Gase kommen bei Gas-Schmelzschweißen zum Einsatz?

- a Acetylen-Sauerstoff
- b Propan-Sauerstoff
- c Butan-Sauerstoff
- d Schutzgas-Sauerstoff

37. Welche Nietart wird bei der Restaurierung des Triebwagens der Straßenbahn bevorzugt eingesetzt?

- a Dreieckniete
- b Rechteckniete
- c Halbrundniete
- d Trapezniete

1. Erläutern Sie, wie ein Fahrzeuglackierbetrieb den Kunden ein positives Erscheinungsbild vermitteln kann.

2. Aus welchen Gründen wird von vielen Firmen Werbung betrieben?

3. Erläutern Sie Werbemöglichkeiten eines Fahrzeuglackierbetriebs.

4. Nennen Sie drei Faktoren, die auf die Arbeitsleistung eines Mitarbeiters einen großen Einfluss ausüben.

Name/Datum

5. Für jeden Gefahrstoff muss der Unternehmer (Chef) eine Betriebsanweisung erstellen. Welche Angaben soll diese Betriebsanweisung enthalten?

6. Welche Vorteile ergeben sich für Sie aus der Mitgliedschaft zur Industriegewerkschaft Bauen-Agrar-Umwelt (IG BAU) bzw. zur Industriegewerkschaft Metall?

7. Welche Voraussetzungen muss ein Auszubildender erfüllen, um an einer Gesellenprüfung/ Abschlussprüfung teilnehmen zu können? Nennen Sie zwei Voraussetzungen.

8. Nach Ihrer Ausbildung erhalten Sie von Ihrem Ausbildungsbetrieb die Möglichkeit als Geselle/ Facharbeiter weiter beschäftigt zu werden.
Dafür wird mit Ihnen ein Arbeitsvertrag abgeschlossen.
Welche Gesetze und Verordnungen sind bei der Ausformulierung dieses Arbeitsvertrags zu berücksichtigen? Nennen Sie zwei Gesetze/Verordnungen.

9. Am Ende Ihrer Ausbildung werden Sie nicht in ein Arbeitsverhältnis übernommen. Nennen Sie Möglichkeiten, wie Ihnen die Agentur für Arbeit helfen kann.

10. Muss ein Auszubildender während seiner Ausbildung ein Berichtsheft (Ausbildungsnachweis) führen?

- a Ja, wenn alle Auszubildenden des Ausbildungsbetriebs ein Berichtsheft führen
- b Nein, nur wenn der Ausbildungsbetrieb es fordert
- c Ja, wenn der Ausbildungsbetrieb und der Auszubildende es vereinbaren
- d Ja, wenn das Führen eines Berichtshefts für die Berufsausbildung vorgeschrieben ist

11. Für welche Ausbildungsmaßnahme muss der Auszubildende von seinem Ausbildungsbetrieb freigestellt werden?

- a Erste Hilfe-Prüfung
- b Führerscheinprüfung
- c Fortbildungsmaßnahme bei einem Hersteller
- d Berufsschulunterricht

12. Wer entscheidet über die Zulassung eines Auszubildenden zur Gesellenprüfung/Abschlussprüfung im Maler- und Lackiererhandwerk?

- a Alle Mitglieder des Prüfungsausschusses
- b Der Koordinierungsausschuss der Kammer
- c Der Vorsitzende des Prüfungsausschusses
- d Der Obermeister der Innung

13. Wie wird man Vertreter der Arbeitnehmer im Gesellenprüfungsausschuss?

- a Berufung durch den Obermeister
- b Durch eine Wahl der Kreishandwerkerschaft
- c Durch eine Wahl des Gesellenausschusses
- d Berufung durch den Lehrlingswart

14. Wer beruft die Mitglieder des Gesellenprüfungsausschusses?

- a Handwerkskammer
- b Innung
- c Gewerbeaufsichtsamt
- d Wirtschaftsministerium

15. Warum verursacht Schwarzarbeit einen hohen volkswirtschaftlichen Schaden?

- a Weil die Arbeitnehmer dadurch längere Arbeitszeiten haben
- b Weil weder Steuern noch Sozialversicherungsbeiträge abgeführt werden
- c Weil Schwarzarbeiter nicht gewerkschaftlich organisiert sind
- d Weil Schwarzarbeiter keine Lehrlinge ausbilden

16. Eine Mischform zwischen Zentralverwaltungswirtschaft und freier Marktwirtschaft ist die soziale Marktwirtschaft. Sie ist die grundlegende Wirtschaftsordnung der Bundesrepublik Deutschland (Artikel 20 Grundgesetz).
In welchen Bereichen nimmt der Staat keinen Einfluss auf die wirtschaftliche Ordnung?

- a Verbraucherschutz
- b Tarifrecht
- c Arbeitsschutz
- d Müllentsorgung

17. Welche Personengruppen werden durch eine Inflation besonders benachteiligt?

- a Inhaber von Unternehmen
- b Sparer einer Bank
- c Schuldner einer Bank
- d Bezieher steigender Einkommen

18. Ihr Betrieb erhält den Auftrag, eine Beschriftung an einem Fahrzeug durchzuführen.
Welchen Vertrag schließt der Betrieb mit dem Kunden dafür ab?

- a Dienstleistungsvertrag
- b Werklieferungsvertrag
- c Werkvertrag
- d Auftragsvertrag

19. Aus welchem Grund kann ein Rechtsgeschäft angefochten werden?

a Wegen sofortiger Übergabe der Ware

b Wegen höherer Gewalt

c Wegen Lieferung mangelhafter Ware

d Wegen Irrtum

20. Welche Leistung übernimmt die gesetzliche Krankenversicherung?

a Zuschüsse für Fortbildungsmaßnahmen

b Unfallrente

c Entbindungskosten

d Verletztengeld

21. Wonach berechnen sich die Beiträge zur gesetzlichen Krankenversicherung?

a Arbeitgebereinkommen

b Nettoeinkommen des Arbeitnehmers

c Bruttolohn des Arbeitnehmers

d Tariflohn des Arbeitnehmers

22. Welche Leistung trägt die gesetzliche Krankenversicherung nicht?

a Ärztliche und zahnärztliche Behandlung

b Lohnfortzahlung im Krankheitsfall

c Mutterschaftshilfe bei Schwangerschaft

d Untersuchungen zur Früherkennung von Krankheiten

23. In welchem Gesetz ist die Mitbestimmung der Arbeitnehmer geregelt?

a Betriebsverfassungsgesetz

b Handelsgesetz

c Gesetz zum Schutz des Arbeitnehmers

d Grundgesetz

Name/Datum

24. Bei Auseinandersetzungen zwischen Arbeitnehmern und Arbeitgebern kann es auch zu „Wilden Streiks" kommen. Welche Bedeutung hat ein „Wilder Streik"?

a Unbegrenzter Streik

b Streik, bei dem alle Arbeitnehmer beteiligt sind

c Streik, der nicht durch die Gewerkschaft organisiert ist

d Streik, der nach einer Urabstimmung durchgeführt wird

25. Bei welchen Aufgaben hat der Betriebsrat kein Mitspracherecht?

a Vergabe von Betriebswohnungen

b Preispolitische Entscheidungen des Betriebs

c Einstellungen und Entlassungen von Arbeitnehmern

d Berufsausbildung im Betrieb

26. Welche Aussage über Betriebsversammlungen ist richtig?

a Die Gewerkschaft beruft Betriebsversammlungen ein

b An Betriebsversammlungen dürfen nur Gewerkschaftsmitglieder teilnehmen

c An Betriebsversammlungen müssen alle Arbeitnehmer des Betriebs teilnehmen

d Der Betriebsrat beruft Betriebsversammlungen ein

27. Welche der folgenden Aussagen zum Betriebsrat ist richtig?

a Betriebsräte müssen in Betrieben mit mindestens fünf Arbeitnehmern eingerichtet werden

b Betriebsräte können in Betrieben mit mindestens zehn Arbeitnehmern eingerichtet werden

c Betriebsräte dürfen erst in Betrieben mit mindestens zwanzig Arbeitnehmern eingerichtet werden

d Betriebsräte dürfen erst in Betrieben mit mindestens fünfzig Arbeitnehmern eingerichtet werden

28. Welche Arbeitskampfmaßnahme können die Arbeitgeber bei Tarifauseinandersetzungen einsetzen?

a Ausweisung der Arbeitnehmer

b Aussperrung der Arbeitnehmer

c Boykott der Zulieferfirmen

d Betriebsschließung für die Dauer der Tarifauseinandersetzung

6 Reparaturlackierung MB Sprinter, Kombiwagen

Kundenauftrag

Das Servicefahrzeug, MB Sprinter Bus, arcticweiß, einer karitativen Einrichtung für Menschen mit Behinderung, soll nach einem Unfall (Rangierschaden an einer schmalen Einfahrt) instand gesetzt werden. Auf Wunsch des Kunden soll auf den Wagenseiten ein Schriftzug mit einem Dekor, der den Charakter einer karitativen Einrichtung widerspiegelt, aufgebracht werden. Im Zusammenhang mit dieser Reparatur bittet der Kunde, die Anschlagplatte der ausfahrbaren Rollstuhlhebebühne instand zu setzen.

Schadensbeschreibung

Kotflügel vorne rechts:	im oberen Bereich eingedrückt und verkratzt
Tür rechts:	oberhalb eingedrückt, verkratzt
Seitenspiegel rechts:	zerstört
Seitenwand rechts unterhalb:	stark verformt, verkratzt

Anschlagplatte aus Aluminium der Rollstuhlhebebühne ist kleinflächig beschädigt.

Auftragspositionen

Pos. 1 Kotflügel vorne rechts instand setzen
Pos. 2 Tür rechts instand setzen
Pos. 3 Außenspiegel rechts erneuern
Pos. 4 Seitenwand rechts im unteren Bereich instand setzen
Pos. 5 Finisharbeiten durchführen
Pos. 6 Anschlagplatte der Rollstuhlhebebühne instand setzen
Pos. 7 Schriftzug einschließlich Dekor auf Fahrzeugseiten aufbringen

Leistungsbeschreibung des Kundenauftrags

Pos.	Bezeichnung
Pos. 1	**Kotflügel vorne rechts instand setzen** Radhausverkleidung aus- und einbauen, Kotflügel richten, spachteln, Lackierstufe III, Hohlraumversiegelung aufbringen.
Pos. 2	**Tür rechts instand setzen** Anbauteile demontieren und montieren, Tür richten, spachteln, Lackierstufe III, Hohlraumversiegelung aufbringen.
Pos. 3	**Außenspiegel vorne rechts erneuern** Außenspiegel Neuteil.
Pos. 4	**Seitenwand rechts im unteren Bereich instand setzen** Innenverkleidung aus- und einbauen, Seitenwand richten, egalisieren, Lackierstufe III, Hohlraumversiegelung aufbringen.
Pos. 5	**Finisharbeiten durchführen** Staubeinschlüsse beseitigen, einwandfreie Oberfläche herstellen. Beleuchtungsanlage des Fahrzeugs auf Funktion überprüfen, Grundeinstellung der Scheinwerfer vorne durchführen.
Pos. 6	**Anschlagplatte der Rollstuhlhebebühne instand setzen** Anschlagplatte demontieren und montieren, spachteln, lackieren.
Pos. 7	**Schriftzug einschließlich Dekor auf Fahrzeugseiten aufbringen** Schriftzug „Hand in Hand“ und Dekor aufbringen, einmessen und auslackieren.

Abbildungen des Unfallfahrzeugs

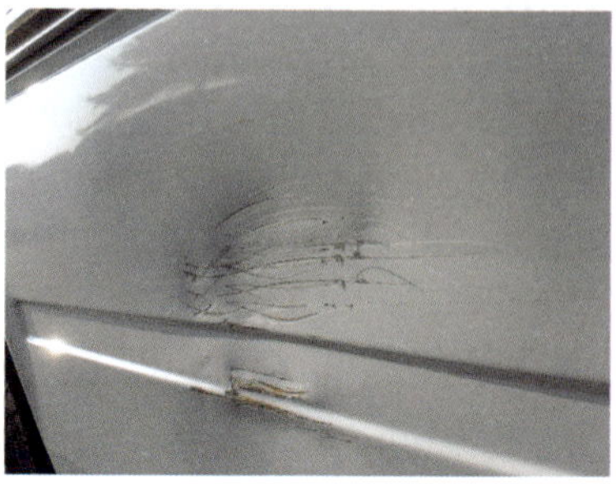

Auszug aus der Reparaturkostenermittlung

Fahrzeug	**MERCEDES-BENZ Sprinter Bus**	Kennz. HO-F 2751	Bj. 10/01	km 74919
Farbe	**Arcticweiß**		AU 12/15	HU 12/15
Farbcode	**DB 9147**	Fahrgest.Nr. WDB9026721R312151		

Teile	**AW**	**Std.**	**Preis** in Euro
Luftgitter Vorbau aus-/einbauen	4		22,88
Leuchteinheit v r aus-/einbauen	3		17,16
Blinkleuchte seitlich r aus-/einbauen	2		11,44
Türverkleidung d. 1. Tür r a. Drehtür aus-/einbauen	4		22,88
Türgriff außen d. Tür r a. Drehtür aus-/einbauen	3		17,16
Außenspiegel r heizbar u. verstellbar aus-/einbauen	5		28,60
2. Tür r a. Schiebetür aus-/einbauen	16		91,52
Führungsschiene Mitte d. Schiebetür r aus-/einbauen	6		34,32
einen Fahrgastsitz aus-/einbauen	4		22,88
einen weiteren Fahrgastsitz aus-/einbauen	2		11,44
eine Verkleidungsplatte f. Seitenwand h r aus-/einbauen	3		17,16
Beplankung v r instand setzen	12		68,64
Tür v r instand setzen	12		68,64
Seitenwand h r u instand setzen	24		137,28
Anschlagplatte aus-/einbauen	18		102,96
Beplankung v r Hohlraumkonservieren	2		11,44
Tür v r Hohlraumkonservieren	2		11,44
Seitenwand h r Hohlraumkonservieren	3		17,16

Teile		**Teile-Nr**	**Einzelpreis**	**Ges.Preis** in Euro
1 Stück	Abdeckung A-Säule r	901 811 0107	1,16	1,16
1 Stück	Außenspiegel r kompl.	901 810 6616	129,80	129,80

Lackierkosten	**Art**	**Stufe**	**Std**	**Preis** in Euro
Vorbaubeplankung	200	III	12	74,88
1. Tür r	200	III	21	131,04
Seitenwand h r u	200	III	21	131,04
Ergänzungsarbeit Vorbaubeplankung r			5	31,20
Ergänzungsarbeit 1. Tür r			5	31,20
Ergänzungsarbeit Seitenwand h r			5	31,20
Zusatz f. Lackieren der Abdichtnähte i.a. Farbton			3	18,72
Anschlagplatte Reparaturlackierung, Spachteln und Lackieren			18	112,32

Nebenkosten	**Preis** in Euro
Endreinigung pauschal	45,00
Unterbodenschutz	45,00
Hohlraumkonservierung	54,50

Zwischensummen	**AW**	**Preis**	**Preis** in Euro
Arbeitswerte	125		715,00
Teile			130,96
Lackierzeit	90		561,60
Lackiermaterial			215,82
Nebenkosten			144,50
Positionssumme			**1.767,88**

Nettosumme **1.767,88**

ARBEITSLOHN
ZEITBASIS: 12 AW = 1 STD
LACKIERUNG
ZEITBASIS: 12 AW = 1 STD

Nettosumme		1.767,88
MwSt. 19 %	1.767,88	335,90
Endpreis		**2.103,78**

Name/Datum

1. Nennen Sie jeweils drei Werkzeuge, Maschinen, Geräte und Materialien, die sich für die aufgeführten Tätigkeiten/Arbeiten am MB Sprinter Bus eignen.

Tätigkeiten/Arbeiten	**Werkzeuge, Maschinen, Geräte und Materialien**
Abklebearbeiten	
Schleifarbeiten	
Spachtelarbeiten	
Füllerarbeiten	
Decklackierung	
Finisharbeiten	

2. Am MB Sprinter Bus müssen die nicht zu bearbeitenden Teile abgedeckt werden.
Aus welchen Gründen ist diese vorbereitende Arbeit notwendig?
Nennen Sie vier.

3. Warum soll ein Klebeband für die Verwendung bei der Fahrzeuglackierung wärmebeständig sein?

4. Schleifmittel sind für den Fahrzeuglackierer wichtige Hilfsmittel.
Ordnen Sie folgende Schleifmittel der jeweiligen Gruppe in der Tabelle zu:
Fiberscheiben, Schleifblüten, Schleifbürsten, Schleifnetze, Schleifschwämme/Softpad, Softschleifscheiben

kompakte/feste Schleifmittel	**flexible Schleifmittel**

5. Für die Schleifarbeiten am MB Sprinter Bus werden verschiedene Schleifpapiere mit unterschiedlicher Körnung eingesetzt.
   Nennen Sie in der Tabelle die jeweilige Körnung und unterscheiden Sie die Anwendung nach Grob- und Feinschliff durch Ankreuzen.

Einsatzbereich	Anwendung (ankreuzen)				Körnung bzw. Schleifmittel
Polyesterspachtel am Kotflügel	Grobschliff		Feinschliff		
Füllerschliff	Grobschliff		Feinschliff		
Altlackierung anschleifen	Grobschliff		Feinschliff		
Spachtelübergänge beischleifen	Grobschliff		Feinschliff		
Finisharbeiten	Grobschliff		Feinschliff		

6. Bei der Oberflächenvorbehandlung am MB Sprinter Bus setzen Sie Polyesterspachtel ein. Nennen Sie vier Vorteile der Polyesterspachtelmaterialien?

7. Der 2K-Spachtel, den Sie bei den Reparaturarbeiten am MB Sprinter Bus einsetzen, besteht aus den in der Tabelle abgedruckten vier Komponenten.
   Ordnen Sie die folgenden Werkstoffe den Komponenten zu:
   Kreide, Leichtspat, organisches Peroxid, ungesättigte Polyester, Schwerspat, Styrol

Bindemittel:	
Füllstoff:	
Lösemittel:	
Härter:	

8. Welche Mindesttemperatur benötigt 2K-Polyesterspachtel zur Aushärtung?

a Mind. – 3 °C

b Mind. 7 °C

c Mind. 15 °C

d Mind. 20 °C

9. Welche Topfzeit hat ein 2K-Polyesterspachtel bei 20 °C?

a 1 bis 2 Minuten

b 4 bis 5 Minuten

c 10 bis 20 Minuten

d Länger als 20 Minuten

10. Nach welcher Zeit ist ein 2K-Polyesterspachtel nach der Verarbeitung frühestens schleifbar?

a Sofort

b Nach 4 bis 10 Minuten

c Nach 30 bis 60 Minuten

d Nach mehr als einer Stunde

11. Aus welchem Material bestehen die Schleifkörner des Schleifpapiers, das für den Grobschliff der Spachtelstellen bei der Instandsetzung des MB Sprinter Busses verwendet wird?

a Aluminiumoxid

b Eisenoxid

c Kupferoxid

d Natriumoxid

12. Welche speziellen Aufgaben erfüllt ein 2K-Grundierfüller bei einer Reparaturlackierung? Nennen Sie sechs Aufgaben.

13. Nennen Sie vier Eigenschaften eines 2K-Acryllacks.

14. Nennen Sie zwei Vorteile eines 2K-Acryllacks.

15. Bei den Lackierarbeiten des MB Sprinter Busses setzen Sie einen Wasserbasislack ein. Warum ist es bei der Verwendung des Wasserbasislacks besonders wichtig, dass die Ablüftzeit eingehalten wird?

16. Nennen Sie zwei Gründe, warum Wasserbasislacke in den Lackierbetrieben eingesetzt werden.

17. Für das Anmischen des Basislacks wird eine Farbmischanlage benutzt. Aus welchen Komponenten besteht eine moderne Farbmischanlage? Nennen Sie vier.

18. Der MB Sprinter Bus wird nach der Lackierung in der Kombi-Kabine getrocknet. Die Trocknung beträgt nach Herstellerangaben 30 Minuten bei 60 °C Objekttemperatur. Die tatsächliche Verweildauer in der Kabine beträgt jedoch 45 Minuten. Nennen Sie den Grund für die längere Verweildauer.

____

____

____

____

19. Bei der Überprüfung der Spritzkabine, vor der Lackierung des MB Sprinter Busses, stellen Sie fest, dass die Standzeit der Bodenfilter überschritten ist. Welche Folge kann sich ergeben?

- a Der Überdruck in der Kabine steigt an
- b Der Stromverbrauch verringert sich
- c Die Sinkgeschwindigkeit der Luft erhöht sich
- d Die Deckenfilter können die eingebrachte Luft nicht mehr ausreichend filtern

20. Um ein problemloses Lackieren zu ermöglichen, ist es notwendig, dass ein permanenter Luftwechsel in der Kabine gewährleistet ist. Wie oft findet pro Stunde in der Lackierkabine ein Luftwechsel statt?

- a ca. 10-fach
- b ca. 100-fach
- c ca. 300-fach
- d ca. 500-fach

21. Der Kunde möchte herausfinden, ob sein Fahrzeug bereits nachlackiert worden ist. Er beauftragt Sie, die Schichtdicke des Lackaufbaus zu messen. Sie messen auf dem Fahrzeug eine durchschnittliche Schichtdicke von 125 µm. Wie hoch sind die einzelnen Schichten dieser Serienlackierung? Tragen Sie in die Tabelle den Lackaufbau sowie die einzelnen Schichtdicken ein.

Lackaufbau	**Schichten des Lackaufbaus**	**Schichtdicke**
	Blech	ca. 620 µm

22. Im Zusammenhang mit den Instandsetzungsarbeiten am MB Sprinter Bus werden Sie in technischen Merkblättern und Herstellerangaben mit folgenden englischen Begriffen konfrontiert. Übersetzen Sie die vorgegebenen englischen Begriffe.

Englische Begriffe	**Übersetzung**
pot life	
paint code	
high volume low pressure HVLP	
coating	
spot repair	
vehicle identification number VIN	
reduced pressure	
disc	
airbrush design	
two coat system	

23. Von welchen Kriterien sind die optische Qualität und die Haltbarkeit einer Fahrzeuglackierung abhängig?
a) Nennen Sie vier Kriterien zur optischen Qualität.

b) Nennen Sie vier Kriterien zur Haltbarkeit.

24. Die Sorge um die Umwelt, die Gesundheit und die Sicherheit am Arbeitsplatz haben den Gesetzgeber zu Maßnahmen zur Reduzierung von Lösemittelemissionen bewogen. Nennen Sie zwei Maßnahmen, die bei der Fahrzeuglackierung zur Reduzierung der organischen Lösemittelemissionen beitragen.

25. Die Seitenwand hinten rechts sowie die Tür vorne rechts des MB Sprinter Busses erhalten nach den Reparaturarbeiten eine Hohlraumversiegelung.
Welche Aufgabe hat eine Hohlraumversiegelung?

26. Woraus besteht die Hohlraumversiegelung, die nach der Instandsetzung der Karosserieteile aufgebracht wird?

a Fett
b Harz
c Phosphat
d Wachs

27. Zusätzlich zur Beschriftung des Fahrzeugs soll das Logo auch auf die Anschlagplatte der Rollstuhlhebebühne appliziert werden.
Mit welchem Grundmaterial müssen Sie die Aluminiumplatte beschichten?

a 1 K-Acrylharzgrundierung
b 2K-Füller
c 2K-Washprimer
d 1K-Wasserbasislack

28. Die Abstützvorrichtung der Rollstuhlhebebühne am MB Sprinter Bus besteht aus Aluminium und wird pulverbeschichtet.
Wie viel Prozent beträgt der Auftragswirkungsgrad bei dieser Beschichtungsart?

a 50 %
b 62 %
c 95 %
d 100 %

29. Welche Temperatur ist beim Einbrennen der Pulverbeschichtung erforderlich?

a 50 °C
b 60 °C
c 140 °C
d 230 °C

30. Bei den Finisharbeiten am MB Sprinter Bus setzen Sie ein fahrbares Arbeitsgerüst ein. Welche Sicherheitsvorschriften müssen Sie beim Einsatz eines fahrbaren Arbeitsgerüsts beachten? Nennen Sie vier Sicherheitsvorschriften.

31. Wie müssen elektrische Anlagen in Lackier- und Trockenkabinen beschaffen sein?

a Sie müssen spritzwassersicher sein
b Sie müssen berührungssicher sein
c Sie müssen unbedingt wasserdicht sein
d Sie müssen explosionsgeschützt sein

32. Welche Einrichtung dient Ihrer persönlichen Sicherheit in der Lackierkabine?

a Ein elektrisches Hubtor
b Nach zwei verschiedenen Seiten führende Ausgänge
c Öl- und Wasserabscheider
d Komplette Bodenberostung

33. Welche Schuhe müssen Sie in Lackierräumen tragen?

a Schutzschuhe mit antistatischer Laufsohle
b Schutzschuhe mit trittsicherer Sohle
c Knöchelhohe Schutzschuhe
d Schutzschuhe mit säurefester Sohle

34. Sie setzen in der Lackiererei verschiedene druckluftbetriebene Werkzeuge und Geräte ein.

Wie viel Druckluft muss ständig während der Arbeitszeit zur Verfügung stehen, wenn folgende druckluftbetriebene Werkzeuge und Geräte, bei einem täglichen zeitlichen Einsatz von 36 % und einer Luftbedarfsreserve von 50 %, eingesetzt werden?

Ergänzen Sie die Tabelle.

Werkzeug/Gerät	**Luftverbrauch pro Werkzeug/Gerät**	**Luftverbrauch gesamt**
2 Ausblaspistolen	300 l/Min.	
1 Füllerpistole	150 l/Min.	
1 Grundierpistole	160 l/Min.	
2 Hochdruckspritzpistolen	380 l/Min.	
1 Unterbodenschutzpistole	330 l/Min.	
2 Atemschutzmasken	80 l/Min.	
3 Schleifmaschinen	240 l/Min.	
2 Schlagschrauber	300 l/Min.	
Luftverbrauch gesamt		
täglicher zeitlicher Einsatz von 36 %		
Luftbedarfsreserve von 50 %		
benötigte Druckluft		

35. Der MB Sprinter Bus ist in der Farbe Arcticweiss lackiert worden.
Erklären Sie mithilfe der vorgegebenen Skizze die Farbwahrnehmung und vervollständigen Sie die Skizze.

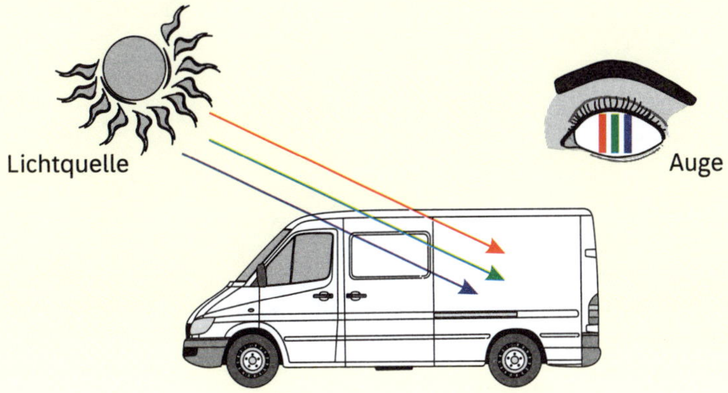

36. Das Logo des Auftraggebers ist mit den Farben Magenta(rot), Cyan(blau) und Gelb gestaltet.
Welchen Farben werden Magenta(rot), Cyan(blau) und Gelb bei der subtraktiven Farbmischung zugeordnet?

- a Den Lichtfarben
- b Den Grundfarben
- c Den Sekundärfarben
- d Den Tertiärfarben

37. Wovon ist der Glanz der Lackierung des MB Sprinter Busses abhängig?
Nennen Sie drei Faktoren.

38. Welcher Schriftart ist das Schriftbild **HAND-IN-HAND** zuzuordnen?

- a Sütterlin
- b Antiqua
- c Fraktur
- d Grotesk

39. Worauf müssen Sie besonders achten, wenn Sie den Schriftzug HAND-IN-HAND auf die Seitenwände des MB Sprinter Busses passgenau aufbringen wollen?

- a Auf die Schrifthöhe
- b Auf die Schriftbreite
- c Auf die Schriftlinie
- d Auf die Schriftfarbe

40. Der Kunde überlegt, ob ein anderes Schriftbild für die Gestaltung der Seitenwände des MB Sprinter Busses werbewirksamer sein könnte. Es sind vier Schriftvorschläge erstellt worden.

a) Benennen Sie die Schriftarten.

HAND-IN-HAND	HAND-IN-HAND	HAND-IN-HAND	HAND-IN-HAND
1	2	3	4

b) Wählen Sie eine Schriftart aus und beschreiben Sie deren Wirkung.

41. Ein Grafik-Betrieb liefert Ihnen zur Gestaltung des MB Sprinter Busses einen Probedruck der Schriftzeile Hand-in-Hand. Dabei stellen Sie fest, dass die Anordnung der Großbuchstaben noch nicht optisch ausgeglichen ist.
Zeichnen Sie durch Pfeile nach oben und unten an, zwischen welchen Buchstaben die Spationierung verringert (↑) bzw. erweitert (ϒ) werden muss.

HAND- IN-HAND

42. Erklären Sie, warum ein optischer Ausgleich zwischen einzelnen Buchstaben der Beschriftung auf dem MB Sprinter Bus notwendig ist.

43. Für die Durchführung der Beschriftung auf dem MB Sprinter Bus benötigen Sie Werkzeuge und Hilfsmittel.
Nennen Sie fünf Werkzeuge/Hilfsmittel, die Sie zum Aufbringen der geplotteten Schriftfolie benötigen.

44. Wie bezeichnet der Typograf den Schriftzug **HAND-IN-HAND**?

- a Schriftzug in Lettern
- b Schriftzug in Versalien
- c Schriftzug in Buchstaben und Ziffern
- d Schriftzug in Kapitälchen

45. Die Beschriftung auf dem MB Sprinter Bus soll durch einen Grafik-Betrieb durchgeführt werden. Für diese externen Arbeiten liegen folgende Angebote vor:

Angebot 1: 297,50 € inkl. 19 % Mehrwertsteuer.
Bei Zahlung innerhalb von 7 Tagen wird ein Skonto von 5 % gewährt.

Angebot 2: 225,00 € zzgl. 19 % Mehrwertsteuer.
Für den Fahrzeugtransport wird 10 % auf den Nettopreis aufgeschlagen.

Berechnen Sie den Preisunterschied der beiden Angebote in Prozent.

Berechnung:

1. Bei der Annahme des Unfallfahrzeugs erhalten Sie den Fahrzeugschein des MB Sprinter Busses. Welche Angaben über das Unfallfahrzeug können Sie dem Fahrzeugschein entnehmen? Nennen Sie fünf Angaben.

2. Welche Angabe über das Fahrzeug können Sie am einfachsten in einem Kundengespräch erfahren?

a Motor-Nummer

b Fahrzeug-Identifizierungsnummer

c Kennzeichen des Fahrzeugs

d Kilometerstand des Fahrzeugs

3. Welche Angaben über das Fahrzeug können Sie dem Fahrzeugdatenträger entnehmen? Nennen Sie fünf Angaben.

4. Sie müssen für das Unfallfahrzeug Ersatzteile bestellen. Welche Angaben über das Unfallfahrzeug sind notwendig, um die Ersatzteile zu bestellen? Nennen Sie fünf Angaben.

5. Korrekte Reparaturausführungen und geeignete Reparaturmethoden sind für die Betriebssicherheit des Fahrzeugs wie auch für die persönliche Sicherheit ausgesprochen wichtig.
Nennen Sie vier Unfallgefahren aus dem Bereich Arbeitssicherheit und Gesundheitsschutz am Arbeitsplatz sowie Möglichkeiten zu deren Vermeidung.

6. Um den Schaden am MB Sprinter Bus zu ermitteln, müssen Anbauteile wie Stoßfänger und Innenkotflügel demontiert werden. Durch eine Sichtkontrolle der äußerlich erkennbaren Beschädigungen können Rückschlüsse auf das Schadenausmaß gezogen werden.
Welche Bereiche sind bei dieser optischen Prüfung auf welche Schäden zu kontrollieren? Nennen Sie vier Bereiche.

7. In den Schaltplänen des MB Sprinter Busses sind die elektrischen Bauteile mit Klemmenbezeichnungen gekennzeichnet.
Welche Bedeutung haben die folgenden Klemmenbezeichnungen?

15

31

49

54

56a

8. Bei der Überprüfung der elektrischen Anlage des MB Sprinter Busses stellen Sie fest, dass die Sicherung F10 defekt ist.
Beschreiben Sie anhand des Schaltbildes, welche Auswirkung der Defekt auf die Bauteile K3, B4, B3 und S13 hat.

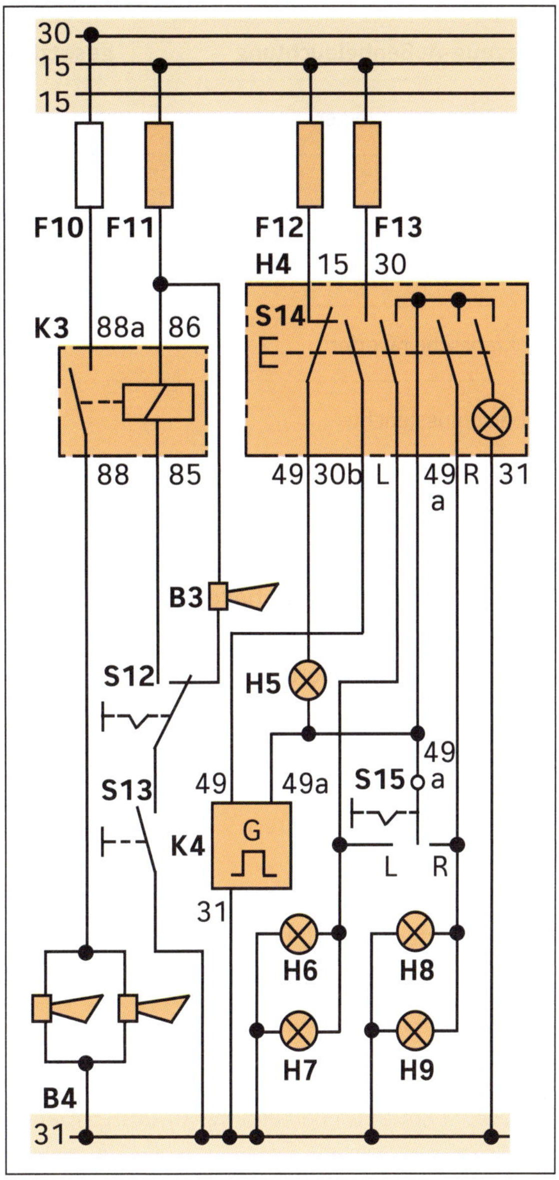

9. An dem Unfallfahrzeug müssen elektrische Spannungsmessungen durchgeführt werden. Kennzeichnen Sie die Zeile, in der Formelzeichen und Einheit für die elektrische Spannung richtig zugeordnet sind.

	Formelzeichen	Einheit	Einheitenzeichen
a	U	Coulomb	C
b	U	Volt	V
c	I	Ampere	A
d	R	Ohm	P

10. Für die Bearbeitung des Seitenteils hinten rechts müssen die Rückleuchten aus- und eingebaut werden.
Der Gesetzgeber schreibt in der Straßenverkehrs-Zulassungs-Ordnung (StVZO) die Farben für die Fahrzeug-Außenbeleuchtung vor.
Notieren Sie für die Leuchten die gesetzlich vorgeschriebene Farbe.

Fahrzeug-Außenbeleuchtung	**gesetzlich vorgeschriebene Farbe**
Fahrtrichtungsanzeiger	
Schlussleuchten	
Bremsleuchten	
Rückfahrscheinwerfer	
Nebelschlussleuchte	
Kennzeichenleuchte	

11. Bei den Demontagearbeiten an der Tür werden Verkabelungen für das Datenübertragungssystem getrennt.
Welche Datenübertragungssysteme werden immer häufiger in den Fahrzeugen verwendet?

a Analoge Datenübertragung

b CAN (controller area network)

c Duplexverfahren

d Multiplexverfahren

12. Die Batterie des Unfallfahrzeugs soll ausgebaut und für längere Zeit gelagert werden.
Wie soll eine außer Betrieb gesetzte Starterbatterie nach Möglichkeit gelagert werden?

a Entladen bei hoher Raumtemperatur

b Entladen bei niederer Raumtemperatur

c Voll geladen bei hoher Raumtemperatur

d Voll geladen bei niederer Raumtemperatur

13. Nach dem Einbau der Batterie stellen Sie fest, dass der Säurestand der Starterbatterie zu gering ist.
Was muss bei zu niedrigem Säurestand in einer Starterbatterie nachgefüllt werden?

a Leitungswasser

b Entmineralisiertes Wasser

c Konzentrierte Schwefelsäure

d Schwefelsäure mit einer Dichte von 1,28 g/cm^3

14. Der Kotflügel vorne rechts des MB Sprinter Busses weist im Radlaufbereich Rostschäden auf.
    a) Erklären Sie den Begriff Rost.

    b) Nennen Sie zwei mögliche Ursachen.

15. Bei der Planung zur Behebung der Rostschäden müssen die Arbeitsschritte sowie die Werkzeuge und Materialien für diese Arbeiten festgelegt werden.
    a) Benennen Sie die erforderlichen Arbeitsschritte zur Behebung der Rostschäden am Radlauf des MB Sprinter Busses.

    b) Welche Materialien benötigen Sie für diese Arbeiten? Nennen Sie drei.

16. Um die Arbeitssicherheit und die Einhaltung der Arbeitsschutzmaßnahmen beim Umgang mit maschinellen Schleifgeräten zu gewährleisten, sind technische und organisatorische Maßnahmen am Arbeitsplatz einzuhalten.
    Nennen Sie vier Maßnahmen.

17. Welche Reparaturverfahren können Sie anwenden, um den Seitenschaden am MB Sprinter Bus instand zu setzen?
Nennen Sie vier Reparaturverfahren.

18. Welches Karosseriewerkzeug kommt bei der Instandsetzung der Blechteile am MB Sprinter Bus zum Einsatz?

a Induktionsreibe

b Schichtdickenmessgerät

c Vorschlaghammer

d Karosseriefeile

19. Bei der Instandsetzung des Unfallfahrzeugs kommen verschiedene Werkzeuge zum Einsatz. Welches Werkzeug zeigt die Abbildung?

a Handlochschere rechts

b Handlochschere links

c Handblechschere links

d Handblechschere rechts

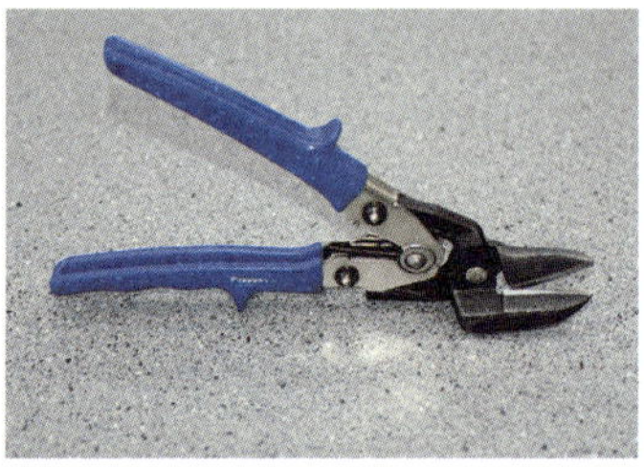

20. Zum Ausbeulen des Seitenteils am MB Sprinter Bus werden verschiedene Werkzeuge benötigt. Nennen Sie fünf Werkzeuge, die bei der Reparatur des Seitenschadens zum Einsatz kommen.

21. Die Befestigungsschrauben der Tür vorne rechts müssen mit Schraubensicherungen gesichert werden.
Nennen Sie vier Schraubensicherungen.

22. Schrauben sind die am häufigsten gebrauchten Fügeverbindungen.
Die verwendeten Schrauben unterscheiden sich vor allem in der Form des Schraubenkopfs.
Nennen Sie mindestens sechs verschiedene Schraubenarten.

23. Nennen Sie mindestens vier kraftschlüssige Schraubsicherungen.

24. In dem Unfallfahrzeug sind verschiedene Kunststoffarten verbaut.
Einige Kunststoffe sind Thermoplaste.
Welche Aussage ist richtig?

- a Thermoplaste haben ein weitmaschiges Raumnetzmolekül
- b Thermoplaste sind nicht schweißbar
- c Thermoplaste werden nach Wärmeentzug nicht wieder fest
- d Thermoplaste sind durch Wärmeeinwirkung verformbar

25. Der zu ersetzende Außenspiegel besteht aus Kunststoff.
Benennen Sie die für diesen Spiegel eingesetzte Kunststoffart.

- a ABS
- b MFG
- c FSI
- d SBZ

26. Bei der Bearbeitung von Aluminiumteilen müssen Sie, im Vergleich zu Stahlteilen, auf Besonderheiten bei der Arbeitsausführung achten.
Nennen Sie vier.

27. Der MB Sprinter Bus ist mit einem passiven Sicherheitssystem ausgestattet.
In welcher Aufstellung sind ausschließlich passive Sicherheitssysteme genannt?

a Brandschutz, Bremssystem, Airbag
b Kopfstützen, Dreipunktgurte, bewegliche Außenspiegel
c Lenkung, versenkte Türgriffe, Klimaanlage
d Radaufhängung, ABS, leicht verformbare Motorhaube

28. Das Unfallfahrzeug ist mit Sicherheitsgurten ausgerüstet.
Bei der Instandsetzung müssen die Sicherheitsgurte überprüft werden.
Welche Aufgabe haben Sicherheitsgurte?

a Sie verbinden den Fahrzeuginsassen mit dem Fahrzeug
b Sie verhindern immer Verletzungen bei einem Unfall
c Sie verhindern die Bewegung der Fahrzeuginsassen bei einem Unfall
d Sie verhindern, dass Fahrzeuginsassen bei einem Unfall beschleunigt werden

29. Die Scheinwerfer des Unfallfahrzeugs MB Sprinter Bus müssen aus- und eingebaut werden.
Nach dem Einbau müssen die Scheinwerfer neu eingestellt werden.
Auf welche Position muss die Leuchtweitenregulierung beim Einstellen der Scheinwerfer eingestellt sein?

a Auf Null-Lage
b Die Lage spielt keine Rolle
c Auf die höchste Einstelllage
d Die Lage wird immer elektronisch erkannt

30. Vor der Achsvermessung des Unfallfahrzeugs überprüfen Sie den Reifendruck der Räder.
Auf den Ventilen der Reifen ist eine grüne Ventilkappe montiert. Was bedeutet das?

a Die Farbe der Ventilkappe hat keine Bedeutung
b Der Reifen ist mit reinem Sauerstoff gefüllt
c Der Reifen ist mit Stickstoff gefüllt
d Der Reifen ist mit Biogas gefüllt

31. Das Unfallfahrzeug ist mit einem Airbagsystem ausgestattet.
Welche Aufgaben erfüllen Airbagsysteme?

a Sie sollen Fahrzeuginsassen bei einem Unfall in den Sitz zurück drücken

b Sie sollen auch bei Zusammenstößen mit niedrigen Geschwindigkeiten, z. B. unter 20 km/h ausgelöst werden

c Sie sollen Insassen auch ohne angelegten Sicherheitsgurt optimal bei einem Unfall schützen

d Sie sollen in Verbindung mit den Sicherheitsgurten bei Unfällen Kopfaufschläge auf Lenkrad oder Armaturenbrett verhindern

32. Sie bekommen den Auftrag das reparierte Unfallfahrzeug zu einem Kfz-Betrieb zu überführen.
Das Fahrzeug ist abgemeldet.
Mit welchem Kennzeichen dürfen Sie das Fahrzeug überführen?

a 

b 

c 

d 

33. Im Zusammenhang mit den Instandsetzungsarbeiten am MB Sprinter Bus werden Sie in technischen Merkblättern und Herstellerangaben mit folgenden englischen Begriffen konfrontiert.
Übersetzen Sie zehn der vorgegebenen englischen Begriffe.

Englische Begriffe	**Übersetzung**
Airbag	
air condition	
airless	
Airpuller	
colour	
OFF	
ON	
axle alignement	
rim	
undercoating	
vehicle	
wheel	

34. Auf einer Großhändler-Hausmesse hat der Betrieb Geräte, Werkzeuge und Hilfsmittel zu folgenden Nettopreisen bestellt:

10 Pakete	Konturenband	VE 10	pro Rolle	2,50 €
1 Paket	Schablonenband	VE12	pro Rolle	16,32 €
10 Pakete	Abdeckpapier	VE 9	pro Rolle	2,53 €
1 Paket	Einweg-Overall, Größe XL	VE 100	je Stück	1,15 €
1 Paket	Schutzhandschuhe aus Vinyl	VE 12	je Paar	1,67 €
3 Stück	Farbspritzmasken-Set		je Set	30,25 €
5 Pakete	Feinstaubmaske	VE 10	je Stück	0,98 €
2 Pakete	Handschutzlotion	VE 20	je Stück	4,35 €
2 Pakete	Handschleifer	VE 5	je Stück	6,96 €
1 Stück	Absauggerät		je Stück	669,00 €
1 Stück	Rotationspolierer		je Stück	385,00 €
1 Stück	Akku-Schrauber		je Stück	404,00 €

Der Großhändler gewährt einen Messerabatt von 30 % und bei umgehender Rechnungsbegleichung können nochmals 2 % Skonto von der Bruttorechnung abgezogen werden.
Die MwSt. beträgt 19 %.
Wie hoch ist der zu zahlende Betrag?

Berechnung:

35. Entnehmen Sie dem Auszug aus der Reparaturkostenermittlung (Kundenauftrag – Seite 171) den Nettolistenpreis für den Außenspiegel r.
Der Großhändler gewährt einen Preisnachlass von 22 %.
Für die Anlieferung berechnet der Lieferant zusätzliche 2 % auf den Nettolistenpreis.
Berechnen Sie den Nettoeinkaufspreis.

Berechnung:

Name/Datum

36. Der Kunde möchte für die Karosserie- und Montagearbeiten (Arbeitswerte) eine Rechnung mit der Aufstellung der detaillierten Kosten.
Die Werte zur Berechnung entnehmen Sie aus dem Kundenauftrag, Seite 171.
Materialkosten Faktor 1,8/Gewinn und Wagnis auf Lohnkosten + 9 %.
Ermitteln Sie den Bruttopreis für die Karosseriearbeiten (MwSt. 19 %).

Berechnung:

1. Nach Ihrer Ausbildung gehen Sie ein Arbeitsverhältnis als Fahrzeuglackierer/Fahrzeuglackiererin ein. Grundlage Ihres Beschäftigungsverhältnisses ist ein schriftlicher Arbeitsvertrag.
   Sowohl Sie als Arbeitnehmer/Arbeitnehmerin als auch Ihr Arbeitgeber gehen mit dem Arbeitsvertrag Rechte und Pflichten ein.
   Nennen und erklären Sie jeweils zwei Pflichten und zwei Rechte, die durch einen Arbeitsvertrag vereinbart werden können. Nutzen Sie dabei die vorgegebene Tabelle.

Rechte des Arbeitnehmers/ Pflichten des Arbeitgebers	**Erklärung**

Pflichten des Arbeitnehmers/ Rechte des Arbeitgebers	**Erklärung**

2. Welche Inhalte sollte ein von Ihnen unterschriebener Arbeitsvertrag enthalten?
   Nennen Sie acht Inhalte.

3. Arbeitsverhältnisse, die auf unbestimmte Zeit abgeschlossen sind, können durch eine Kündigung beendet werden.
   a) Erklären Sie den Unterschied zwischen einer ordentlichen und einer außerordentlichen Kündigung.

   b) Nennen Sie jeweils drei Gründe für den Arbeitgeber und den Arbeitnehmer, die zu einer außerordentlichen Kündigung berechtigen.

Gründe des Arbeitgebers	Gründe des Arbeitnehmers

4. Beim Ausscheiden aus einem Fahrzeuglackierbetrieb können Sie als Arbeitnehmer vom Arbeitgeber ein schriftliches Arbeitszeugnis verlangen.
   Welche Angaben muss ein einfaches und welche Angaben ein qualifiziertes Zeugnis enthalten?

Angaben in einem einfachen Zeugnis	Angaben in einem qualifizierten Zeugnis

5. Für Ihr Arbeitsverhältnis sind verschiedene Gesetze und Verordnungen von Bedeutung.
Ordnen Sie folgende Gesetze und Verordnungen den vorgegebenen Abkürzungen zu:
Arbeitsförderungsgesetz – Arbeitsschutzgesetz – Arbeitszeitgesetz – Arbeitszeitverordnung – Bürgerliches Gesetzbuch – Gefahrstoffverordnung – Gewerbeordnung – Handelsgesetzbuch – Kündigungsschutzgesetz – Schwerbehindertengesetz

GefStoffV	
GewO	
BGB	
HGB	
ArbZG	
AZO	
AFG	
ArbSchG	
KSchG	
SchwbG	

6. Die soziale Sicherung in der Bundesrepublik Deutschland wird durch die Sozialversicherung gewährleistet.
Ordnen Sie die vorgegebenen Aussagen durch Ankreuzen den jeweiligen Sozialversicherungszweigen zu.

Aussagen	Krankenversicherung	Rentenversicherung	Arbeitslosenversicherung	Unfallversicherung	Pflegeversicherung
Mutterschaftsvorsorge umfasst regelmäßige Vorsorgeuntersuchungen während der Schwangerschaft.					
Die Höhe der monatlichen Zahlungen ist von persönlichen und allgemeinen Faktoren abhängig.					
Pflichtversichert sind alle Arbeitnehmer und einige Selbstständige während der beruflichen Tätigkeit und auf dem Weg zur und von der Arbeit.					
Die Höhe der Pflegesätze richtet sich nach der Pflegestufe des Bedürftigen.					
Zahlung von Lehrgangskosten nach Antrag für berufliche Fortbildungsmaßnahmen.					

Name/Datum

7. Ihr ehemaliger Arbeitskollege befindet sich im Ruhestand. Er erhält einen Rentenbescheid, mit dem er nicht einverstanden ist.
Beschreiben Sie den Rechtsweg, den Ihr ehemaliger Kollege nun beschreiten kann.

8. Die Wirtschafts- und Erwerbsstrukturen in der Bundesrepublik Deutschland haben sich in den vergangenen Jahren stark verändert.
Nennen Sie fünf Gründe für die Strukturveränderungen in der bundesdeutschen Wirtschaft.

9. Neben einer ordentlichen und einer außerordentlichen Kündigung kann der Arbeitsvertrag durch eine übereinstimmende Willenserklärung aufgelöst werden. Dazu können die Vertragspartner einen Vertrag aufsetzen.
Wie wird dieser Vertrag genannt?

- a Rahmentarifvertrag
- b Willensvertrag
- c Kündigungsvertrag
- d Aufhebungsvertrag

10. Welche Behörde stellt die persönliche Identifikationsnummer zur Erfassung der Lohn-/Einkommensteuer aus?

- a Das Finanzamt vor Ort
- b Das Steueramt der Gemeinde
- c Das Bundeszentralamt für Steuern
- d Das Datenerfassungsamt des Bundesfinanzministeriums

11. Wie können Sie zu viel gezahlte Lohnsteuer zurückerstattet bekommen?

- a Einen entsprechenden Lohnsteuerantrag an die Gemeindekasse stellen
- b Einen Antrag auf einen Lohnsteuerjahresausgleich beim Finanzamt stellen
- c Einen Lohnsteuerantrag beim Steueramt des Landkreises stellen
- d Einen Antrag auf einen Lohnsteuerjahresausgleich beim Arbeitgeber stellen

12. Viele Fahrzeuglackierbetriebe gehören über die Innung dem Arbeitgeberverband (Bundesverband Farbe, Gestaltung, Bautenschutz) an.
Welche besondere Aufgabe hat der Arbeitgeberverband?

- a Beratung der Mitgliedsfirmen
- b Führung der Handwerksrolle
- c Durchführung von Meisterprüfungen
- d Schlichtungen zwischen Arbeitnehmern und Arbeitgebern

13. Viele Arbeitnehmer gehören Gewerkschaften an (z. B. IG Bau-Agrar-Umwelt).
Welche besonderen Aufgaben haben die Gewerkschaften?

- a Schlichtungen zwischen Arbeitnehmern und Arbeitgebern
- b Vertretung der Gesamtinteressen von Arbeitnehmern
- c Unterstützung von Arbeitnehmern bei Behördengängen
- d Mitbestimmung bei der Gestaltung der Gehalts- und Arbeitsbedingungen von Arbeitnehmern

14. Arbeitgeber und Arbeitnehmer können sich während der Tarifverhandlungen nicht einigen. Die Gewerkschaft versucht, durch einen Streik der organisierten Arbeitnehmer, den Verhandlungsdruck auf die Arbeitgeber zu erhöhen.
Welche Maßnahme muss die Gewerkschaft vor der Durchführung eines Streiks veranlassen?

- a Die Gewerkschaftsmitglieder werden in einer Urabstimmung zur Durchführung eines Arbeitskampfs befragt
- b Alle Arbeitnehmer stimmen über eine Streikdurchführung ab
- c Der Gewerkschaftsvorstand wird in einer Urabstimmung über eine Streikdurchführung befragt
- d Die streikwilligen Arbeitnehmer bestimmen über die Streikdurchführung aller Arbeitnehmer

Name/Datum

15. Welche Möglichkeit haben die Arbeitgeber, auf einen Streik der Arbeitnehmer zu reagieren?

a Sie können alle Arbeitnehmer aussperren

b Sie können alle Arbeitnehmer fristlos entlassen

c Sie können allen Arbeitnehmern die Löhne kürzen

d Sie können allen Arbeitnehmern den Urlaub streichen

16. Nach der abgeschlossenen Berufsausbildung sollten Sie regelmäßig an beruflichen Fortbildungen teilnehmen.
Welche Aufgaben sollten die beruflichen Fortbildungen erfüllen?

a Sie sollten die Arbeitsfähigkeit erhalten und verbessern

b Sie sollten vor allem das monatliche Arbeitsentgelt sichern

c Sie sollten berufliche Kenntnisse erhalten, erweitern und verbessern

d Sie sollten vor allem auf die individuellen betrieblichen Arbeitsstrukturen abgestimmt sein

17. Während Ihres Arbeitsverhältnisses sind Sie Pflichtmitglied verschiedener Sozialversicherungen.
Wie finanzieren sich die meisten Sozialversicherungen?

a Überwiegend durch Beiträge des Staats

b Überwiegend durch Beiträge der Mitgliedsbetriebe

c Überwiegend durch Beiträge der Versicherten und der Arbeitgeber

d Überwiegend durch Beiträge der Gewerkschaften und der Arbeitgeberverbände

18. Die Höhe der Lohnsteuer, die Sie monatlich an das Finanzamt entrichten müssen, richtet sich u. a. nach der Höhe Ihres Einkommens.
Wonach richtet sich die Höhe der Lohnsteuer außerdem?

a Nach dem Wohnsitz

b Nach dem Familienstand

c Nach der Stellung im Betrieb

d Nach dem zuständigen Finanzamt

19. Sie möchten auf Ihre Lohnsteuer eine Steuerminderung geltend machen.
Bei welcher Behörde können Sie eine Steuerminderung durchführen lassen?

a Beim Finanzamt

b Bei der Agentur für Arbeit

c Beim Einwohnermeldeamt

d Beim Lohnbüro Ihres Arbeitgebers

20. Sie möchten beim Lohnsteuerjahresausgleich Sonderausgaben geltend machen. Welche Ausgaben können Sie unter der Position Sonderausgaben angeben?

- a Beiträge zur Gewerkschaft
- b Beiträge zur Krankenversicherung
- c Fahrtkosten zum Betrieb
- d Aufwendungen für Arbeitskleidung

21. Ihr Arbeitgeber ist Ihnen noch Lohnzahlungen schuldig. Bei welchem Gericht können Sie diese einklagen?

- a Amtsgericht
- b Landgericht
- c Arbeitsgericht
- d Verwaltungsgericht

22. Wie lange wird Ihnen vom Arbeitgeber das Arbeitsentgelt weitergezahlt, wenn Sie erkranken?

- a 4 Wochen
- b 6 Wochen
- c 1 Monat
- d 3 Monate

23. Sie haben erfahren, dass Ihr Arbeitgeber aus dem Arbeitgeberverband ausgeschieden ist. Bleibt die Tarifgebundenheit Ihres Arbeitgebers trotzdem bestehen?

- a Ja, wenn die Mitarbeiter des Betriebs auf die Tarifgebundenheit bestehen
- b Ja, wenn die Mehrheit der Beschäftigten Gewerkschaftsmitglieder sind
- c Nein, die Tarifgebundenheit endet mit dem Austritt aus dem Arbeitgeberverband
- d Ja, wenn der Tarifvertrag für allgemeinverbindlich erklärt ist

24. Im Falle einer Erkrankung müssen Sie dem Arbeitgeber eine Arbeitsunfähigkeitsbescheinigung vorlegen. Innerhalb welcher Zeit muss die Bescheinigung dem Arbeitgeber vorliegen?

- a Bei Wiederaufnahme der Arbeit
- b Auf Verlangen des Arbeitgebers ab dem 1. Tag der Arbeitsunfähigkeit
- c Innerhalb des Krankenstandes
- d Spätestens nach einer Woche

25. Auf der Rechnung lesen Sie, dass ein Preisnachlass gewährt wird, wenn Sie die Rechnung innerhalb einer festgesetzten Frist bezahlen.
Wie wird dieser Preisnachlass genannt?

- a Prämie
- b Bonus
- c Rabatt
- d Skonto

26. Ihr Großhändler bietet Ihrem Betrieb einen Mengenrabatt beim Einkauf von Lacken an.
Welche Voraussetzung muss Ihr Betrieb für die Gewährung des Mengenrabatts erfüllen?

- a Erst der Zusammenschluss mit anderen Betrieben zur „Einkaufsgenossenschaft" rechtfertigt den Mengenrabatt
- b Erst die Rechnungsbegleichung in der vorgegebenen Frist rechtfertigt den Mengenrabatt
- c Erst die Abnahme einer größeren Lackmenge rechtfertigt den Mengenrabatt
- d Erst die Registrierung des Betriebs als Stammkunde rechtfertigt den Mengenrabatt

27. Sie erfahren, dass Ihr Chef seinen Betrieb liquidieren möchte.
Welches Ziel verfolgt Ihr Arbeitgeber?

- a Übernahme des Betriebs durch einen Mitbewerber
- b Kündigung der Mitgliedschaft bei der Handwerkskammer
- c Freiwillige Abgabe des Betriebs an einen jüngeren Nachfolger
- d Freiwillige Auflösung des Betriebs

28. Warum wird die berufliche Flexibilität im Fahrzeuglackierbetrieb für alle Arbeitnehmer immer wichtiger?

- a Weil die Betriebe immer häufiger ihren Standort wechseln
- b Weil sich die Lebensarbeitszeit dadurch erheblich verkürzen lässt
- c Weil die Arbeitszeit immer kürzer und die Möglichkeiten gut bezahlter Freizeitarbeit immer besser werden
- d Weil sich die technischen Anforderungen in der Arbeitswelt immer schneller ändern

westermann

Friedhelm Dukat, Norbert Gehring, Helmut Holtrup, Rainer Lennartz, Gerald Riecke,
Wolfgang Schramm

Herausgeber: Friedhelm Dukat

Prüfungsvorbereitung Fahrzeuglackierer

Gesellenprüfung/Abschlussprüfung

5. Auflage

Musterlösungen

Bestellnummer 04909

Die in diesem Werk aufgeführten Internetadressen sind auf dem Stand zum Zeitpunkt der Drucklegung. Die ständige Aktualität der Adressen kann vonseiten des Verlages nicht gewährleistet werden. Darüber hinaus übernimmt der Verlag keine Verantwortung für die Inhalte dieser Seiten.

service@westermann.de
www.westermann.de

Bildungsverlag EINS GmbH
Ettore-Bugatti-Straße 6-14, 51149 Köln

ISBN 978-3-427-**04909**-8

westermann GRUPPE

Prüfungsbereich Beschichtungstechnik und Gestaltung

1 Abdecken des Daches, des Vorderwagens und der rechten Fahrzeugseite;
Abdecken der linken Vordertür;
Abdecken der Räder, des Oberteils der Tür hinten links und des Innenraums.

2 a

3
- vor Füllernebel
- vor Staub
- vor Farbnebel
- vor Schweißfunken

4 a

5
1. Abtrocknen des nassen Fahrzeugs
2. Abdecken der zu beschichtenden Oberflächen und aller Öffnungen
3. Flüssigfolie von oben beginnend auf das Fahrzeug auftragen (einschließlich Räder und Radhäuser)
4. Trockenzeit einhalten
5. Abdeckungen an den zu bearbeitenden Teilen entfernen

6 a **7** b

8 Exzenterschleifer, Schwingschleifer, Dreieckschleifer (Delta-Schleifer)

9
- Spritzpistolen
- Exzenterschleifer
- Kartuschenpistolen
- Spachtelmaschinen (Spachtelspender)
- Pistolenwaschautomaten
- Bohrmaschinen
- Ausblaspistolen
- Hebebühnen

10 P 220. Es dürfen maximal zwei Schleifkörnungen übersprungen werden.
Es muss dabei die Korngröße von 100 unterschritten werden.

11 c

12 Korrosionsschutz, Isoliergrund, Haftgrundierung

13 b **14** a

15 Kontrollschwarz kann selbst hergestellt werden, in dem man 90 % Verdünnung mit 10 % Füller (Basisfarbe/Schwarz) vermischt.
Das Kontrollschwarz kann z. B. nach dem Grobschliff aufgebracht werden.
Dann wird es abgewischt und die gespachtelte Fläche wird fein geschliffen.
Noch vorhandene Schleifriefen werden sichtbar und können nachgespachtelt werden.
Das gleiche kann nach dem Füllerauftrag gemacht werden, so dass der Schlussschliff vor der Lackierung einwandfrei ist.

16 d **17** b **18** d **19** a **20** d **21** c

22 Sie müssen sehr dünn appliziert werden, damit die Lösemittel komplett aus dem Lack entweichen können.

23 c **24** b **25** b **26** d **27** d

28
- Erhöhung des Spritzdrucks
- trockeneres Spritzen
- Zugabe von Verdünnung
- Vergrößerung des Abstands zwischen Spritzpistole und Objekt

29
- um eine Farbton- und Effektangleichung zu erzielen
- damit nicht großflächig beschichtet werden muss
- eine Beilackierung ist kostengünstig

30
- zu hohe Schichtstärken
- falsche Härterwahl
- zu hohe Trockentemperaturen mit zu langer Trockenzeit
- falsche Grundierung / falscher Füller

31 Abb. 2 zeigt das korrekte Spritzbild.

Spritzbilder	Mögliche Ursachen
1 – Strahl flattert	Zu wenig Materialzufuhr; Farbdüse nicht angezogen; Stopfbuchse der Farbnadel nicht angezogen; Farbdüsensatz verunreinigt; Farbdüsensatz an der Farbdüse oder im Düsenkopf beschädigt.
2 – optimales Spritzbild	Um ein einwandfreies Spritzbild zu erhalten, müssen sämtliche Bohrungen einwandfrei gereinigt sein.
3 – Spritzbild sichelförmig	Der volle Druckluftstrahl der sauberen Hornbohrung drückt den Flachstrahl in Richtung der verstopften Seiten.
4 – Strahlspaltung (Schwalbenschwanz)	Zu hoher Zerstäubungsdruck; zu breite Strahleinstellung; zu dünnes Spritzmaterial; nicht genügend Spritzmaterial.

32
1. Ausbau der Farbnadel
2. Sicherungsring mit kleinem Schraubendreher vorsichtig lösen
3. die zwischen Pistolenkörper und Abzugsbügel sitzende Federscheibe abbauen
4. Luftkolbenstange herausnehmen
5. Luftkolbenpackung mit Inbusschlüssel demontieren
6. Luftkolbenpackung einsetzen, festziehen und sichern
7. Luftkolbenstange einsetzen
8. bewegliche Teile mit Pistolenfett einfetten
9. Abzugsbügel anbauen
10. Bügelbolzen und Federscheibe einsetzen
11. Bolzen sichern und Sicherungsring festdrücken
12. Düsensatz einbauen
13. Feder und Materialmengenregulierung leicht einfetten (Pistolenfett)

33 c **34** b

35 Stundenverrechnungssatz: 849,12 € : 11,6 Std. = 73,20 €/Std.

Lohnkostenanteil		849,12 €
Lackmaterialanteil	+	263,02 €
Lackierkosten		1.112,14 €

$$\frac{6.204{,}80\ €}{100\ \%} = \frac{1.112{,}14\ €}{x}$$

$$x = \frac{1.112{,}14\ € \cdot 100\ \%}{6.204{,}80\ €}$$

$$x = \mathbf{17{,}92\ \%}$$

Der Stundenverrechnungssatz für die Lackierarbeiten beträgt 73,20 €/Std.; 17,92 % von der Nettosumme entfallen auf die Lackierkosten.

36

2 Gesellen			=	5,8 Stunden
5,8 Stunden · 60			=	348 Minuten
1 Geselle	348 Minuten	· 2	=	696 Minuten
3 Gesellen	696 Minuten	: 3	=	**232 Minuten**

$$\frac{232\ \text{Minuten}}{60\ \text{Minuten/Std.}} = 3{,}87\ \text{Std.}$$

Drei Gesellen benötigen für diese Arbeit 232 Minuten oder 3,87 Stunden oder 3 Stunden 52 Minuten.

37

Bruttolohn:	17,15 €/Std.	· 8 Std.	= 137,20 €
	137,20 €	· 22 Tage	= 3.018,40 €

Nettolohn:		3.018,40 €
– 20,5 % Sozialabgaben	3.018,40 € · 0,205	= – 618,77 €
– 19,0 % Lohnsteuer	3.018,40 € · 0,190	= – 573,50 €
– 5,5 % Solidaritätsz.	573,50 € · 0,055	= – 31,54 €
– 9,0 % Kirchensteuer	573,50 € · 0,090	= – 51,62 €
		1.742,97 €

Es wird ein Monatslohn von 1.742,97 € auf das Girokonto überwiesen.

38 c **39** d **40** b **41** a **42** d

43 a **44** b **45** a **46** d **47** b **48** d

49

Breite	:	Höhe	=	Breite	:	Höhe
x	:	80 mm	=	8,5	:	1

$$x = \frac{8{,}5 \cdot 80\ \text{mm}}{1} \qquad x = \mathbf{680\ mm = 68\ cm}$$

50 b

51 Der P-Filter ist ein Partikelfilter, der die Atemluft von Feststoffteilchen reinigt.
Er besteht aus dicht verpressten Vliesen.
Der A-Filter ist ein Gasfilter, der die Atemluft von Lösemitteldämpfen reinigt.
Diese Gasfilter sind häufig Aktivkohlefilter.

52 c

53 17,60 € · 15 Packungen = 264,00 €

100 % – 15 % = 85 %

$$\frac{264{,}00\ € \cdot 85\ \%}{100\ \%} = 224{,}40\ €$$

$$\frac{15\ \text{Packungen} \cdot 3\ \text{Stück}}{\text{Packung}} = 45\ \text{Stück}$$

224,00 € : 45 Stück = **4,98 €/Stück**

54
- Stoffe/Zubereitungs- und Firmenbezeichnung
- Zusammensetzung, Angaben zu den Bestandteilen
- Mögliche Gefahren
- Erste Hilfe-Maßnahmen
- Handhabung der Lagerung
- Persönliche Schutzausrüstung
- Physikalische und chemische Eigenschaften
- Angaben zur Ökologie
- Hinweise zur Entsorgung
- Angaben zum Transport
- Vorschriften

55
- Gefahrstoffbezeichnung
- Gefahren für Mensch und Umwelt
- Schutzmaßnahmen und Verhaltensregeln
- Verhalten im Gefahrfall
- Erste Hilfe
- sachgerechte Entsorgung

56 Ca. 10 Minuten unter fließendem Wasser bei gespreizten Augenlidern spülen oder Augenspüllösung verwenden; immer einen Augenarzt aufsuchen; Ersthelfer muss Name und Telefon angeben.

57 b **58** b

Prüfungsbereich Instandsetzung und Instandhaltung

1 Kraftwagen – Kombi,
geschlossener Aufbau, festes Dach bis zum Heckabschluss verlängert,
Fondsitze zur Ladefläche umklappbar, Hecktür/Heckklappe

2
- Ermittlung des Schadensumfanges und der Anstoßrichtung
- Festlegung des Reparaturweges
- Vermessen
- Rückverformen
- Austrennen der Altteile
- Einbau der Neuteile
- Verschwemmen/Abdichten der Reparaturstellen
- Korrosionsschutz wiederherstellen

3 Reihenfolge der möglichen Arbeiten:
- Batterie abklemmen
- elektrische Verbindungen zu den Signalleuchten lösen
- Schlussleuchten ausbauen
- elektrische Verbindungen zur Hecktür lösen
- Hecktür zerlegen
- Stoßfänger abbauen/elektrische Verbindungen lösen
- Zierleiste demontieren
- Fensterschachtleiste demontieren
- Innenverkleidung demontieren
- elektrische Verbindungen zur Tür lösen
- Türfolie entfernen
- Tür zerlegen
- Seitenwand heraustrennen

4 Unter passiver Sicherheit verstehen Fachleute die konstruktiven Maßnahmen am Fahrzeug, die bei einem Unfall das Verletzungs- und das Tötungsrisiko (Unfallfolgen) für die Verkehrsteilnehmer möglichst gering halten.

5 Airbags, Rückhaltesysteme (SRS), energieabsorbierende Karosserieteile (Längsträger, unterschiedliche Wanddicken in den Karosserieblechen – Knautschzonen, Seitenaufprallschutz), Sicherheits-Fahrgastzelle

6
- gründlich reinigen und entfetten
- leichte Vertiefungen mit P 600 Nassschleifpapier ausschleifen
- mit einem Schleifpad gesamte Fläche anschleifen
- Vertiefungen mit einem elastischen 2K-Kunststoffspachtel füllen
- Oberfläche schleifen und egalisieren
- Haftgrundierung spritzen

7 U. a. Kastenfeile, Spannhammer, Richtlöffel, Gegenhalter

8 Bei mittleren und größeren Verformungen wird vom Beulenrand beginnend spiralenförmig zur Mitte hin gehämmert.
Bei Stahlblech muss der Gegenhalter immer weiter vom Zentrum entfernt sein als der Hammer gerade trifft.
Das restliche Glätten der Oberfläche kann durch direktes Hämmern (Gegenhalter und Hammer liegen auf einer Achse) mit einem Schlichthammer erfolgen.

9 Bei der Schadensanalyse unterscheiden Sachverständige zwischen Rückverformungs- und Instandsetzungsarbeiten.
Wird eine Karosserie durch Rückverformen in ihre vorherige Form gezogen oder gedrückt, so sind dies Rückverformungsarbeiten.
Das Erneuern oder Einsetzen von beschädigten Teilen gehört zur Unfallinstandsetzung.

10 Hecktür, Tür h l, Heckabschlussblech einschl. Kofferboden

11 $\frac{43{,}2 \text{ Std.}}{100\ \%} = \frac{52{,}9 \text{ Std.}}{x}$ $\quad x = \frac{52{,}9 \text{ Std.} \cdot 100\ \%}{43{,}2 \text{ Std.}}$

$x = 122{,}45\ \%$ $\quad 122{,}45\ \% - 100\ \% = \mathbf{22{,}45\ \%}$

Die Arbeitszeit verlängert sich um 22,45 %.

12

Sicherheitsmaßnahmen vor Reparaturbeginn durchführen	0,2	Std.
Beschlagteile an Tür h l aus- und einbauen	0,8	Std.
Hecktür zerlegen und zusammenbauen	1,2	Std.
Anhängerkupplung erneuern	1,2	Std.
Stoßfängerverkleidung hinten erneuern	1,3	Std.
Heckleuchte komplett erneuern	0,4	Std.
Reparatursatz/Klebesatz Fenster Seitenwand	1,5	Std.
Hauptschalldämpfer erneuern	0,6	Std.
Spur vermessen und einstellen	0,7	Std.
Bearbeitungszeit in Stunden:	7,9	Std.
Bearbeitungszeit in Minuten: 7,9 Std. · 60 Minuten/Std.	= **474 Minuten**	
Arbeitskosten Mechanik: 7,9 Std. · 72,10 €/Std.	= **569,59 €**	

7,9 Stunden bzw. 474 Minuten werden für die Bearbeitung benötigt.
Die Arbeitskosten Mechanik betragen 569,59 €.

13

Richtbanksatz und Richtbankarbeiten	K	3,8	Std.
Rückverformung an verunfallter Heckpartie	K	2,8	Std.
Dichtarbeiten (Nähte, UBS)	K	1,3	Std.
Seitenwand erneuern (einschl. Sicherung der Innenausstattung)	K	13,0	Std.
Heckblech erneuern	K	11,5	Std.
Hecktür instand setzen	K	1,8	Std.
Tür h l instand setzen	K	1,1	Std.
		35,3	Std.
Arbeitskosten Karosserie: 35,3 Std. · 72,10 €/Std.			= **2.545,13 €**

Arbeitskosten Mechanik:	569,59 €
Arbeitskosten Karosserie:	+ 2.545,13 €
Gesamtarbeitskosten Mechanik + Karosserie:	**3.114,72 €**

Prozentuale Anteile

Karosserie:

$$\frac{3.114{,}72\ €}{100\ \%} = \frac{2.545{,}13\ €}{x}$$

$$x = \frac{2.545{,}13\ € \cdot 100\ \%}{3.114{,}72\ €}$$

$$x = \mathbf{81{,}71\ \%}$$

Mechanik:

$$\frac{3.114{,}72\ €}{100\ \%} = \frac{569{,}69\ €}{x}$$

$$x = \frac{569{,}69\ € \cdot 100\ \%}{3.114{,}72\ €}$$

$$x = \mathbf{18{,}29\ \%}$$

Die Gesamtarbeitskosten betragen 3.114,72 €. Sie setzen sich aus 81,71 % Kosten für Karosseriearbeiten und 18,29 % Kosten für die Mechanikerarbeiten zusammen.

14

1. Fahrzeug auf gleiche und richtige Felgen prüfen
2. Fahrzeug auf gleiche und richtige Reifengröße prüfen
3. korrekten Reifenfülldruck prüfen
4. Spiel in der Lenkung prüfen
5. Spiel der Radlager prüfen
6. Zustand von Federung und Stoßdämpfer prüfen

15

1. Spur
2. Sturz
3. Spreizung
4. Nachlauf
5. Lenkrollhalbmesser
6. Spurdifferenzwinkel

16 d **17** c **18** d **19** b **20** d **21** a

22 a **23** d **24** b **25** a **26** c

Prüfungsbereich Wirtschafts- und Sozialkunde

1

Pflichten des Ausbildenden: u. a. Fertigkeiten und Kenntnisse nach der Ausbildungsordnung vermitteln; schriftliche Bekanntgabe des zuständigen Ausbilders; Eintragung des Ausbildungsverhältnisses bei der zuständigen Stelle; kostenlose Aushändigung der Ausbildungsordnung; Übernahme der Sorgepflicht; kostenlose Bereitstellung von Ausbildungsmitteln; Freistellung zum Besuch der Berufsschule; Anmeldung und Freistellung zu Prüfungen; Überwachung der Berichtsheftführung.
Pflichten des Auszubildenden: Lernpflicht; sorgfältige Aufgabenerfüllung; Folgeleisten weisungsberechtigter Personen; Einhaltung betrieblicher Ordnung; Stillschweigen über Betriebs- und Geschäftsgeheimnisse; umgehende Benachrichtigung des Betriebes bei Fernbleiben; Vorlage der ärztlichen Bescheinigung innerhalb von drei Kalendertagen; pfleglicher Umgang mit Arbeitsmitteln; Teilnahme am Berufsschulunterricht und anderer Ausbildungsmaßnahmen; ordnungsgemäßes Führen und regelmäßiges Vorlegen des Berichtsheftes.

2

Z. B.: Informationen der Berufsgenossenschaften; Bereitstellung und Nutzung von persönlichen Schutzausrüstungen (PSA); Atemschutzmittel sind unbedingt zu benutzen; beachten von Sicherheitsregeln bei der Benutzung von elektrischen Geräten, Maschinen und Anlagen; Betriebsanweisungen beachten; Kennzeichnung von Gefahrstoffen beachten; Beachtung des Jugendarbeitsschutzgesetzes; Festlegung der täglichen Höchstarbeitszeit.

3

Unter Konjunktur versteht man das Auf und Ab im Wirtschaftsleben einer Volkswirtschaft. Den unteren Punkt eines Konjunkturzyklusses nennt man Depression (Kennzeichen: Hohe Arbeitslosigkeit, äußerst geringe Kapazitätsauslastung, hohe Liquidität der Banken). Danach kommt die Expansionsphase (Aufschwungphase) bis zum Boom (hoher Beschäftigungsgrad, höherer Konsum, höhere Inflationsraten). Danach folgt die Rezessionsphase (Abschwungphase).

4 **Berufsausbildung:**
Erstausbildung in einem Ausbildungsberuf (z. B. Fahrzeuglackierer/Fahrzeuglackiererin)
Berufliche Fortbildung:
Weiterbildung in einem erlernten Beruf (Fortbildung z. B. zum Meister/zur Meisterin)
Umschulung:
Wechsel in einen anderen Beruf als den erlernten bzw. ausgeübten Beruf (z. B. vom Fahrzeuglackierer zum Drucker)

5 Rentenversicherung, Krankenversicherung, Pflegeversicherung, Arbeitslosenversicherung, Unfallversicherung

6 Weniger Beitragszahler – hohe Arbeitslosenzahlen;
mehr Leistungsempfänger – lange Lebenserwartung;
häufig zu frühes Renteneintrittsalter bei den Arbeitnehmern;
Steigenden Kosten der Leistungen durch verbesserte, aber teurere Heilbehandlungen stehen sinkende Beitragseinnahmen durch niedrigere Löhne gegenüber;
viele Arbeitnehmer sind nicht mehr sozialversicherungspflichtig.

7 Mehr Eigenvorsorge fürs Alter – Renteneintrittsalter anheben – höhere Eigenbeteiligung bei Patienten – geringere Leistungen der Krankenkassen – private Pflegekonten einrichten – höhere Beiträge für Kinderlose zur Pflegeversicherung – Kürzung des Arbeitslosengeldes – Zahlungsdauer des Arbeitslosengeldes verkürzen – Kriterien für zumutbare Arbeit erweitern

8	b	**9**	b	**10**	c	**11**	c	**12**	d
13	d	**14**	b	**15**	d	**16**	c	**17**	b
18	c	**19**	b	**20**	b	**21**	d	**22**	b
23	a	**24**	c	**25**	c	**26**	a	**27**	d

Prüfungsbereich Beschichtungstechnik und Gestaltung

1 Abdeckpapier – Abdeckfolie (Lackierfolie) – Abdeckhüllen (Decke)

2
- einfache Anpassung der Abdeckung an z. B. den Motor, an die Armaturenverkleidung, an die Fahrzeughimmelbespannung
- reißfest
- optimaler Schutz vor Farbnebel

3
- nicht reißfest
- nicht wasserfest
- keine Formannahme an die nicht ausgebauten Teile und Aggregate

4 Es brauchen keine Vorbereitungsarbeiten (Trennmittelbeseitigung) durchgeführt zu werden. Die Werksgrundierung ist nur anzuschleifen. Danach kann mit einem normalen Lackaufbau für Kunststoffteile begonnen werden.

5 c **6** Schutz vor Alterung; optische Gründe **7** d

8
a) Durch die scharfen Kanten des Kratzers können Lösemittel aus Spachtelmaterialen und Grundierfüllern tief unter die angrenzenden Lackflächen dringen und dort zu Anquellungen führen. Diese bewirken im Ergebnis, dass sich nach einigen Tagen die Kratzer in der neuen Lackierung wieder abzeichnen.
b) Durch die Stärke des Drucks, mit dem die Kratzer verursacht wurden, kann die Haftung der Lackierung auf dem Untergrund geschwächt sein. Durch die Trocknung der Neulackierung kann eine Zugspannung auftreten, bei der sich Lackschichtteile so vom Untergrund lösen. Durch die Beschädigung des Lackaufbaus kann es zu Unterrostungen kommen.

9 a **10** c **11** b

12

10 Montage der Anbauteile
7 Nachkontrolle mit dem Endoskop
2 Entfernen von Gummistopfen an den Bohrungen
9 Flächen von ausgelaufener Versiegelungsflüssigkeit reinigen
4 Demontage von Anbauteilen
6 Ausspritzen der Hohlräume (am Boden und/oder auf der Hebebühne)
5 Hohlräume austrocknen lassen
8 Verschließen der Hohlräume mit Gummistopfen
3 Begutachtung der Hohlräume mit einem Endoskop
1 Anlegen der persönlichen Schutzausrüstung

13 b **14** b **15** a **16** d **17** a

18 d **19** c **20** b **21** b **22** a

23 Sofern die Tiefe der Hageldellen kleiner gleich 0,2 mm ist, kann der Hagelschaden durch eine Reparaturlackierung beseitigt werden.

24 a

25 Nach dem Vordrücken und gründlichen Planschleifen wird HS-Dickschichtfüller aufgetragen. Größere, nicht rückverformbare Dellen sind bei Bedarf mit 2K-Polyesterspachtel auszugleichen.

26

Härter	beeinflusst die Aushärtung/Durchtrocknung des Lacks; die Lackoberfläche bleibt ansonsten reversibel; die Lackoberfläche ist ansonsten nicht widerstandsfähig
Weichmacher	auch Elastifizierer; dadurch wird der Lackfilm elastischer; ohne den Zusatz würde die Lackoberfläche auf dem Fahrzeug reißen oder sogar abplatzen
Verdickungsmittel	verbessern die rheologischen Eigenschaften eines Lacks; vermeiden Lackläufer (Thixotropie)
Füllstoffe	erhöhen das Volumen eines Lacks; beeinflussen die Verarbeitung des Lacks, die technischen Eigenschaften, sowie das optische Erscheinungsbild des Lacks
Netzmittel	auch Tenside; unterstützen das Vermischen von Bindemittel und Farbpigmenten in Lacken; ohne Netzmittel würden sie sich nach dem Vermischen schnell wieder entmischen; verbessert die Homogenisierung (gleichmäßige Vermischung) der Lackbestandteile
Mattierungszusatz	vermindert den Glanzgrad; Glanzanpassung an verwitterte Fahrzeuglackierungen
Emulgator	begünstigt den Mischprozess der Lackbestandteile

27 Lackieranlage:
Mangelhafte Luftaufbereitung
Falsche Luftsinkgeschwindigkeiten
Falsche Temperaturen

Spritzmaterial:
Mangelhafte Sauberkeit
Falsche Viskosität des Lacks
Falscher Spritzdruck

Lackierobjekt:
Mangelhafte Sauberkeit
Fehlerhafte Untergrundvorbehandlung
(Schleifriefen, farbiger Füller...)
Falsche Objekttemperatur

Spritzpistole:
Mangelhafte Sauberkeit
Ungenügende Materialzufuhr
Falsche Strahleinstellung
Falsche Düsengrößen

28 Poliert mit zerriebenem Material
- an jeder matten Stelle dosiert Politur auftragen und polieren

Poliert nur mit Sichtkontrolle
- Finish-Kontrollspray verwenden

Zu heiß poliert
- besser 2 mal kurz polieren,
  als einmal lang (zwischenzeitlich die Oberfläche abkühlen lassen)

Schlechte Durchtrocknung des Untergrunds
- auf senkrechte Flächen und da besonders auf die unteren Bereiche am Fahrzeug achten (senkrechte Flächen erhitzen sich langsamer als waagerechte; untere Bereiche erhitzen sich langsamer als obere)

29

Stromverbrauch Lackiervorgang:

4 · 58 Wh = 1.392 Wh =	1,392 kWh		
Zuluftventilator	8,000 kWh		
Abluftventilator	7,500 kWh		
gesamt	16,892 kWh		
16,892 kWh · 0,234 €/kWh =	3,9527 €	=	**3,95 €**

Stromverbrauch Trocknung:

Umluftventilator	8,000 kWh · 0,234 €/kWh = 1,872 €	=	**1,87 €**
Differenz in €:	3,95 € – 1,87 €	=	**2,08 €**
Differenz in % :	$\frac{2{,}08\ € \cdot 100\ \%}{3{,}95\ €}$ = 52,6582 %	=	**52,66 %**

30 c **31** a **32** c **33** c **34** b

35

1. Unterlänge
2. Mittellänge
3. Oberlänge
4. Schriftlinie

36

Laura Kosmetik	komprimiert
Laura Kosmetik	gesperrt
Laura Kosmetik	normal
Laura Kosmetik	eng
Laura Kosmetik	weit

37

Laura Kosmetik	normal
Laura Kosmetik	fett
Laura Kosmetik	kursiv
Laura Kosmetik	fett kursiv

38

1. Strom einschalten
2. Einsetzen des Werkzeugs
   Einstellen der Klinge; Eingabe der Werkzeugeinstellungen
3. Einlegen der Folie
   Einlegen der Bogenware/Rollenware; Einstellen der Andruckrollen und Vorschubwalzen; Einmessen der Folie
4. Schneidvorgang
   Testschnitt durchführen; Nullpunkt bestimmen;
   Senden der Schneiddaten (aus dem Computer)

39

- nie die Vorschubwalzen berühren
- während des Betriebes Abstand von allen beweglichen Teilen halten
- nach dem Abschalten des Geräts dieses erst nach 30 Sekunden wieder in Betrieb nehmen
- Andruckrollen nach dem Betrieb nicht in abgesenkter Position lassen – Folien können sich bei Standzeiten durch den Druck verformen

40 „VOC" ist die Abkürzung für volatile organic compounds (= flüchtige organische Substanzen). Gemäß Definition der Weltgesundheitsorganisation sind „VOC" organische Substanzen mit einem Siedebereich von 60 °C bis 250 °C.
Z. B.: Verbindungen der Stoffgruppen Alkane/Alkene, Aromaten, Terpene, Halogenkohlenwasserstoffe, Ester, Aldehyde und Ketone.

41 „VOC" gefährden die Gesundheit der Menschen. Die Gefährdung lässt sich pauschal kaum angeben. Es gibt viele in der Natur vorkommende „VOC", die zum Teil in die Atmosphäre abgegeben werden, z. B. Terpene und Isopren aus Wäldern.
Durch menschliche Aktivitäten verursachte Umweltbelastungen im Bereich der „VOC" fnden sich vor allem im Straßenverkehr und in Produkten wie z. B. Beschichtungsstoffen, Klebstoffen oder Dichtungsmassen.
Es handelt sich um eine Vielzahl verschiedener Stoffe mit unterschiedlichen Wirkungen auf die Gesundheit.
Folgende Aussagen verdeutlichen die „VOC"-Problematik:
„VOC" spielen bei der Bildung von bodennahem Ozon eine entscheidende Rolle. Aus diesem Grund müssen die vom Menschen verursachten Emissionsmengen so klein wie möglich gehalten werden.
Zu den „VOC" gehören hochgiftige und krebserregende Verbindungen z. B. das als Benzinzusatz verwendete Benzol. Auch hier ist es wichtig, solche Stoffe möglichst schnell durch andere zu ersetzen, die diese Gefährdung nicht mit sich bringen.
Für trockene Schleimhäute der Augen, der Nase und des Rachens werden „VOC" verantwortlich gemacht. Außerdem können Nasenlaufen, Augentränen, Juckreiz, Müdigkeit, Kopfschmerzen, eingeschränkte geistige Leistungsfähigkeit, erhöhte Infektionsanfälligkeit sowie unangenehme Gerüche und Geschmackswahrnehmungen von „VOC" verursacht werden.

42	d	**43**	d	**44**	c	**45**	b	**46**	b	**47**	d
48	d	**49**	d	**50**	b	**51**	a	**52**	b	**53**	c

54 a) Bruttolohn: 22 Tage · 8 Std./Tag = 176 Std.
176 Std. · 17,15 €/Std. = **3.018,40 €**

b)

Lohnsteuer: $\frac{3.018,40\ € \cdot 21\ \%}{100\ \%}$ = 633,86 €

Kirchensteuer: $\frac{633,86\ € \cdot 9\ \%}{100\ \%}$ = 57,05 €

Solidaritätszuschlag: $\frac{633,86\ € \cdot 5,5\ \%}{100\ \%}$ = 34,86 €

Sozialversicherung gesamt:
7,00 % + 1,40 % + 9,95 % + 0,975 % = 19,325 %

$\frac{3.018,40\ € \cdot 19,325\ \%}{100\ \%}$ = 583,31 €

Gesamtabzüge:
633,86 € + 57,05 € + 34,86 € + 583,31 € = **1.309,08 €**
Nettolohn 3.018,40 € – 1.309,08 € = **1.709,32 €**

Prüfungsbereich Instandsetzung und Instandhaltung

1 c **2** a

3 Frontscheibe ausbauen
- Innenspiegel, Sonnenblenden und A-Säulen-Verkleidungen ausbauen
- Dachhimmel demontieren

4
- Die Rückseite der Schadstelle muss frei zugänglich sein
- Die Blechoberfäche muss mindestens 15 °C betragen
- Die Blechoberfächentemperatur darf maximal 25 °C betragen
- Die Rückseite der Schadstelle muss mit einer Schweißplane geschützt sein

5
- Ausdrücklöffel
- Hebel und Teflonkeile
- Arbeitsleuchte für Oberfächen

6 Dieses Verfahren wird angewendet, wenn Dellen nur von einer Seite zugänglich sind, z. B. bei doppelwandigen Blechen.
Dabei werden auf der zu richtenden Oberfäche z. B. Lochscheiben aufgeschweißt (Multispot).
Eine Stange mit Griffstück und Schlaggewicht wird in die Lochscheibe eingehakt.
Durch Bewegen des Schlaggewichts in Richtung Griffstück wird die Delle herausgezogen.

7 Bei Dellen im Bereich von Verstrebungen, Sicken und Schweißpunkten.

8
- geringes spezifsches Gewicht und damit erhebliche Gewichtseinsparung
- Korrosionsbeständigkeit
- weitreichende Gestaltungsfreiheit bei der Formgebung
- stoßunempfndlich
- Herstellung von Bauteilen ohne Nacharbeiten
- im Schadensfall bei entsprechender Kenntnis mit geringem Aufwand reparierbar

9

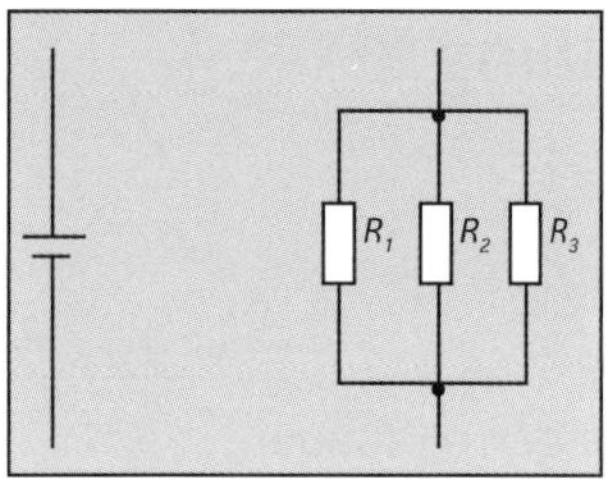

a) Parallelschaltung

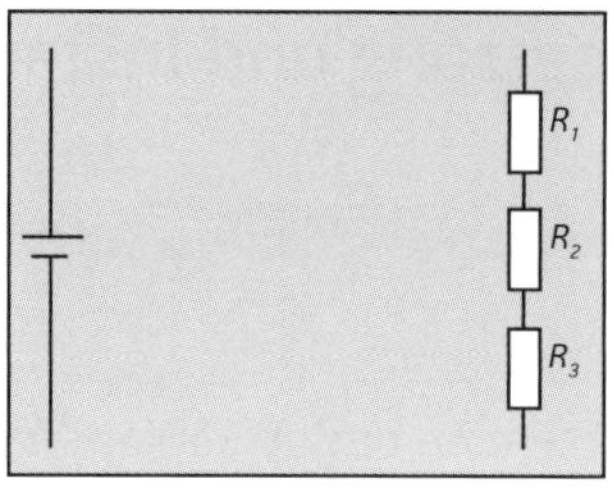

b) Reihenschaltung

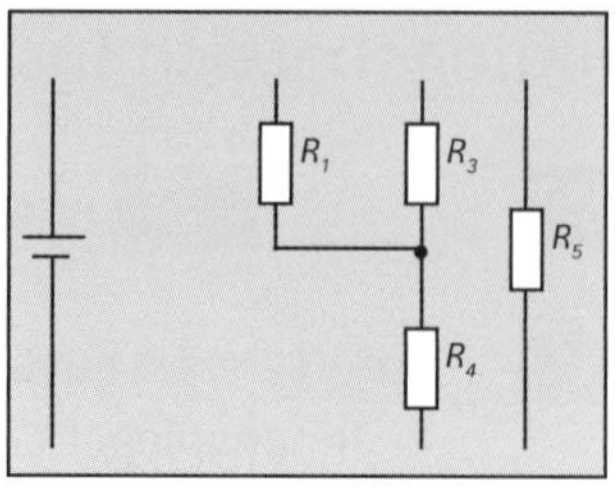

c) Gruppenschaltung oder gemischte Schaltung

10

1. Gasschmelzschweißen
2. Lichtbogenhandschweißen
3. Wolfram-Schutzgasschweißen
4. Metall-Schutzgasschweißen

11

1. Hebebühnen müssen mindestens einmal jährlich durch einen Sachkundigen überprüft werden.
2. Die Überprüfung ist in einem Prüfbuch nachzuweisen.
3. Eine Bedienungsanleitung muss in unmittelbarer Nähe oder an der Hebebühne in Sichthöhe angebracht, die maximale Tragkraft muss angegeben und der Hauptschalter verschließbar sein.
4. Hebebühnen müssen so beschaffen sein, dass die angehobene Last nicht abrutschen oder umkippen kann.

12

Um die empfindlichen Steuergeräte nicht zu beschädigen und damit die Fahrsicherheit zu gefährden gilt bei Schweiß- und Richtarbeiten grundsätzlich:

- Abklemmen beider Batteriepole und Isolieren des Massekabels gegen die Karosserie
- Polklemmen des Schweißgeräts in unmittelbarer Nähe der zu schweißenden Stelle anbringen
- alle elektronischen Bauteile sachgerecht aus- und einbauen
- abschließend Überprüfung aller Anschlüsse und der Sicherungen
- Funktionstest durchführen

13

Zündanlage	20 W	Scheibenwischer	50 W
Kraftstoffpumpe	+ 80 W	Scheibenheizungen	+ 180 W
Kraftstoffeinspritzung	+ 95 W	Lüftergebläse	+ 85 W
Abblendlicht	+ 120 W	Bremsleuchten	+ 50 W
Autoradio	+ 10 W	Blinkleuchten	+ 50 W
Schlussleuchten	+ 10 W	Nebelscheinwerfer	+ 70 W
Kennzeichenbeleuchtung	+ 10 W	Nebelschlussleuchten	+ 40 W
Instrumentenbeleuchtung	+ 10 W		
Summe	355 W		525 W

Gesamtsumme: 355 W + 175 W = 530 W $\qquad$ $525\ \text{W} \cdot \frac{1}{3} = 175\ \text{W}$

$P = U \cdot I \qquad I = \frac{P}{U} \qquad \frac{530\ \text{W}}{14\ \text{V}} = 37{,}86\ \text{A} = \mathbf{38\ A}$

Der Generator muss 38 Ampere bereitstellen können.

14

a) Anschaffungskosten

2.840,00 €	(Frequenzumformer)		
+ 18.400,00 €	(Wärmerückgewinnungsanlage)		
21.240,00 €	(Kosten ohne Fremdkapital)	=	21.240,00 €
1.911,00 €	(Kosteneinsparung)		

Amortisationszeit – ohne Fremdkapital:

$\frac{21.240{,}00\ €}{1.911{,}00\ €/\text{Jahr}} = 11{,}114599\ \text{Jahre}$

0,114599 Jahre · 360 Tage/Jahr = 41,25564 Tage **11 J. 42 Tg.**

b) Kostendeckung durch Bankkredit

Gesamtwert: 21.240,00 € + 14.000,00 € = 35.240,00 €

1.911,00 € (Kosteneinsparung)

Amortisationszeit – mit Fremdkapital:

$\frac{35.240{,}00\ €}{1.911{,}00\ €/\text{Jahr}} = 18{,}440607\ \text{Jahre}$

0,440607 Jahre · 360 Tage/Jahr = 158,61852 Tage **18 J. 159 Tg.**

15

2 · 237,80 € = 475,60 €	(zwei Scheinwerfer)
2 · 174,55 € = 349,10 €	(zwei Rückleuchten)
824,70 €	(Leuchten zusammen, netto)

Ausrechnung in % der zusätzlichen Leuchten vorn und hinten:
Gesamtreparaturkosten netto: 3.837,60 €

$\frac{824{,}70\ € \cdot 100\ \%}{3.837{,}60\ €} = \mathbf{21{,}49\ \%}$

Die Reparatur des Fahrzeugs würde sich um 824,70 € verteuern.
Die Erhöhung der Reparaturkosten liegt bei 21,81 %.

16 c **17** c **18** a **19** c **20** d **21** d

22 b **23** d **24** c **25** d

26
1. Erfassung und Beseitigung von Schadstoffen direkt am Arbeitsplatz durch entsprechende Absaugung
2. ausreichende Raumbelüftung
3. Ordnung und Sauberkeit am Arbeitsplatz
4. Beachten der Empfehlungen, Hinweise und Anleitungen der Hersteller
5. Vermeiden explosionsfähiger Gemische

27

Lösbare Verbindung:	Schrauben, Keile, Federn
Unlösbare Verbindungen:	Schweißen, Löten, Nieten (beim Lösen muss Material zerstört werden)

28 c **29** a

30 Geometrische Fahrachse ist die Winkelhalbierende aus der Hinterradgesamtspur.
Auf diese Achse werden die Messungen der Vorderräder bezogen.
Die Symmetrieachse stellt die Mittellinie durch die Vorder- und Hinterräder dar.

31 d **32** c

33
1. Bremsflüssigkeit ist giftig und ätzend. Sie darf daher nur im Originalbehälter verschlossen aufbewahrt werden.
2. Bremsflüssigkeit greift Lack an, Spritzer sind sofort abzuwaschen.
3. Abgelassene Bremsflüssigkeit darf nicht mehr verwendet werden, da sie durch Wasser, Abrieb und Schmutz verunreinigt sein kann. Sie ist in dafür vorgesehenen Behältern zu sammeln und darf auf keinen Fall in das Ab- oder Grundwasser gelangen.

34 d **35** c **36** d **37** b **38** c **39** b

Prüfungsbereich Wirtschafts- und Sozialkunde

1 Fertigkeiten und Kenntnisse erwerben, die für das Ausbildungsziel nötig sind;
Verpflichtungen und Aufgaben sorgfältig ausführen;
am Schulunterricht, an Prüfungen und Überbetrieblichen Ausbildungen teilnehmen;
Weisungen des Ausbilders und anderer Personen folgen;
Betriebsordnung beachten;
sorgfältig mit Werkzeugen und Maschinen umgehen;
Betriebs- und Geschäftsgeheimnisse wahren;
Berichtsheft ordentlich führen und vorlegen.

2 Mitwirkung bei der Überwachung der Berufsausbildung und bei der Durchführung der Zwischen-, Abschluss- und Gesellenprüfungen; Förderung der Handwerksinteressen; Erteilung von Auskünften; Beratung der Mitgliedsbetriebe; Förderung der Weiterbildung von Mitarbeitern der Mitgliedsbetriebe; auf Landes- und Bundesebene die Möglichkeit, Tarifverträge abzuschließen

3 *Zwei mögliche Konfliktsituationen:*
Der Auszubildende wird für den Besuch der Berufsschule nicht freigestellt.
Der Auszubildende weiß, dass der Ausbildungsbetrieb ihn für den Berufsschulunterricht freistellen muss.
Der Auszubildende wird von seinem Ausbilder regelmäßig mit Putz- und Aufräumarbeiten beauftragt. Der Auszubildende weiß, dass diese Tätigkeiten nicht mit dem Ausbildungsrahmenplan übereinstimmen.

4 Ausbildungsbetrieb, (außerbetriebliche Ausbildungsmaßnahmen);
überbetriebliche Unterweisung/Ausbildung;
Berufsschule

5 Krankenbehandlung, Krankengeld, Mutterschaftshilfe,
gesundheitsfördernde Maßnahmen, Maßnahmen zur Krankheitsverhütung

6
- oft Geschäftsinhaber/Geschäftsinhaberin
- Repräsentant des Betriebs, Kalkulation der Arbeiten, Planung der Arbeiten
- Leitung der Arbeiten, Einkauf der Materialien, Überwachung der Arbeiten

7 *Rahmentarifvertrag (auch Manteltarifvertrag):*
Arbeitszeit; Arbeitsfreistellung; Urlaubsanspruch; Urlaubsentgelt; Kündigungsvereinbarungen; Behandlung von Streitigkeiten ...
Lohntarifvertrag:
Löhne (Ecklohn); Einstiegs- und Mindestlöhne; Gehaltsregelung; Gehaltsgruppen; Gehaltstabellen; Ausbildungsvergütung; Sondervergütung ...

8	d	**9**	d	**10**	c	**11**	a	**12**	a
13	b	**14**	c	**15**	b	**16**	d	**17**	a
18	c	**19**	d	**20**	a	**21**	c	**22**	a
23	a	**24**	d	**25**	c	**26**	a	**27**	d

Prüfungsbereich Beschichtungstechnik und Gestaltung

1

- Kosteneinsparung (kein Papier und Tape)
- rationelles Arbeiten bei der Größe des Fahrzeugs (Kastenwagen)
- alle Schachtleisten, Profile und Felgen werden optimal vor Staub und Farbnebel geschützt
- kaum Restmüll beim Entfernen der flüssigen Folie
- Einsparung von Entsorgungskosten für Abdeckmaterialien
- das Fahrzeug wird dem Kunden gewaschen überstellt

2 c

3

- gute Soforthaftung
- hohe Dauerhaltekraft
- Temperaturstabilität
- rückstandsfreies Entfernen
- flache Farbkanten
- leichtes Abrollen
- leichtes Abreißen

4

- Abdeckband
- Abdeckfolie
- Cuttermesser
- Schere
- Abdeckpapier
- Unterbodenschutzpistole

5

2K-Metall-Spachtelmasse – 2K-Füllspachtelmasse – 2K-Softspachtelmasse – 2K-Glasfaserspachtelmasse

2K-Metall-Spachtelmasse
hohe Füllkraft bei größeren Dellen, leichte Schleifbarkeit, haftet problemlos auf allen Untergründen, weniger Schleifstaub

2K-Füllspachtelmasse
zum Ausgleichen normaler Dellen; nach der Trocknung sehr hart, oft kleine Poren nach dem Schleifen

2K-Softspachtelmasse
zum Ausgleichen und Füllen von kleinen Dellen und Poren nach dem Grobspachteln; leichte Schleifbarkeit, relativ porenfreie Oberfläche, wenig Staubentwicklung

2K-Glasfaserspachtelmasse
zum Ausgleichen von Unebenheiten, vor allem zum Beseitigen von Löchern in nicht tragenden Fahrzeugteilen. Es kann Polyesterspachtelmasse versetzt mit Glasfaserschnitzeln, aber auch Glasmatten/Glasseide getränkt mit Polyesterharzen, verwendet werden.

Entscheidung individuelle Lösung.

6

- schwer zugängliche Stellen können gleichmäßig beschichtet werden
- leichte Schleifbarkeit
- erzielen einer porenfreien, übergangslosen Fläche
- weniger Materialverbrauch
- Zeitersparnis

7 b

8

- Anrauen (Schleifpad, P 320)
- Reinigen der Oberfläche
- Grundieren mit 2K-Grundierfüller oder 2K-Washprimer/Reaktionsgrund
- ggf. Zwischenschliff
- Auftragen von 2K-HS-Füller

9

a) Trockenschliff: Exzenter P 400 – P 500
Schleifnetz P 380
Nassschliff: von Hand P 600 – P 800

b) Grobere Schleifpapiere/Körnungen zeigen in einer hellen Metalliclackierung schnell Schleifriefen; feinere Schleifpapiere/Körnungen können das Haftvermögen/die Adhäsion so schwach werden lassen, dass es keine ausreichende Verbindung zwischen Füller und Decklack gibt.

10 c **11** c

12 Exzenterschleifmaschine

13

battery	Batterie
corrosion protection	Korrosionsschutz
painting	Lackieren
belt	Gurt
painting technique	Lackierverfahren
customer satisfaction	Kundenzufriedenheit
respray	Reparaturlackierung
repair handbook	Reparaturanleitung
checking	prüfen
vehicle paintwork	Fahrzeuglackierung

14 a

15

- Die Frequenz des elektrischen Stroms wird von 50 Hz heruntergeregelt.
- Mit der Frequenzsteuerung kann die Drehzahl der Motoren einzeln reguliert werden.
- Je höher die Drehzahl beim Zuluftmotor, desto höher der Überdruck in der Spritzkabine.
- Es soll ein Überdruck zwischen 3–5 pa herrschen.

16 d

17

- Materialsieb mit der Maschenweite von 125 µm im Deckel verwenden.
- Luftzufuhr am Becherboden gewährleisten damit kein Unterdruck entsteht.
- Verschlussdeckel am Becherboden vor dem Einfüllen des Materials anbringen.

18

- Trocknen in der Spitzkabine durch Umluft-Trocknung:
  Trocknung erfolgt von außen nach innen
- Infrarot-Trocknung:
  Trocknung erfolgt von innen nach außen durch Erwärmung des Untergrunds

19

a) 4 : 1 : 1 = 4 Teile : 1 Teil : 1 Teil = 6 Teile

450 ml : 6 Teile = 75 ml entsprechen 1 Teil

75 ml x 4 = 300 ml entsprechen 4 Teile

Die verarbeitungsfertige Mischung besteht aus:

4 : 1 : 1

300 ml Stammmaterial – 75 ml Härter – 75 ml Verdünnung

b) Technische Informationen: 410 m^2/l bei 1 µm

$$\frac{410\ m^2}{1000\ ml} = \frac{x}{450\ ml}$$

$$x = \frac{410\ m^2 \cdot 450\ ml}{1000\ ml} \qquad x = \mathbf{184{,}50\ m^2}$$

184,50 m^2 können bei 1 µm Schichtdicke beschichtet werden.

184,50 m^2/µm : 160 µm = 1,15 m^2

1,15 m^2 können mit 450 ml Grundfüller beschichtet werden.

c)

$$\frac{160\ \mu m}{100\ \%} = \frac{x}{70\ \%}$$

$$x = \frac{160\ \mu m \cdot 70\ \%}{100\ \%} \qquad x = \mathbf{112\ \mu m}$$

20 a **21** b **22** c **23** d

24

- Planschneiden mit der Messerklinge eines Cuttermessers und Feinschliff mit anschließender Polierarbeit
- Planieren mit einem „Lacknasenentferner“ (Stahlschaber) und Feinschliff mit anschließender Polierarbeit
- Planieren mit feinem Schleifpapier (P 800 – P 1200) auf einem kleinen Schleifklotz und Feinschliff mit anschließender Polierarbeit
- Ebnen mit einem Metallhobel/Karosseriefeile klein und Feinschliff mit anschließender Polierarbeit

25

Spritzgänge

Reinigen

Exzenterschleifer, trocken

Polieren

26 d **27** a

28

a) 72,00 dm · 41,50 dm · 30,00 dm = **89 640,000 dm^3**

89 640,000 dm^3 = **89 640,000 l**

89 640,000 dm^3 : 1 000 dm^3/m^3 = **89,640 m^3**

b) $\frac{0{,}30\ \text{m}}{1{,}00\ \text{s}} = \frac{3{,}00\ \text{m}}{x}$

$x = \frac{3{,}00\ \text{m} \cdot 1{,}00\ \text{s}}{0{,}30\ \text{m}}$ $x = \mathbf{10\ s}$

$\frac{89{,}640\ \text{m}^3}{10\ \text{s}} = \frac{x}{3600\ \text{s}}$

$x = \frac{89{,}640\ \text{m}^3 \cdot 3600\ \text{s}}{10\ \text{s}}$ $x = \mathbf{32\,270{,}400\ m^3}$

c) $\frac{80{,}000\ \text{m}^3/\text{h}}{1\ \text{kW}} = \frac{32\,270{,}400\ \text{m}^3/\text{h}}{x}$

$x = \frac{32\,270{,}400\ \text{m}^3/\text{h} \cdot 1\ \text{kW}}{80{,}000\ \text{m}^3/\text{h}}$ $x = \mathbf{403{,}380\ kW}$

29

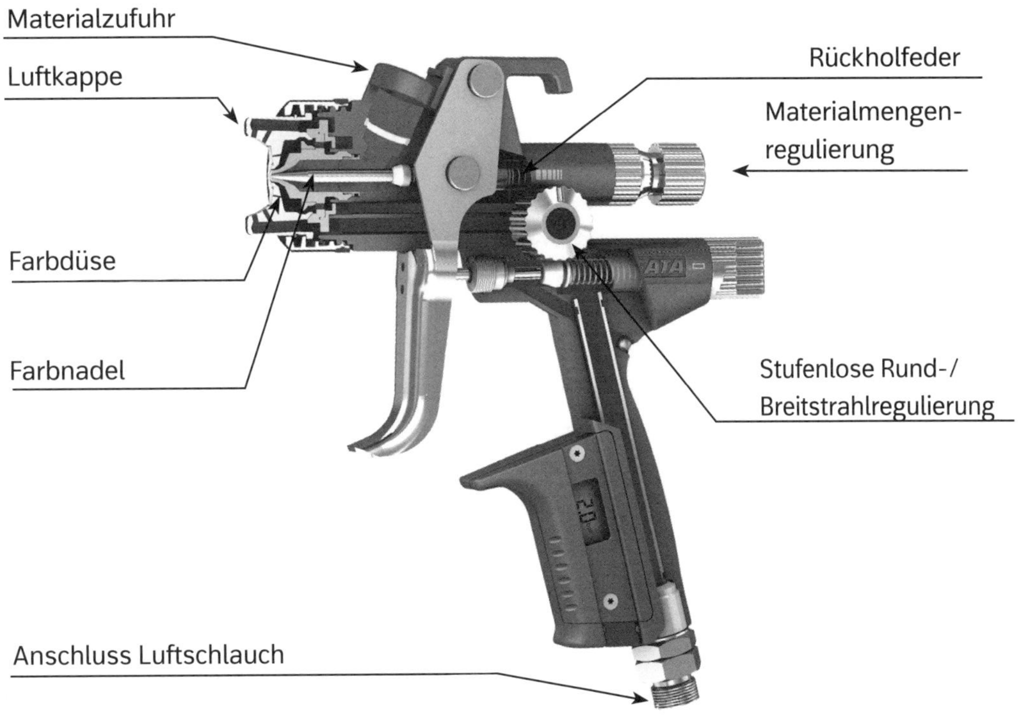

30 b **31** d

32
- Inhaltsstoffe
- welche Gefahren von einem Stoff ausgehen – Gefahrenhinweise
- welche Maßnahmen beim Verarbeiten zu ergreifen sind – Sicherheitsratschläge
- Produktbezeichnung
- Gefahrenbezeichnung – Gefahrensymbole
- Hersteller (Name, Anschrift des Herstellers, Vertreibers, Importeurs)
- Nettogewicht
- Abfülldatum

33 c **34** a

35

a) $\frac{d}{2} = \frac{d}{2} \cdot 3{,}14 \cdot h$ $\qquad \frac{4{,}2\,\text{dm}}{2} = \frac{4{,}2\,\text{dm}}{2} \cdot 3{,}14 \cdot 4{,}6\,\text{dm}$

$= 63{,}70\,\text{dm}^3 = \mathbf{63{,}70\,l}$

b) $\frac{d}{2} = \frac{d}{2} \cdot 3{,}14 \cdot h$ $\qquad \frac{4{,}2\,\text{dm}}{2} = \frac{4{,}2\,\text{dm}}{2} \cdot 3{,}14 \cdot 6{,}8\,\text{dm}$

$= 94{,}16\,\text{dm}^3 = \mathbf{94{,}16\,l}$ ⟶ $94{,}16\,l - 63{,}70\,l = \mathbf{30{,}46\,l}$

c) 94,16 l · 1,85 €/Liter = 174,20 € Nettokosten

$\frac{174{,}20\,€}{100\,\%} \cdot 19\,\%$ = 33,10 € MwSt.

207,30 € Bruttokosten

36

- Bei der Arbeit mit Gefahrstoffen nicht essen, trinken oder rauchen.
- Immer Arbeitskleidung und sonstige Schutzausrüstungen wie Atemschutzmaske, Handschuhe, Sicherheitsbrille und Schutzhaube tragen.
- Absauganlagen müssen bei der Arbeit mit gefährlichen Materialien, Gasen oder Stoffen in Betrieb sein.
- Arbeitsplatz soll immer gut belüftet sein.
- Bevor Gefahrstoffe verarbeitet werden, immer die Etiketten und die Sicherheitsdatenblätter lesen.
- Wenn ein Gefahrstoff nicht in Gebrauch ist, muss er in einem brand- und explosionsgeschützten Raum gelagert werden.
- Unnötige Freisetzung von Gefahrstoffen vermeiden indem Kanister und andere Behälter sofort nach dem Gebrauch geschlossen werden.
- Verschüttete gefährliche Substanzen sofort entfernen.
- Sind Haut oder Augen mit einem Gefahrstoff in Berührung gekommen, sofort die Notdusche oder die Spezialaugendusche nutzen.

37

- Einsatz von Decklacken und Materialien auf Basis wasserlöslicher Harze
- Einsatz von spritznebelreduzierenden Pistolen
- Einsatz von festkörperreicheren Beschichtungsstoffen

38 d **39** d

40

Schriftart/ Schriftgruppe	Venezianische Renaissance-Antiqua	X	Klassizistische Antiqua		Handschriftliche Antiqua		Serifenbetonte Linear-Antiqua	
Schriftschnitt	Italic		Regular		Bold	X	Bold Itallic	
Schriftauszeichnung	Gevierte		Gemeine	X	Initiale		Reglette	
Strichführung	kursiv		schräg		rund		gerade	X

41

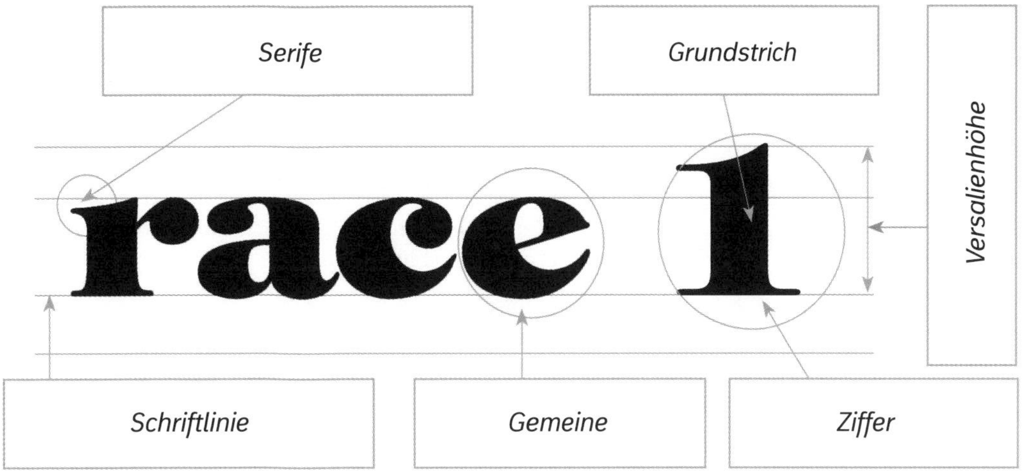

42 a

43 d

44 RAL 2000 Gelborange = warmer Bereich/warme Farbe
RAL 6028 Kieferngrün = kalter Bereich/kalte Farbe

45 RAL 2000 Gelborange
aktivierend, anregend, ausflippend, belebend, billig, erheiternd, exotisch, freundlich, fröhlich, leuchtend

RAL 6028 Kieferngrün
angenehm, ausgewogen, beruhigend, erfrischend, erquickend, fern, gesund, natürlich, vitalisierend

Prüfungsbereich Instandsetzung und Instandhaltung

1

- Dellen/Beulen
- gelöste Anbauteile (Spiegel, Spoiler ...)
- Rostschäden
- Lackschäden
- Glasschäden
- Spaltmaßfehler
- Radschäden
- Achsschäden

2

- Schäden an der Schließanlage
- Schäden an der Bodengruppe
- Schäden an der Fahrzeuggeometrie
- Schäden an der Bereifung
- Schäden an Verbindungselementen
- Schäden an mechanischen Bauteilen

3

Tätigkeiten/Arbeiten	Werkzeuge, Maschinen, Geräte oder Materialien
Demontage des Stoßfängers	Steckschlüsselsatz (Nuss), Hebebühne, Schraubendreher, Rostlöser, Putzlappen, Hammer, Zange
Entfernen der Seitenwand-Innenverkleidung	Kunststoffkeile, Spezialwerkzeuge, Schraubendreher, Akkuschrauber, Steckschlüsselsatz (Nuss)
Ausbau der Schiebetür	Steckschlüsselsatz (Nuss), Schraubendreher, Satz Torx-Schlüssel, Inbus
Instandsetzung und Richten der Seitenwand	Multispotter, Zughammer, Gegenhalter, Karosseriefeile, Schlichthammer
Seitenfenster ausbauen	Schneidedraht, elektrische Schneidemaschine, Stichel, Dichtungsschaber

4

Gewindedurchmesser	Schlüsselweiten
M10	17er
M6	10er
M14	21er
M12	19er

5 c

6

Werkzeuge	Bezeichnung
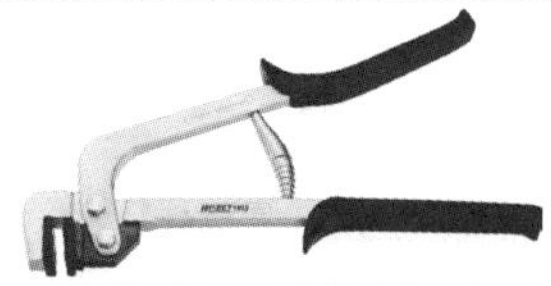	Absetzzange
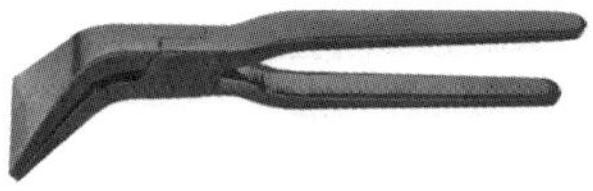	Falzzange
	Ringmaulschlüssel
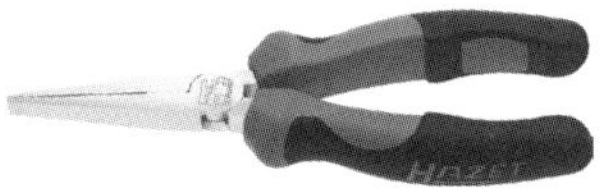	Flachzange
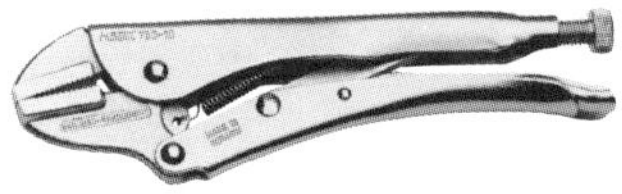	Gripzange

7 c **8** d **9** a **10** b **11** b

12
Pos. 3 Schweller rechts instand setzen
Pos. 4 Seitenteil hinten rechts instand setzen

13
- Spannungsbrücke anbringen
- Schadstelle metallisch blank schleifen
- Reinigen
- Anlegen des Massepunkts des Spotters an die blank geschliffene Schadstelle
- Anpunkten des Zughammers
- Herausziehen der Dellen mit dem Zughammer
- Schadstelle egalisieren

14 b **15** b **16** d **17** c **18** c **19** c

20
a)
- Phosphatieren der Karosserie
- Einsatz von verzinkten Stahlblechen
- Versiegelung von Nähten/Fugen und Falzen
- PVC- und Steinschlagschutz (Schweller, Unterboden)
- Hohlraumversiegelung (Hohlräume, Schweller innen, tragende Teile)

b) Die Reparaturflächen werden folgendermaßen neu aufgebaut:
- Auftragen von 2K-Grundierfüller (EP-Grundierung, 2K-Washprimer)
- Auftragen von 2K-Acrylfüller
- Versiegelung von Nähten
- ggf. Steinschlagschutz aufbringen (Schweller, Unterboden)
- Hohlraumversiegelung

21
EMV bezeichnet die Fähigkeit einer elektrischen oder elektronischen Einrichtung in ihrer elektromagnetischen Umgebung bestimmungsgemäß zu funktionieren (Störfestigkeit) und gleichzeitig dabei andere Einrichtungen nicht störend zu beeinflussen (Störaussendungen).

22
133 µm = 100 %
45 µm = x % 45 µm · 100 % : 133 µm ≈ 33,8 % Klarlack

133 µm = 100 %
15 µm = x % 15 µm · 100 % : 133 µm ≈ 11,3 % Basislack

133 µm = 100 %
45 µm = x % 45 µm · 100 % : 133 µm ≈ 33,8 % Füller

133 µm = 100 %
25 µm = x % 25 µm · 100 % : 133 µm ≈ 18,8 % Grundierung

133 µm = 100 %
3 µm = x % 3 µm · 100 % : 133 µm ≈ 2,3 % Zinkphosphatierung

23

airpuller	Einziehgerät mit pneumatischem Anschluss
airless	ohne Luft
chassis	Fahrgestell
airbag	Luftsack
rear light	Schlussleuchte
steering	Lenkung
welding	Schweißen
top coat	Decklackierung
undercoating	Unterbodenschutz
OFF	Aus (ausschalten)

24 a **25** d **26** d

27

- Reifenzustand, Profilgrenze
- Reifenablaufbild
- Beschädigung der Reifen
- Beschädigung der Felgen
- Befestigung der Schwingungsdämpfer
- Dichtheit der Schwingungsdämpfer
- Beschädigung der Federn z. B. Federbruch
- Spielfreiheit der Spurstangenköpfe
- Lagerung der Achsteile
- Spielfreiheit des Lenkübertragungssystems
- Beschädigung des Lenkübertragungssystems

28

205	Reifenbreite in mm
55	Verhältnis Reifenhöhe zu Reifenbreite
R	Kennbuchstabe für Radialreifen
V	Kennbuchstabe für zulässige Höchstgeschwindigkeit
91	Kennzahl für Reifentragfähigkeit
16	Felgendurchmesser in Zoll

29

Fügen durch Löten	Stoffschluss
Füllen	Einschluss
Anpressen/Einpressen	Kraftschluss
Fügen durch Schweißen	Stoffschluss
Fügen durch Umformen	Formschluss
Kleben	Adhäsion/Kohäsion

Prüfungsbereich Wirtschafts- und Sozialkunde

1 Z. B.: Gefahrstoffbezeichnung; Gefahren für Mensch und Umwelt; Schutzmaßnahmen und Verhaltensregeln; Verhalten im Gefahrenfall; Erste Hilfe; sachgerechte Entsorgung

2 Z. B.: Gebinde nach Gebrauch verschließen; Werkzeuge pflegen; Stoffe und Materialien einer umweltschonenden Entsorgung zuführen; Farb- und Lackreste nicht in die Mülltonne schütten; Lösemittel nicht ins Abwasser gelangen lassen; Abbeizreste in gesonderten Behältnissen auffangen; Abdeckfolien nicht verschwenderisch einsetzen; Auswaschwasser nicht ins Abwasser gelangen lassen

3

- Soziale Sicherung
- Verkehrswesen, Straßenbau
- Polizei, Justiz
- Verteidigung
- Bildung, Wissenschaft
- Gesundheitswesen
- Landwirtschaft
- Energiewirtschaft
- Sozialversicherungen
- Sozialhilfe bzw. Sozialgeld
- Wohngeld
- Sozialwohnungen
- Ausbildungsförderung
- Sparförderung
- Kindergeld
- Steuerprogression

4 a) anteilig: Renten-, Kranken-, Arbeitslosen-, Pflegeversicherung
b) allein: Unfallversicherung

5 Bundestag; Landtag (Bürgerschaft, Senat); Kreistag; Bezirkstag (Bayern); Stadtrat

6 Tarifverträge regeln – zumeist als sogenannte Flächentarifverträge – die Arbeitsbedingungen. Dazu zählt z. B. die Wochenarbeitszeit, die Urlaubsdauer, die Lohnfortzahlung im Krankheitsfall, das Einkommen. Tarifverträge beschreiben immer Mindestbedingungen. Da nicht jedes Detail im Tarifvertrag geregelt werden kann, gibt es Klauseln, die für bestimmte Einzelheiten eine betriebliche Regelung möglich machen.

7 Schlichtung: Dies ist ein Verfahren zur Einigung bei Tarifauseinandersetzungen.
Eine Kommission aus Vertretern der Tarifvertragsparteien und einem unparteiischen Schlichter (beide Parteien müssen ihn akzeptieren) versuchen Streitpunkte aus den Verhandlungen zu klären und Vorschläge zur Einigung zu machen. Das Schlichtungsverfahren soll Arbeitskämpfe (Streiks) vermeiden.
Urabstimmung: In einer geheimen Abstimmung entscheiden die gewerkschaftlich organisierten Arbeitnehmer, ob sie zur Durchsetzung ihrer Forderungen gegenüber den Arbeitgebern einen Arbeitskampf (Streik) durchführen wollen. Ein Arbeitskampf wird dann durchgeführt, wenn 75 % der Gewerkschaftsmitglieder einem Streik zustimmen. Auch zur Beendigung eines Streiks wird eine Urabstimmung durchgeführt. Dabei müssen 25 % der Gewerkschaftsmitglieder der Beendigung zustimmen.
Urabstimmung ist der Begriff für die Abstimmung der Gewerkschaftsmitglieder über den Beginn bzw. das Ende eines Streiks.
Aussperrung: Ausschluss der Arbeitnehmer von der Arbeit im Betrieb.
Die Arbeitgeber zahlen in dieser Zeit ihren Arbeitnehmern keinen Lohn. Die Arbeitgeber nutzen dieses Mittel, um einen Streik zu verkürzen und ihn damit abzuwehren.

8	a	**9**	b	**10**	a	**11**	b	**12**	d
13	d	**14**	a	**15**	a	**16**	d	**17**	b
18	b	**19**	d	**20**	d	**21**	c	**22**	a
23	c	**24**	a	**25**	d	**26**	c		

Prüfungsbereich Beschichtungstechnik und Gestaltung

1
- Prüfung, ob das Teil getempert werden muss
- mehrmals gründlich mit Kunststoffreiniger reinigen
- Reinigungsmittel über Nacht ablüften lassen oder tempern
- leichtes Anschleifen der Oberfläche
- Haftgrundierung (bis in den Innenbereich hinein) spritzen

2 Die nicht mitzulackierenden Teile sind vor allem vor Spritznebel und Schleifstaub zu schützen.

3
- Der Beschichtungsauftrag auf Kunststoffen soll so dünn wie möglich sein.
- Kunststoffe so kurz wie möglich erwärmen, um eine Verformung zu vermeiden
- Je elastischer ein Kunststoff ist, um so mehr muss der Beschichtungsstoff elastifiziert werden.
- Ablüftzeiten genau einhalten

4 d **5** a **6** b

7 **HS-Grundfüller, VOC, grau**

Lackaufbau	nach Herstellerangaben	
VOC spritzfertig	< 540 g/l	Ergiebigkeit 410 m^2/l bei 1 µm
Mischungsverhältnis **Härter** **Verdünnung**	4 : 1 : 1 100 % Vol. % 25 % Vol. % 25 % Vol. %	
Spritzviskosität DIN 4 20 °C	19–22 s	**Potlife 20 °C** 1 h
Fließbecher Spritzdruck	HVLP-Pistole: 1,7–1,9 mm 2,0–3,0 bar/0,7 bar Düsen-innendruck	Hochdruckpistole: 1,4–1,6 mm 3,0–4,0 bar
Saugbecher Spritzdruck	HVLP-Pistole: 2,2 mm 2,0–3,0 bar/0,7 bar Düsen-innendruck	Hochdruckpistole: 1,7 mm 3,0–4,0 bar
Spritzgänge	2	
Schichtdicke	50 µm–70 µm	
Trocknung 20 °C **60 °C** **Infrarot (kurzwellig)** **(mittelwellig)**	2,5 h 20 Min 8 Min. 10–15 Min.	
Schleifen **Exzenter**	 P 400	

8

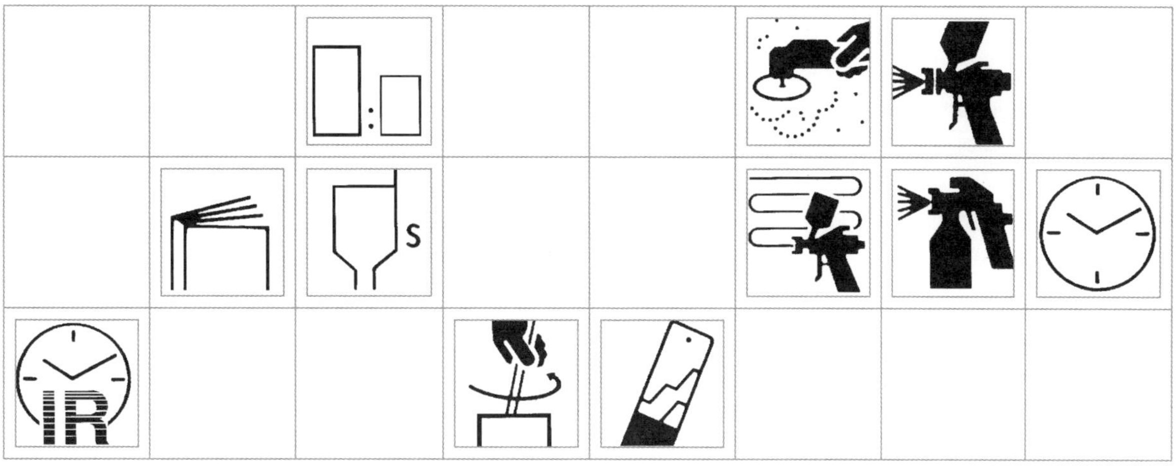

9 a **10** d **11** b **12** d **13** a **14** c

15 a

16 Aufgrund der Rahmenform und des breiten Spritzstrahls der Lackierpistole ist die Übertragungswirkungsrate sehr gering.
Auch können einige verborgene Ecken nicht ausreichend mit dem Spritzstrahl erreicht werden. Es sei denn durch Inkaufnahme von Lackläufern.

17 Von dem Auspuff müssen alle Beschichtungen entfernt werden.
Auf dem metallisch blanken Auspuff wird nach der Reinigung mit Siliconentferner oder einem alkoholhaltigen Reiniger der hitzebeständige Lack direkt aufgetragen.
Ohne Grundierung und ohne Füller

18 d **19** c **20** b **21** b **22** a

23
- geringe Lösemittelemissionen
- kein Härterzusatz – keine Topfzeit
- auf unsicheren Untergründen einzusetzen

24 a **25** d

26
- Reduzierung der Lösemittelemissionen
- aufgrund gesetzlicher Umweltbestimmungen
- zur Reduzierung des Treibhauseffekts

27 c

28 Aufgrund von verschiedenen Untergründen (Lackoberflächen), verschiedenen Poliersituationen, verschiedenen Poliermitteln und Polierscheibenarten, werden unterschiedliche Geschwindigkeiten bei der Polierarbeit benötigt.
Dies kann am besten mit einer elektronisch geregelten Poliermaschine, die nicht von Druckluftschwankungen abhängig ist, erreicht werden.

29 c **30** c **31** d

32

Lampenverkleidung zerlegen und zusammenbauen	100,94 €
Lampenverkleidungsteile instand setzen (Klebetechnik)	194,67 €
Scheinwerfer vorn erneuern	21,63 €
1 Stück Scheinwerfer vorn komplett	163,57 €
Lampenverkleidung 2-teilig lackieren	768,95 €
	1.249,76 €

1.249,76 € kosten die Arbeiten am Scheinwerfer einschließlich der Lampenverkleidung vor Steuer.

33

Reichweite Tank alt:

$$\frac{5{,}500\ \text{l}}{100\ \text{km}} = \frac{19{,}400\ \text{l}}{x}$$

$$x = \frac{19{,}400\ \text{l} \cdot 100\ \text{km}}{5{,}500\ \text{l}}$$

$$x = 352{,}727\ \text{km}$$

Reichweite Tank neu:

$$\frac{5{,}500\ \text{l}}{100\ \text{km}} = \frac{25{,}600\ \text{l}}{x}$$

$$x = \frac{25{,}600\ \text{l} \cdot 100\ \text{km}}{5{,}500\ \text{l}}$$

$$x = 465{,}455\ \text{km}$$

Differenz: 465,455 km – 352,727 km = **112,728 km**

Mit dem neu eingebauten Tank kann 112,728 km weiter gefahren werden.

34

Füller:

$$\frac{120\ \text{ml}}{1\ \text{m}^2} = \frac{x}{0{,}93\ \text{m}^2}$$

$$x = \frac{120\ \text{ml} \cdot 0{,}93\ \text{m}^2}{1\ \text{m}^2}$$

$$x = 111{,}600\ \text{ml}$$

$9\,300{,}00\ \text{cm}^2 = 0{,}93\ \text{m}^2$

Elastifizierungszusatz:	111,600 ml · 0,20 = 22,320 ml
Härter:	111,600 ml + 22,320 ml = 133,920 ml : 4 = 33,48 ml
Verdünnung:	133,920 ml · 0,10 = 13,390 ml

Kosten Füller:	111,600 ml = 0,112 l · 22,35 €/l = 2,50 €
Kosten Elastifizierungszusatz:	22,320 ml = 0,022 l · 32,70 €/l = 0,72 €
Kosten Härter:	33,480 ml = 0,033 l · 24,35 €/l = 0,80 €
Kosten Verdünnung:	13,390 ml = 0,013 l · 10,90 €/l = 0,14 €

Kosten Füller spritzfertig: 2,50 € + 0,72 € + 0,80 € + 0,14 € = **4,16 €**

Klarlack: $\frac{145\ ml}{1\ m^2} = \frac{x}{0{,}93\ m^2}$ $9\,300{,}00\ cm^2 = 0{,}93\ m^2$

$x = \frac{145\ ml \cdot 0{,}93\ m^2}{1\ m^2}$

$x = 134{,}850\ ml$

Elastifizierungszusatz: 134,850 ml · 0,20 = 26,970 ml
Härter: 134,850 ml + 26,970 ml = 161,820 ml : 2 = 80,910 ml
Verdünnung: 161,820 ml · 0,15 = 24,270 ml

Kosten Klarlack: 134,850 ml = 0,135 l · 32,85 €/l = 4,43 €
Kosten Elastifizierungszusatz: 26,970 ml = 0,027 l · 32,70 €/l = 0,88 €
Kosten Härter: 80,910 ml = 0,081 l · 28,10 €/l = 2,28 €
Kosten Verdünnung: 24,270 ml = 0,024 l · 10,90 €/l = 0,26 €

Kosten Klarlack spritzfertig: 4,43 € + 0,88 € + 2,28 € + 0,26 € = **7,85 €**

Materialkosten gesamt: 4,16 € + 7,85 € = **12,01 €**

Für den Füller- und Klarlackauftrag fallen Materialkosten von 12,01 € an.

35

Reihenfolge	Tätigkeiten	Werkzeuge/Hilfsmittel/Materialien
1.	Position festlegen	Messband, Lineal, weicher Bleistift, Klebeband
2.	Oberfläche reinigen	weicher, fusselfreier Lappen, Spiritus
3.	Schrift mit Übertragungsfolie aufziehen	Kunststoffrakel, Moosgummiwalze
4.	Schrift fest andrücken	Kunststoffrakel, Cuttermesser
5.	Übertragungsfolie entfernen	Kunststoffrakel, Cuttermesser
6.	Schriftkanten überprüfen, ggf. nachdrücken	Kunststoffrakel, Cuttermesser, Moosgummiwalze, weicher Lappen
7.	Restfläche abkleben	Papier, Klebeband, Folie
8.	Schrift farbig lackieren	Spritzpistole, Kompressor, Farbsieb, Luftschlauch, Mischbecher, Härter, Verdünnung, Lack
9.	Schablone im angetrockneten Zustand entfernen	Cuttermesser
10.	Schriftbild überprüfen, ggf. nachbessern	Spitzpinsel, Airbrushpistole, Lack, Folie

36 c **37** c **38** d **39** b **40** a

41 Durch eine spezielle Oberflächenbehandlung.
Durch besonders feine Aluminiumbronzen im Farbton.
Durch eingefärbten Klarlack über hellrot oder silbermetallic.
Durch einen Dreischichtaufbau mit Silber, Farblasur und Klarlack.
Durch besonders feines Schleifen der Basislack-Lackierung vor dem Klarlackauftrag.

42 d **43** d **44** c **45** c

46
- durch die Wahl eines helleren Grundtons
- durch dünneren Lasurauftrag

47 d **48** a **49** b **50** a **51** c **52** d

53 Der Luftschlauch muss elektrisch leitfähig sein.

54 Entfernen von Luftdüse, Materialmengenregulierung, Farbnadel.
Wichtig: immer den Originalschlüssel des Herstellers verwenden, um ein Abgleiten und Beschädigen des Düsenkopfs zu vermeiden.
Farbdüse lösen.
Wenn Verschleiß festgestellt wird, immer die gesamte Einheit auswechseln.
Neue Farbdüse einsetzen.
Farbnadel und Materialmengenregulierung wieder einsetzen.
Luftdüse aufschrauben.

55 c **56** b **57** b **58** c **59** d **60** a

61 a

Prüfungsbereich Instandsetzung und Instandhaltung

1
- Polyamid = Schweißen
- PP/EPDM = Kleben
- GFK = Laminieren

2
- Erfassung und Beseitigung von Schadstoffen direkt am Arbeitsplatz durch entsprechende Absaugung
- ausreichende Raumbelüftung
- Ordnung und Sauberkeit am Arbeitsplatz
- Beachten der Empfehlungen, Hinweise und Anleitungen der Hersteller
- Vermeiden explosionsfähiger Gemische

3 Dellen mittlerer Größe werden dazu von außen nach innen mit einer weichen Flamme spiralförmig erwärmt.
Dadurch hebt sich die Delle gegenüber ihrem Umfeld und es entsteht eine kleine ringförmige Erhebung.
Die Wärme kann nun mithilfe von kalten Karosseriefeilen von der Erhebung abgeführt werden.
Das Blech zieht sich an diesen Stellen zusammen und wird weitgehend geglättet.

4 d **5** b **6** d **7** a **8** c

9
- hohe Bruchdehnung
- schwingungsarme Aufnahme des Motors
- der Rahmen muss verwindungssteif sein
- der Rahmen soll ein geringes Gewicht haben
- der Rahmen soll eine hohe Tragfähigkeit haben
- der Rahmen soll ein ansprechendes Design haben

10 a

11
- Gabelöl nach Herstellervorschrift wechseln, damit die Dämpferwirkung erhalten bleibt
- richtige Ölmenge einfüllen, denn zu viel Öl bewirkt hartes Federverhalten
- Gabeldichtringe auf Dichtheit prüfen

12
- ungefederte Masse vom Rad
- Dämpferöl
- Federlänge
- Federkennlinie

13 Schema einer hydraulischen Bremse

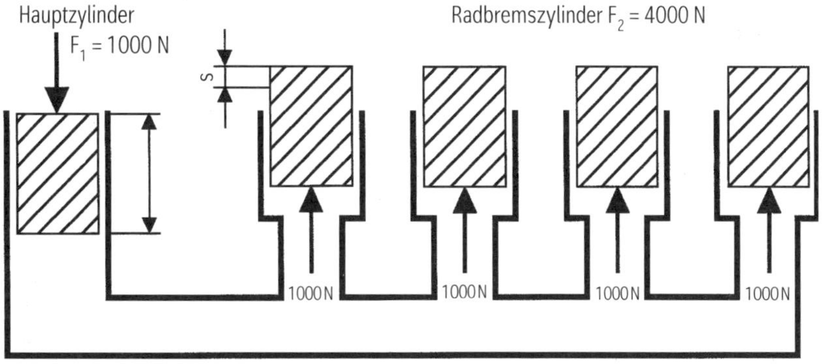

Das physikalische Prinzip
Die Wirkungsweise der hydraulischen Bremsanlage beruht auf dem Pascalschen Prinzip. Wird auf eine eingeschlossene Flüssigkeit eine Kraft ausgeübt, so entsteht ein Flüssigkeitsdruck, der überall gleich groß ist.

14 a **15** c **16** b **17** d **18** b **19** a

20
- 3.50 = Maulweite in Zoll
- x = ungeteilte Felge
- 17 = Felgendurchmesser
- MT = Kennzeichnung für Motorradfelgen
- H2 = zwei Humps

21 b

22 Der Nachlauf ist der Abstand des Durchstoßpunkts der Lenkachse zum Radaufstandspunkt auf der Fahrbahn.

23
- Arbeitskleidung tragen, die gut anliegt und enge Ärmel hat
- Kopfbedeckung bei langen Haaren tragen
- Bohrfutterschlüssel oder Austreiber aus der Bohrspindel sofort nach Gebrauch entfernen
- beim Bohren spröder Werkstoffe eine Schutzbrille tragen
- Werkstücke gegen Mitreißen sichern
- Alle Schutzvorrichtungen müssen beim Arbeiten angebracht sein.
- Bohrspäne mit einem Pinsel entfernen oder absaugen
- Riemen dürfen nur bei Stillstand der Maschine umgelegt werden.
- Schäden an der elektrischen Anlage sofort von einen Elektriker in Stand setzen lassen

24 c

Prüfungsbereich Wirtschafts- und Sozialkunde

1

- Art, sachliche und zeitliche Gliederung sowie Ziel der Berufsausbildung
- Beginn und Dauer der Berufsausbildung
- Ausbildungsmaßnahmen außerhalb der Ausbildungsstätte
- Dauer der regelmäßigen täglichen Ausbildungszeit
- Dauer der Probezeit
- Zahlung und Höhe der Vergütung
- Dauer des Urlaubs
- Voraussetzungen, unter denen der Berufsausbildungsvertrag gekündigt werden kann
- allgemeine Hinweise auf die Tarifverträge, Betriebs- oder Dienstvereinbarungen

2

- Der Ausbildende prüft in dieser Zeit die Eignung des Auszubildenden.
- Der Auszubildende prüft, ob er die richtige Berufsauswahl getroffen hat.

3

Die Ausbildung findet im Betrieb, in der Überbetrieblichen Ausbildung (ÜBA) sowie in der Berufsschule statt.
Die Vermittlung von Kenntnissen, Fertigkeiten und der Erwerb von Fähigkeiten erfolgt handlungsorientiert am konkreten Kundenauftrag.

4

1. Sofortmaßnahmen; direkt nach dem Unfall Einsatz von Ersthelfern (lebensrettende Maßnahmen)
2. Notruf; Verständigung des Rettungsdienstes
3. Erste Hilfe-Maßnahmen; z. B. sachgerechte Lagerung, Verbände anlegen, Brüche ruhigstellen)
4. Rettungsdienst; häufig gemeinsam mit einem Notarzt, ggf. Transport ins Krankenhaus
5. Krankenhaus; medizinische Versorgung des Verletzten

5

- Betriebsanweisungen beachten
- Sicherheitskennzeichnungen beachten
- Persönliche Schutzausrüstung nutzen
- Hautschutzplan nutzen

6

- Arbeitsunfall (Unfall während der Arbeit)
- Wegeunfall (Unfall auf dem Weg zur Arbeit und von der Arbeit)
- Berufskrankheit (bestimmte Erkrankungen, die durch gesundheitschädigende Einwirkungen bei der Arbeit entstehen können)

7

- gebückte Haltung
- Lärm
- Nässe, Kälte, Hitze, Zugluft
- Rauch, Staub, Gase, Dämpfe
- schwere Lasten tragen
- Arbeiten in Höhen

8	c	**9**	d	**10**	d	**11**	b	**12**	a
13	d	**14**	d	**15**	b	**16**	c	**17**	a
18	c	**19**	b	**20**	d	**21**	b	**22**	d
23	a	**24**	c	**25**	c	**26**	a	**27**	a

Prüfungsbereich Beschichtungstechnik und Gestaltung

1

Reihenfolge	Tätigkeiten/Arbeiten
2	Ausgewechselte Teile durch Lasieren dem Farbton der verbliebenen Hölzer angleichen
6	Zugeschnittene Aluminiumbleche grundieren und füllern
8	Konstruktionshölzer und Verlegeplatten V 100 grundieren und für den Einbau schlussbeschichten
9	Holzvertäfelung und hölzerne Sitzflächen mit einer Grundbeschichtung auf PUR-Basis beschichten
14	Konstruieren und Aufbringen der Beschriftung
1	Geborgene Holzteile durch Schleifen aufbereiten/aufarbeiten
12	Verkleben der Aluminiumbleche in der Stahlkonstruktion
7	Stahlkonstruktion grundieren, spachteln und füllern
3	Stahlkonstruktion einschließlich Chassis durch maschinelles und manuelles Entrosten zur Beschichtung vorbereiten
13	Außenlackierung des Triebwagens mit 2K-Acryl-Decklack Elfenbein RAL 1014
4	Chassis und Stahlunterkonstruktion mit EP-Grundierung grundieren
11	Stahlkonstruktion innen mit 2K-Acryl-Decklack fertig beschichten
5	Chassis mit 2K-Chassislack fertig beschichten/rollen/streichen
10	Holzvertäfelung und hölzerne Sitzflächen mit einer Schlussbeschichtung auf PUR-Basis beschichten

2

Tätigkeiten	Werkzeuge, Maschinen und Geräte
Aufarbeitung der alten Holzvertäfelung und Holzsitze aus Teak und Mahagoni	Exzenterschleifer, Schleifklötze, Schleifpapier, Spritzpistole, Kompressor, Farbroller, Pinsel
Stahlkonstruktion und Chassis entrosten	Gerüste und Leitern, Winkelschleifer, Strahlgerät, Nadelpistole, grobes Schleifpapier verschiedener Art
Stahlkonstruktion und Chassis beschichten	Gerüst und Leitern, Spritzpistole, Kompressor, Farbroller, Pinsel
Konstruktionsholz beschichten (vor dem Einbau)	Spritzpistole, Kompressor, Farbroller, Pinsel
Stahlkonstruktion grundieren, spachteln und füllern	Gerüste und Leitern, Spritzpistole, Kompressor, Farbroller, Pinsel
Zugeschnittene Aluminiumbleche beschichten	Exzenterschleifer, Schwingschleifer, Spritzpistole, Kompressor, Farbroller, Pinsel, Japanspachtel
Verkleben der Aluminiumbleche in die Stahlkonstruktion	Vakuumpumpe, Spreiz- und Klemmeinrichtungen (z. B. Hydraulikpressen, Schraubzwingen, Holzverstrebungen)
Schlussbeschichtung des Triebwagens der Straßenbahn	Gerüste und Leitern, Spritzpistolen, Kompressor, Pinsel, Farbroller
Plotten und Aufbringen der Beschriftung	Papier und Bleistift, EDV, Plotter, Schneidefolie, Andrückroller, Kunststoffspachtel, Cuttermesser, Gliedermaßstab

3 lösemittelbeständig – nassfest – faserfrei

4 lösemittelbeständig – nassschleiffest – rückstandlos entfernbar – gute Dehnbarkeit – hohe Klebekraft – sehr gut abdichtend

5 Holz kann quellen und schwinden.
Quellen: Volumenvergrößerung, da Holz Feuchtigkeit aufnimmt
Schwinden: Volumenverkleinerung, da Holz Feuchtigkeit abgibt
Unterhalb des Fasersättigungspunkts (ca. 30 % Holzfeuchte) setzt das Schwinden ein, danach kann das Holz wieder quellen.
Die Volumenveränderung kann bis zu 20 % betragen.

6 c

7 Abgeplatzte Farbe – Risse und Kratzer – ausgebrochene Holzteile

8
- keine gebrochenen Kanten – Kantenflucht des Beschichtungsstoffs (geringere Schichtdicke)
- Harz – Beschichtungsstoff trocknet nicht
- Feuchtigkeit – keine Haftung der Beschichtung
- Aststellen – brechen bei Trocknung aus
- Inhaltsstoffe – lösen die Beschichtung später ab
- Inhaltsstoffe verfärben die Beschichtung/beeinträchtigen die Haftung
- Holzbläue – verfärbt und zerstört die Beschichtung
- Insekten- und Pilzbefall – Holz wird zerstört

9 Hölzer anschleifen oder abbeizen, grundieren, vorstreichen, lackieren; hochglänzend/seidenglänzend, Dünn- oder Dickschichtlasur, Klarlack

10 Die Holzoberflächen können mit Öl-, Alkydharz-, Nitro- oder PUR-Lacken beschichtet worden sein.
Also wird mit den jeweiligen Lösemitteln versucht, die Beschichtung zu prüfen.
Z. B. bei einem Anlöseversuch mit Nitro-Verdünnung löst sich PUR-Lack nicht an.
Nitrobeschichtungen aber (im Allgemeinen reversibel) lösen sich sofort.
Wenn mit PUR-Verdünnung die Oberfläche eine Weile eingeweicht wird, zeigt sich durch Reiben mit dem Finger dass die Oberfläche klebrig/schmierig wird.
Grundsätzlich muss dann jeweils mit dem entsprechenden Lackmaterial weitergearbeitet werden.

11 a **12** d

13 Damit nach dem Schleifen der Holzoberfläche die Holzinhaltsstoffe nicht die Zeit bekommen an die Holzoberfläche zu dringen, muss umgehend die Fläche mit einem Isoliergrund auf 2K-PUR-Basis beschichtet werden.
Dieses sollte, nach einem Zwischenschliff mit Trockenschleifpapier P 280 – P 320 ohne Durchschliffstellen, ein zweites Mal wiederholt werden.

14 c **15** a

16 Feuchtigkeit - tierische Schädlinge - pflanzliche Schädlinge - mechanische Abnutzung

17

Kratzprobe mit Spachtel:
Mit einem Spachtel wird die Oberfläche angekratzt.
Lösen sich Späne, die sich leicht zerbröseln lassen, muss die Altbeschichtung entfernt werden.
Anlöseprobe mit Lösemittel:
Die Altbeschichtung wird mit dem Löse- und Verdünnungsmittel des darauf folgenden Beschichtungsstoffs benetzt.
Eine sich lösende Altbeschichtung muss entfernt werden.
Abrissprobe mit Klebeband:
Ein Stück Klebeband wird fest auf die Altbeschichtung gepresst und dann ruckartig abgerissen. Die Altbeschichtung muss entfernt werden, sobald Teile der Altlackierung mitgerissen werden.

18

Waagerechte, frostfreie Lagerung der Schleifmittel
Lagerung in der Originalverpackung
Lagerung möglichst bei gleicher Temperatur (15 °C – 25 °C) und Luftfeuchtigkeit (rel. von 35 % – 60 %) im Lagerraum

19

Trockenschliff:
- rationell
- P 400
- geringer Staubanfall durch Absaugung
- kein Schleifwasser
- keine Trockenzeit
- keine Entfernung von Wasserrückständen
- keine Osmosebildung

Nassschliff:
- Schleifmittel besonders für Rundungen und Ecken geeignet
- kaum zusetzen der Kornschicht (des Schleifpapiers)
- P 800
- Schleifschlamm muss mit Wasser abgespült werden.
- kein Staubanfall

20 b **21** c **22** a **23** b **24** d

25

- leichte Schleifbarkeit
- porenfreie Oberfläche
- als Feinspachtel einsetzbar
- großflächige Isolierung kritischer Untergründe
- gleichmäßiger großflächiger Auftrag

26 d **27** a **28** c **29** b **30** d

31

- besondere IR-Trocknungseigenschaften
- gut haftend
- universell einsetzbar (Stahlblech, verzinkte Bleche, Aluminium)
- leicht schleifbar
- hohe Standfestigkeit

32

Preis für die Tafeln lt. Preisliste:
62,60 €/Stück · 16 Stück = 1.001,60 €

Preis der Tafeln abzüglich 11 % Mengenrabatt:

Rabatt: $\frac{1.001,60\ € \cdot 11\ \%}{100\ \%}$ = − 110,18 €

Nettobetrag nach Rabattabzug: 891,42 €

Skonto: $\frac{891,42\ € \cdot 2\ \%}{100\ \%}$ = − 17,83 €

Nettopreis (vor Steuer): **873,59 €**

33 Berechnung der einzubauenden Aluminiumtafeln:
Entnehmen Sie die Maße der Tafeln aus der Zeichnung der Straßenbahn.

Höhe: 940 + 30 + 30 = 1.000 mm = 1 m
Längen:

2 · (1.280 + 30 + 30)	=	2.680 mm
+ 6 · (1.300 + 30 + 30)	=	8.160 mm
+ 4 · (1.503 + 30 + 30)	=	6.252 mm
+ 4 · (1.405 + 30 + 30)	=	5.860 mm
		22.952 mm = 22,95 m

Fläche der Aluminiumtafeln: 22,95 m · 1 m = **22,95 m²**
Beschichtungsfläche bei beidseitiger Beschichtung: 22,95 m² · 2 = **45,90 m²**

Berechnung des Verbrauchs an Grundierung:
Ergiebigkeit bei 22 µm Schichtstärke: 490,00 m² : 22 µm = 22,2727 = 22,27 m²/l

Berechnung des Verbrauchs an Grundierung auf den Tafeln:
45,90 m² : 22,27 m²/l = 2,0610 l = **2,06 l**

Berechnung Overspray-Verlust (25 %):
$2{,}06\,l \cdot \frac{25\,\%}{100\,\%} = 0{,}515\,l =$ **0,52 l**

Verbrauch an spritzfertiger Grundierung:
2,06 l + 0,52 = **2,58 l**

Berechnung des Verbrauchs an Füller:
Ergiebigkeit bei 75 µm Schichtstärke: 415,00 m² : 75 µm = 5,5333 ≈ **5,53 m²/l**

Berechnung des Verbrauchs an Füller auf den Tafeln einseitig:
22,95 m² : 5,53 m²/l = 4,1500 l = **4,15 l**

Berechnung Overspray-Verlust (20 %):
$4{,}15\,l \cdot \frac{20\,\%}{100\,\%} = 0{,}8300\,l =$ **0,83 l**

Verbrauch an spritzfertigem Füller:
4,15 l + 0,83 = **4,98 l**

34 Berechnung der Grundierungsmaterialien:

> Hinweis: Berechnungsgrundlage für die Anteile Verdünnung ist das Stammmaterial.

Mischung: 5 : 1 + 40 % entspricht

	100 Teile Stammmaterial
	20 Teile Härter
	40 Teile Verdünnung
insgesamt	160 Teile

Spritzfertige Grundierung:
2,58 l : 160 Teile = 0,016125 l/Teil = 0,016 l/Teil

Stammmaterial:	0,016125 l/Teil · 100 Teile	=	1,6125 l	=	1,62 l
Härter:	0,016125 l/Teil · 20 Teile	=	0,3225 l	=	0,33 l
Verdünnung:	0,016125 l/Teil · 40 Teile	=	0,6450 l	=	0,65 l
			2,5800 l		

Stammmaterial:	1,62 l · 26,50 €/l	=	42,93 €
Härter:	0,33 l · 31,20 €/l	=	10,30 €
Verdünnung:	0,65 l · 6,40 €/l	=	4,16 €
Kosten der Grundierungsmaterialien:			**57,39 €**

Berechnung der Füllermaterialien:

Mischung: 4 : 1 + 25 % entspricht		100 Teile Stammmaterial
		25 Teile Härter
		25 Teile Verdünnung
	insgesamt	150 Teile

Spritzfertiger Füller:
4,98 l : 150 Teile = 0,0332 l/Teil ≈ 0,033 l/Teil

Stammmaterial:	0,0332 l/Teil · 100 Teile	=	3,32 l
Härter:	0,0332 l/Teil · 25 Teile	=	0,83 l
Verdünnung:	0,0332 l/Teil · 25 Teile	=	0,83 l
			4,98 l

Stammmaterial:	3,32 l · 30,10 €/l	=	99,93 €
Härter:	0,83 l · 32,25 €/l	=	26,77 €
Verdünnung:	0,83 l · 6,40 €/l	=	5,31 €
Kosten der Füllermaterialien:			**132,01 €**

35

$$\frac{86{,}80\ € \cdot 20\ \%}{100\ \%} = 17{,}36\ €/\text{Std.}$$

17,36 €/Std. · 188 Std. = 3.263,68 €

Berechnung des Anteils der Lohnkosten für das 2. Ausbildungsjahr:

$$\frac{86{,}80\ € \cdot 50\ \%}{100\ \%} = 43{,}40\ €/\text{Std.}$$

43,40 €/Std. · 310 Std. = 13.454,00 €

Berechnung des Anteils der Lohnkosten für das 3. Ausbildungsjahr:

$$\frac{86{,}80\ € \cdot 80\ \%}{100\ \%} = 69{,}44\ €/\text{Std.}$$

69,44 €/Std. · 204 Std. = 14.165,76 €

Summe der Lohnpreisanteile:	1. AJ	3.263,68 €
	2. AJ	13.454,00 €
	3. AJ	14.165,76 €
		30.883,44 €

36 Zeiterfassung:

$$\frac{702\ \text{Std.} \cdot 1}{3} = 234\ \text{Std. (Anteil der Arbeiten der Junggesellen)}$$

$$\frac{702\ \text{Std.} \cdot 2}{3} = 468\ \text{Std. (Anteil der Arbeiten der Gesellen)}$$

Berechnung des Stundenverrechnungssatzes der Junggesellen:

$$\frac{86{,}80\ € \cdot 90\ \%}{100\ \%} = 78{,}12\ €$$

Berechnung der Lohnkosten:

234 Std. · 78,12 €	= 18.280,08 €	(Junggesellen)
468 Std. · 86,80 €	= 40.622,40 €	(Gesellen)
	58.902,48 €	

Der zu kalkulierende Lohn für die Beschichtung des Triebwagens der Straßenbahn mit Gesellen und Junggesellen beträgt netto 58.902,48 €.

702 Std. · 86,80 €/Std. = **60.933,60 €**

60.933,60 € – 58.902,48 € = 2.031,12 €

$$\frac{2.031{,}12\ € \cdot 100\ \%}{60.933{,}60\ €} = \mathbf{3{,}33\ \%}$$

Die Arbeiten verteuern sich um 3,33 %.

37	c	**38**	d	**39**	c	**40**	c	**41**	b
42	a	**43**	b	**44**	c	**45**	d	**46**	b
47	a	**48**	c	**49**	b	**50**	c	**51**	a

52
- Sicherheitsvorschriften der Berufsgenossenschaften beachten
- Wasserschlauch und Stromkabel auf Beschädigungen prüfen
- Wasserschlauch und Stromkabel vor Beschädigungen schützen
- nur spritzwassergeschützte Stromverbindungen einsetzen
- nur Geräte mit GS- oder VDE- und CE-Zeichen einsetzen
- schadhafte Geräte und Leitungen nicht in Betrieb nehmen, sondern sofort aussondern
- Reparaturen dürfen nur von Elektrofachleuten ausgeführt werden.
- bei Stromunfällen vor Erster Hilfe-Leistung immer zunächst den Strom abstellen

53
- Werk-, Hilfs-, Beschichtungsstoffe, Werkzeuge und Geräte:
  Gebinde nach Gebrauch verschließen;
  Werkzeuge pflegen;
  Stoffe und Materialien einer umweltschonenden Entsorgung zuführen
- Farb- und Lackreste (flüssig):
  nicht in die Mülltonne schütten; Sondermüll
- Lösemittel:
  nicht ins Abwasser gelangen lassen; Sondermüll
- Abbeizreste:
  in gesonderten Behältnissen auffangen; Sondermüll

- Abdeckvlies, Abdeckfolien:
  nicht verschwenderisch einsetzen;
  nach Möglichkeit mehrfach verwenden;
  nicht in die Restmülltonne entsorgen

54

- Chemikalienhandschuhe anziehen
- Atemschutzmaske anlegen
- Überschüssige Reinigungsverdünnung abschöpfen oder abpumpen
- Schlamm entfernen und Becken reinigen
- Neubefüllung des Beckens mit sauberer Reinigungsverdünnung
- Schlamm bis zur völligen Austrocknung lagern
- Rückstände als Gewerbeabfall entsorgen

55

1 Akute Toxizität	– Härter von Epoxidharzsystemen, Reiniger, fluoridhaltige Holzschutzmittel
2 Gesundheitsgefahr	– Abbeizer, Härter, Verdünnungen,
3 Ätzwirkung	– Ablauger, Epoxidharze
4 Entzündbare Stoffe	– Spezialverdünnungen, lösemittelhaltige Epoxidharze
5 Entzündend wirkende Stoffe	– Härter
6 Umwelt-Gewässer gefährdend	– Abbeizer, Härter, Reiniger, Spezialverdünnung

56

- Gesundheitsschäden: Atem- und Herz-Kreislauf-Probleme, bis zum Herz-Kreislauf-Stillstand
- vorübergehende Beschwerden: Schwindel, Kopfschmerzen, Benommenheit, Konzentrationsstörungen
- Leberschäden, Blutbildveränderungen, Nervenschäden möglich Methylenchlorid steht im Verdacht, Krebs zu erzeugen

Prüfungsbereich Instandsetzung und Instandhaltung

1

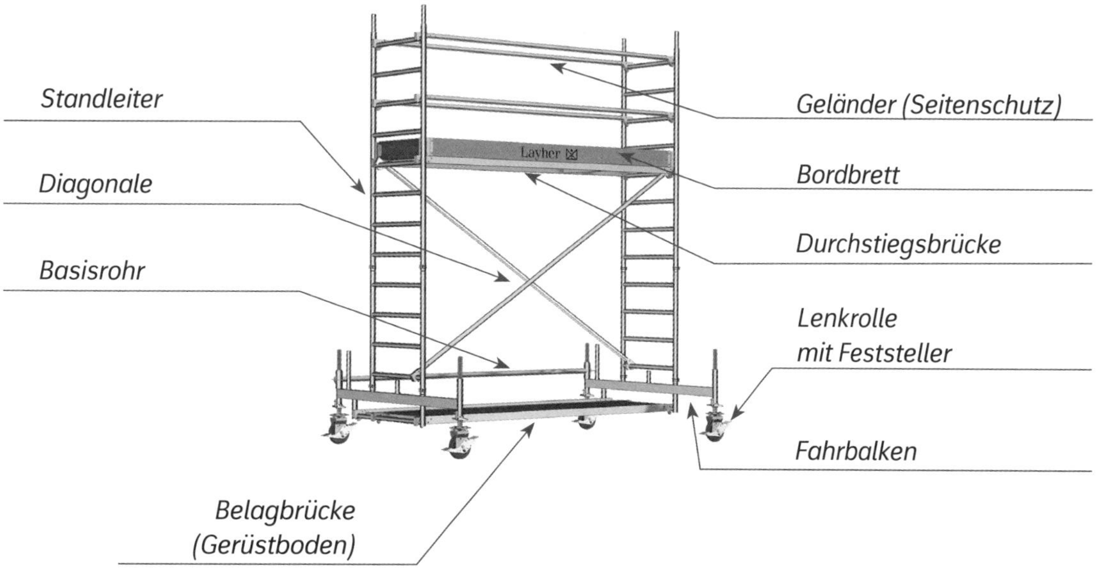

2

Stehleiter:
- zweischenklige frei stehende Leiter
- nicht als Anlegeleiter benutzen
- nicht auf andere Einrichtungen übersteigen
- oberste Sprosse nicht betreten
- Spreizsicherungen beachten

Anlegeleiter:
- werden zu ihrer Benutzung angelehnt
- Anlegewinkel zwischen 65 °C und 75 °C
- mindestens 1,00 m über Anlegestelle hinausragen
- Standplatz nicht höher als 7,00 m
- nicht mit Hochdruckreinigern oder gefährlichen Stoffen arbeiten
- beide Füße auf eine Höhe stellen

3

Keine schadhaften Leitern benutzen. Standsicherheit der Leitern gewährleisten.

4

Rostgrad	Zustand der Fläche
Ri 0/Re 0	rostfrei
Ri 1/Re 1	ca. 0,05 % der Oberfläche ist mit Rost bedeckt
Ri 2/Re 2	ca. 0,5 % der Oberfläche ist mit Rost bedeckt
Ri 3/Re 3	ca. 1 % der Oberfläche ist mit Rost bedeckt
Ri 4/Re 5	ca. 8 % der Oberfläche ist mit Rost bedeckt
Ri 5/Re 7	ca. 40–50 % der Oberfläche und mehr ist mit Rost bedeckt

Empfehlung: verrostete Stahlteile/Stahlflächen durch Neuteile ersetzen

5

Zwei, in der galvanischen Spannungsreihe unterschiedlich edle Metalle berühren sich und durch Einwirkung von Wasser und Sauerstoff geht das unedlere Metall in Lösung.

6

- durch konstruktive Trennung verschieden edler Metalle
- durch das vorherige Beschichten der einzelnen Konstruktionsteile
- durch das absolute Abdichten der Berührungsstellen gegen Feuchtigkeit und Luft (Sauerstoff)

7

- Hochofenschlacke
- Glasperlen
- Kunststoffkugeln
- Kokosnussschalen
- Trockeneis

8

a

9

Wegen der möglichen Kontaktkorrosion dürfen:
- Bearbeitungswerkzeuge für die Aluminiumteile nicht für andere Metalle verwendet werden;
- Drahtbürsten nur aus Edelstahl sein;
- bei verschiedenen Fügetechniken, z. B. Schrauben, Nieten nur die vom Hersteller freigegebenen Verbindungselemente verwendet werden.

Aluminiumteile sollen beim Richten nicht über 120 °C erwärmt werden, um Festigkeitsverluste auszuschließen. Schweiß- und Richtarbeiten dürfen nur von speziell geschultem Personal durchgeführt werden.
Aluminiumbleche dürfen nicht verzinnt werden, da sich aufgrund elektrochemischer Reaktionen Risse bilden können.
Wegen Gesundheitsgefährdung und der Gefahr der Selbstentzündung muss Al-Schleifstaub sofort abgesaugt werden. Es soll ein separater Aluminium-Arbeitsplatz eingerichtet werden.

10 c **11** b

12
- Schutzfunktion (gegen Witterung) für Insassen
- Schutzfunktion (bei Unfällen) für Insassen
- Tragfunktion für Anbauteile
- Werbefunktion (z. B. Produktwerbung)

13 Antriebs- und Steuerungsbereich, Insassenraum, Schiebetüren, Klappen, Verglasung, Elektrik/Stromabnehmer

14 a

15 Gerippebauweise, Rahmen für Glasfelder, Türrahmen, Dachkonstruktion, Fachwerk (Gefache)

16
- An- und Durchschraubscharniere (Klappen und Türen)
- gerade Anschweißscharniere (Innentüren am Fahrerstand)
- Doppelgelenkscharniere (Untergestell Sitzbank)
- Containerscharniere (Fahrzielanzeiger)

17 Riffelblech, Kissenblech, Quintett-Rampenblech, Duett-Rampenblech, Hammerschlagblech

18
- hohe Materialkosten
- Korrosionsprobleme (im Kontakt mit der Stahlkonstruktion)
- Problem bei Umformarbeiten (z. B. kann das Material durch Umkanten spröde werden)

19
- rillenförmige Vertiefungen im Blech (Sicken)
- Absetzen und Durchsetzen
  Absetzen: Das Blech wird in eine zweite Ebene gebogen.
  Durchsetzen: Das Blech wird in eine neue Ebene gebogen.
- Wölben
  Treiben, Tiefziehen, Drücken und Streckziehen eines Bleches
- Profilieren
  Eine in-sich-wiederholende Formgebung (z. B. Wellblech)

20 Senkkopf, Flachkopf, Linsenkopf, Sechskantkopf, ...

21 c **22** d **23** b **24** c

25 Abschlussleisten/Zierleisten, Bodenbeplankung, Dachkonstruktion, Tritte auf dem Dach, Bestuhlung, Innenverkleidung, Teile des Führerstands ...

26 d **27** c **28** a **29** a

30
12 Volt – Nennspannung
21 Watt – elektrische Leistung

31 b **32** a **33** d **34** a **35** d **36** a

37 c

Prüfungsbereich Wirtschafts- und Sozialkunde

1

- fach- und sachgerechte Ausführung aller Arbeiten
- Termintreue
- sorgsamer Umgang mit den Beschichtungsobjekten
- saubere, aufgeräumte Werkstatträume/Arbeitsplätze
- einheitliche, betriebsspezifische und vor allem saubere Arbeitskleidung

2

Ziele:
Personen oder Personengruppen auf bestimmte Produkte und Leistungen aufmerksam zu machen

- über Produkte zu informieren
- über die Qualität der Arbeit zu informieren
- über Preise zu informieren
- über Bezugsmöglichkeiten zu informieren
- Bedürfnisse für die Produkte oder Leistungen zu wecken
- zum Kauf von Produkten oder Dienstleistungen anzuregen

3

- Die beste Werbung ist die „Mund-zu-Mund"-Werbung.

Positives Erscheinungsbild des Betriebs in der Öffentlichkeit:
- vor dem Betriebsgelände
- in der örtlichen Presse
- im Internet
- in regionalen Fernsehsender
- im Branchenverzeichnis
- im Telefonbuch

4

- Harmonie, Kollegialität, Vertrautheit
- Führungsstil der Vorgesetzten (Meister)
- Verantwortungsbewusstsein
- angemessene Entlohnung
- soziale Leistungen der Firma
- Sicherheit des Arbeitsplatzes
- Mitverantwortung, Mitsprache, Mitbestimmung
- Arbeitsbedingungen

5

- Angaben zu den Gefahren für Mensch und Umwelt
- Angaben zu Schutzmaßnahmen und Verhaltensregeln beim Umgang mit dem Stoff
- Angaben über das Verhalten im Gefahrenfall
- Angaben zu Erste Hilfe-Maßnahmen
- Angaben zur sachgerechten Entsorgung des Stoffs

6

- Vertretung der Arbeitnehmerinteressen gegenüber der Regierung und dem Parlament (Abgeordneten)
- Verhandlungspartner gegenüber den Arbeitgebervertretungen bei Tarifverhandlungen
- Arbeitsrechtliche Mitgestaltung und ggf. Mitbestimmung in den Betrieben
- Vertretung der Mitglieder vor Arbeitsgericht und Sozialgericht
- Fortbildung der Mitglieder

7
- Die Ausbildung darf nicht später als zwei Monate nach dem Prüfungstermin enden.
- Teilnahme an der/den vorgeschriebenen Zwischenprüfung/en
- Führen eines vorgeschriebenen Berichtshefts/Ausbildungsnachweises

8 Grundgesetz, Bürgerliches Gesetzbuch, Schwerbehindertengesetz, Gewerbeordnung, Arbeitszeitordnung, Bundesurlaubsgesetz, Tarifvertragsgesetz, Lohnfortzahlungsgesetz, Arbeitsgerichtsgesetz, Betriebsverfassungsgesetz, Arbeitsförderungsgesetz, Kündigungsschutzgesetz, Arbeitszeitordnung, Mutterschutzgesetz u. a.

9
- Vermittlung eines Arbeitsverhältnisses
- Förderung einer beruflichen Weiterbildung
- Förderung einer Umschulungsmaßnahme
- Zahlung von Arbeitslosengeld

10	d	**11**	d	**12**	c	**13**	c	**14**	a
15	b	**16**	b	**17**	b	**18**	c	**19**	d
20	c	**21**	c	**22**	b	**23**	a	**24**	c
25	b	**26**	d	**27**	b	**28**	b		

Prüfungsbereich Beschichtungstechnik und Gestaltung

1

Tätigkeiten/Arbeiten	**Werkzeuge, Maschinen, Geräte und Materialien**
Abklebearbeiten	Klebeband, Abdeckpapier, Abdeckfolien (flüssig oder fest), Konfektionierer (Rollenhalter), Stegoband, Abdeckhauben, Cuttermesser, Schere
Schleifarbeiten	Schleifpapier, Schleifvlies, Schleifpad, Mattierungsgel, Schleifmaschine, Handschleifklotz, Staubabsaugung
Spachtelarbeiten	Polyesterspachtel, Aluminiumspachtel, Glasfaserspachtel, Kunststoffkonturspachtel, Spritzspachtel, Streichspachtel, Japanspachtel, Gummispachtel, Spachtelbrett, Kunststoffspachtel, Spachteldosiergerät, Stielspachtel, Federspachtel, Spritzpistole
Füllerarbeiten	1K-Füller, 2K-HS-Füller, Nass-in-Nass-Füller, Spritzpistole
Decklackierung	Decklack, Spritzpistole, Lackieranlage, Verdünnung, Härter, Ausblaspistole, Staubbindetuch, Lacksieb, Mischbecher, Messstab, Rührstab, Silikonentferner
Finisharbeiten	Poliermaschine, Schleifblüten, Schleifpapier (feinste Körnung, 2000–3000), Polierteller (Schaumstoff, Lammfell), Poliertuch, div. Polierpaste, Kontrollspray

2 Fahrzeuge/Fahrzeugteile müssen u. a. vor
Schleifstaub – Spritznebel – Farbnebel – Funkenflug – Rangierschäden geschützt werden.

3 Damit sich während des Trocknungsvorgangs das Klebeband nicht vom Untergrund lösen kann. Wenn Klebebänder während der Trocknung in die frische Lackierung geraten, zerstören sie den Lackfilm.

4

kompakte/feste Schleifmittel	**flexible Schleifmittel**
Fiberscheiben Schleifbürsten	Schleifblüten Schleifnetze Schleifschwämme/Softpad Softschleifscheiben

5

Einsatzbereich	Anwendung				Körnung bzw. Schleifmittel
Polyesterspachtel am Kotflügel	Grobschliff	X	Feinschliff		P 80–P 180
Füllerschliff	Grobschliff		Feinschliff	X	P 400–P 500 (Schleifpapier) P 600–P 800 (Handschliff *nass*) P 320 (Schleifnetz)
Altlackierung reinigen und mattieren	Grobschliff		Feinschliff	X	Schleifvlies very fine (ca. K 280–K 360) Softschleifmittel P 1500–P 3000
Spachtelübergänge beischleifen	Grobschliff	X	Feinschliff		P 120–P 320
Finisharbeiten	Grobschliff		Feinschliff	X	P 1500–P 3000

6
- Sie können in verschiedenen Schichtstärken aufgetragen werden.
- Sie trocknen in kurzer Zeit.
- Sie haben kaum Schrumpfneigung aufgrund geringer Lösemittelanteile.
- Sie halten in ihrer Vielfalt auf nahezu allen fahrzeugtypischen Untergründen.

7

Bindemittel:	ungesättigte Polyester
Füllstoff:	Leichtspat, Kreide, Schwerspat
Lösemittel:	Styrol
Härter:	organisches Peroxid

8 b **9** b **10** b **11** a

12
- Ausgleichen von Schleifspuren
- Ausgleichen von leichten Unebenheiten
- Ausgleichen von leichten Fehlstellen
- gute Haftvermittlung zum Untergrund
- gute Isolierung von saugenden Untergründen
- Verhinderung von Rissen in der Beschichtung
- Grundlage für Glanz und Fülle des Decklacks
- Vermeidung des Wegschlagens des Decklacks
- Korrosionsschutz
- optimale Schleifbarkeit
- schnelle Durchhärtung/Trocknung
- rationelles/wirtschaftliches Arbeiten

13 hart – kratzfest – polierbar – lichtbeständig – hitzebeständig

14
- gute Verarbeitbarkeit
- leichtes Beheben von Applikationsfehlern
- hervorragende Wetterbeständigkeit

15 Die wässrigen Lösemittelreste des Wasserbasislacks können nach dem Abdunsten nicht mehr durch den Klarlackfilm diffundieren. Das führt zu Oberflächenstörungen.

16
- aufgrund gesetzlicher Umweltbestimmungen
- Reduzierung der Lösemittelemissionen
- Reduzierung des Treibhauseffekts

17
- Farbtonmessgerät
- Farbregal mit elektrischer Rührvorrichtung
- Computerwaage
- PC mit Monitor und Datenbank (Mischformeln), Drucker
- Internetanbindung

18 Die Zeitdifferenz ergibt sich aus der Aufwärmphase, die notwendig ist, um die Objekttemperatur von 60 °C zu erreichen.

19 a **20** c

21

1	Klarlack	30 µm – 45 µm
2	Basislack	12 µm – 15 µm
3	Füller	30 µm – 45 µm
4	Grundierung (Elektrotauchbad)	15 µm – 25 µm
5	Zinkphosphatierung	1 µm – 3 µm

22

pot life	Topfzeit
paint code	Farbbezeichnung
high volume low pressure HVLP	viel Luft wenig Druck (nebelreduziertes Spritzverfahren)
coating	Beschichtung
spot repair	Punkt-Reparatur
vehicle identification number VIN	Fahrgestellnummer
reduced pressure	reduzierter Druck
disc	(Schleif-)Scheibe
airbrush design	Dekorlackierung
two coat system	Zweischicht-System

23

a) Effekt, Glanz, Struktur, Glätte, Pflegefreundlichkeit
b) Schichtdicke, Witterungsbeständigkeit, Kratzfestigkeit, Chemiekalienbeständigkeit, Abriebbeständigkeit, Steinschlagschutz, Korrosionsschutz

24

- Einsatz von Decklacken und Materialien auf Basis wasserlöslicher Harze
- Einsatz von spritznebelarmen Pistolen
- Einsatz von festkörperreicheren Beschichtungsstoffen

25

Eine Hohlraumkonservierung soll an einer Karosserie die innen liegenden, unzugänglichen Flächen vor Korrosion schützen.

26 d **27** c **28** c **29** c

30

- Fahrgerüste dürfen nur langsam verfahren werden
- nur in Längsrichtung verfahren
- beim Verfahren darf sich niemand auf dem Gerüst aufhalten
- vor dem Verfahren müssen lose Teile gegen Herabfallen gesichert werden
- jeglichen Anprall beim Verfahren vermeiden
- Fahrrollen nach dem Verfahren durch Bremshebel festsetzen
- Standsicherheitsmaßnahmen gegen Umkippen durchführen
- beim Arbeiten nicht gegen den Seitenschutz stemmen (ein Seitenschutz ist bei einer Beläghöhe von über 2 m vorgeschrieben)
- die zulässige Belastung des Gerüstes (Ballasttabelle) beachten
- Aufbau- und Gebrauchsanweisung des Herstellers unbedingt beachten

31 d **32** b **33** a

34

	Luftverbrauch pro Werkzeug/Gerät	Gesamt
2 Ausblaspistolen	300 l/Min.	600 l/Min.
1 Füllerpistole	150 l/Min.	150 l/Min.
1 Grundierpistole	160 l/Min.	160 l/Min.
2 Hochdruckspritzpistolen	380 l/Min.	760 l/Min.
1 Unterbodenschutzpistole	330 l/Min.	330 l/Min.
2 Atemschutzmasken	80 l/Min.	160 l/Min.
3 Schleifmaschinen	240 l/Min.	720 l/Min.
2 Schlagschrauber	300 l/Min.	600 l/Min.
Gesamtluftverbrauch		3.480 l/Min.
täglicher zeitliche Einsatz von 36 %		1.252,8 l/Min.
Luftbedarfreserve von 50 %		626,4 l/Min.
benötigte Druckluft		1.879,2 l/Min.

35

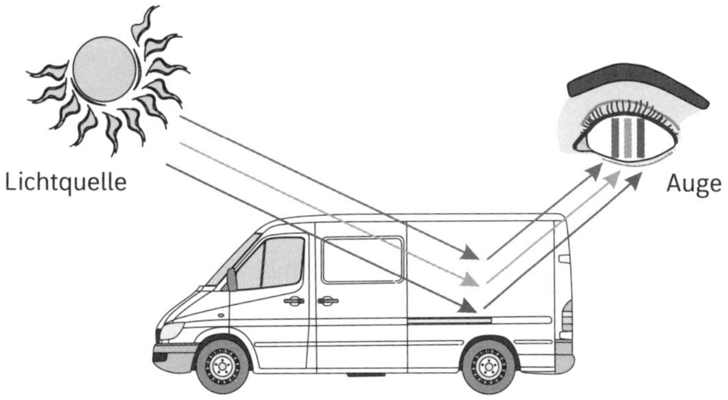

Gegenstand = MB Sprinter Bus

- Alle Lichtstrahlen treffen auf den Gegenstand.
- Alle Lichtstrahlen werden zum Auge hin reflektiert.
- Alle Lichtstrahlen zusammen ergeben im Auge den weißen Farbeindruck.

36 b

37

- von der Beschaffenheit der Lackoberfläche
- von der Beschaffenheit der Karosserieoberfläche
- von der Beleuchtung, die auf den Gegenstand (hier MB Sprinter Bus) gerichtet ist
- vom Lichteinfalls-/Lichtausfallswinkel an der Lackoberfläche, zwischen Lichtquelle und Betrachter

38 d

39 c

40

a)
1 Klassizistische Antiqua (Bodoni)
2 Handschriftliche Antiqua (Post-Antiqua)
3 Schreibschrift (Brush Script)
4 Serifenbetonte Linear-Antiqua (Memphis)

40 b)

Klassizistische Antiqua

Starker Kontrast zwischen kräftigen Grundstrichen und zarten Stütz- und Führungsstrichen. Die Serifen sind fein, waagerecht und fast winklig angesetzt.

Sie wirkt geometrisch und konstruiert; sachlich, klar, elegant, übersichtlich und ausgewogen.

oder *Handschriftliche Antiqua*

Diese Schrift zeigt eine handschriftliche Originalität. Die einzelnen Buchstaben zeigen ein bewegtes Bild und eine manuelle Ursprünglichkeit, es ist aber noch keine Schreibschrift. Sie wirkt leicht und leserlich.

oder Schreibschrift

Die Schreibschrift ist eine der persönlichsten Schriften. Sie ist geprägt durch einen natürlichen Bewegungsablauf. Sie ist eine schrägliegende Schrift und spiegelt die Schnelligkeit des Schreibvorgangs wider. Begriffe mit Großbuchstaben sind sehr schwer zu lesen.

Sie wirkt flüssig und elegant.

oder Serifenbetonte Linear-Antiqua

Bei dieser Schriftgruppe sind die Serifen besonders betont. Die Strichstärke ist bei allen Formteilen annähernd gleich.

Sie wirkt schwerfällig und wuchtig.

41

42 Bei gleichem Abstand der Buchstaben wirkt die Buchstabenverteilung ungleichmäßig. Durch den optischen Ausgleich wird ein Gleichmaß zwischen Buchstabenform und Buchstabenabstand erreicht.

43 Messband; Lineal; weichen Bleistift; Klebeband; fusselfreien Lappen; Spiritus; Wasser; Spülmittel; Kunststoffrakel; Moosgummiwalze; Cuttermesser

44 b

45 Angebot 1: $\frac{297{,}50\,€ \cdot 95\,\%}{100\,\%} = \mathbf{282{,}63\,€}$

Angebot 2: $\frac{225{,}00\,€ \cdot 110\,\%}{100\,\%} = \mathbf{247{,}50\,€}$

$\frac{247{,}50\,€ \cdot 119\,\%}{100\,\%} = \mathbf{294{,}53\,€}$

282,63 € = 100%

294,53 € = x %

$\frac{294{,}53\,€ \cdot 100\,\%}{282{,}63\,€} = \mathbf{104{,}2\,\%}$

Der Preisunterschied beträgt 4,2 %.

Prüfungsbereich Instandsetzung und Instandhaltung

1

- Herstellerschlüssel
- Hersteller
- Baureihe
- Fahrzeug-Ident.-Nr.
- Schadstoff-Schlüsselnummer
- Motorart/Art der Abgasreinigung
- Höchstgeschwindigkeit
- Leistung in kW bei 1/min
- Hubraum
- Länge/Breite/Höhe
- Leergewicht in kg
- Zulässiges Gesamtgewicht in kg
- Zulässige Achslasten
- Erlaubte Rad-Reifenkombinationen
- Zulässige Last für Anhänger mit bzw. ohne Bremse
- Geräuschpegel in Stand bzw. bei Fahrt
- Tag der ersten Zulassung
- Zusätzliche Angaben
- Zeitpunkt der nächsten Hauptuntersuchung

2

c

3

- Produktions-Steuerungsnummer
- Fahrzeug-Identifizierungsnummer
- Typ-Kennnummer
- Typenklärung/Motorleistung
- Motor- und Getriebe-Kennbuchstaben
- Lacknummer/Innenausstattungs-Kennnummer
- Mehrausstattungs-Kennnummer

4

- Fabrikat/Typ
- Fahrgestellnummer
- KBA Schlüssel
- Baujahr/Erstzulassung
- Motorkennbuchstabe
- Leistung Motor
- Hubraum Motor
- Farbbezeichnung
- Ausstattung Code

5

1. Hochspannung beim Elektroschweißen
   - Schweißarbeiten nicht in feuchter Umgebung oder auf nassem Untergrund durchführen
   - isolierende Unterlage verwenden
2. Leicht entzündliche Stoffe im Schweißbereich
   - leicht entzündliche Stoffe aus dem Gefahrenbereich entfernen. Kraftstofftank und kraftstoffführende Teile ausbauen. Bei Schweißarbeiten im Bereich der Batterie muss die Batterie komplett ausgebaut werden.
3. Gesundheitsschädliche Schweißgase
   - Arbeitsplatz gut lüften und Schweißrauchabzug verwenden
4. Schweißspritzer und UV-Licht
   - Schutzkleidung, Handschuhe und Schweißschild bzw. Schweißbrille benutzen
5. Pyrotechnische Komponenten
   - Batterie-Minuspol trennen und abdecken. Airbagkomponenten ggf. ausbauen

6

1. Lackrisse
2. Spaltmaße an Türen und Hauben auf Gleichmäßigkeit
3. Außenblech wie auch Nahtabdichtungen auf unfallbedingte Lackabplatzungen und das Fahrzeugdach auf Faltenbildung (bei Fahrzeug mit Schiebedach Spaltmaßkontrolle)
4. Gepunktete Flansche im Türausschnitt auf Verformung und geplatzte Schweißpunkte
5. Rahmenlängsträger und Crashelemente auf Falten- und Knickbildung
6. Kofferboden und Bodengruppen von oben und unten auf Faltenbildung

7

15	geschaltetes Plus nach Batterie
31	Masse (Minus)
49	Eingang Blinkergeber
54g	Bremslicht
56a	Fernlicht

8

Dadurch, dass die Sicherung F10 defekt ist, kann kein Arbeitsstrom über die Kontakte des Relais K3 fließen.
Die Starktonhörner B4 haben keine Funktion.
Das Signalhorn B3 bekommt über die Sicherung F11 plus Versorgung und über den betätigten Schalter S13 minus.
Der Defekt an der Sicherung F10 hat keinen Einfluss auf die Funktion des Signalhorns.

9 b

10

Fahrtrichtungsanzeiger	gelb
Schlussleuchten	rot
Bremsleuchten	rot
Rückfahrscheinwerfer	weiß
Nebelschlussleuchte	rot
Kennzeichenleuchte	weiß

11 b **12** d **13** b

14

a) Als Rost bezeichnet man das Korrosionsprodukt, das aus Eisen oder Stahl durch Oxidation mit Sauerstoff in Gegenwart von Wasser entsteht.

b) 1. mangelhafte Grundierung
2. mechanische Beschädigung

15

a) 1. Entrosten
2. Grundieren
3. Versiegeln der Umbördelung

b) 1. Polycarbonfiberscheibe
2. Chromathaltige Streichgrundierung
3. Karosseriedichtmasse

16

- Atemschutz
- Augenschutz
- Schutzhandschuhe
- Absaugung
- ausreichende Be- und Entlüftung am Arbeitsplatz
- Einhaltung der Betriebsanweisungen für Schleifarbeiten

17
- Reparatur mit Zug- oder Schlaghammer
- Einziehen mit Hammer und Gegenhalter
- Einziehen mit der Flamme
- Einsatz von Wellendraht mit Ausbeulkralle
- Reparatur mit Dellenausziehgerät (Airpuller)

18 d **19** d

20
- Spitzhammer
- Universalhammer
- Gegenhalter
- Schlichthammer
- Feilhammer
- Richtlöffel
- Karosseriefeile
- Stemmer
- Dellendrücker

21
- federnde Zahnscheibe
- Federscheibe
- Fächerscheibe
- Sicherungsblech
- Federring

22 Sechskantmuttern, Zylinderschrauben mit Innensechskant, TORX-Schrauben, Stiftschrauben, Passschrauben, Dehnschrauben, Schlitzschrauben, Kreuzschlitzschrauben, Gewindestifte, Blechschrauben, Gewindeeinsätze

23 Federring, Zahnscheibe, Fächerscheibe, Federscheibe, Doppelmutter, Mutter mit Kunststoffring, geschlitzte Sechskantmutter

24 d **25** a

26
- Beim Schleifen darauf achten, dass das weiche Aluminiumblech nicht zu stark geschwächt wird.
- Der Schleifstaub ist unmittelbar an der Schleifmaschine abzusaugen.
- Das Einatmen der Schleifstäube ist zu vermeiden, da sie gesundheitsgefährdend sind (Staubmaske tragen).
- Feuer und offene Flammen sind wegen der großen Brand- und Explosionsgefahr durch Schleifstäube zu vermeiden.
- Werkzeuge zur Bearbeitung von Aluminium dürfen nicht gleichzeitig für die Bearbeitung anderer Werkstoffe eingesetzt werden (Kontaktkorrosion).
- Die Fahrzeughersteller schreiben für die Bearbeitung von Aluminium getrennte Arbeitsplätze vor.
- Aluminiumbleche dürfen nicht verschwemmt werden.

27 b **28** a **29** a **30** c **31** d **32** d

33

Airbag	Luftsack
air condition	Klimaanlage
airless	luftlos
Airpuller	Einziehgerät mit pneumatischem Anschluss
colour	Farbe
OFF	Aus (ausschalten)
ON	Ein (einschalten)
axle alignement	Achsvermessung
rim	Felgen
undercoating	Unterbodenschutz
vehicle	Fahrzeug
wheel	Rad

34 250,00 + 195,84 + 227,70 + 115,00 + 20,04 + 90,75 + 49,00 + 174,00 + 69,60 + 669,00 + 385,00 + 404,00 = **2.649,93 €**

100 % = 2.649,93 € 30 % = 794,98 €
2.649,93 € – 794,98 € = **1.854,95 €**

100 % = 1.854,95 € 19 % = 352,44 €
1.854,95 € + 352,44 € = **2.207,39 €**

100 % = 2.207,39 € 2 % = 44,15 €
2.207,39 € – 44,15 € = **2.163,24 €**

35 Außenspiegel r kompl. = 129,80 €

100 % = 129,80 €
22 % = x € 129,80 € : 100 % · 22 % = **28,56 €**

100 % = 129,80 €
2 % = x € 129,80 € : 100 % · 2 % = **2,60 €**

Kosten Teile (Listenpreis)	129,80 €
Preisnachlass 22 %	– 28,56 €
Zwischensumme	101,24 €
Kosten Anlieferung 2 %	+ 2,60 €
Nettoeinkaufspreis	**103,84 €**

36

Zwischensummen	**AW**	**Preis**	**Preis** in €
Arbeitswerte	125	5,72	715,00
Teile			130,96

Lohnkosten	715,00 € · 1,09	= 779,35 €
Materialkosten	130,96 € · 1,8	= 235,73 €
Nettopreis für die Karosseriearbeiten		1.015,08 €
	+ MwSt.	192,87 €
Bruttopreis für die Karosseriearbeiten		1.207,95 €

Prüfungsbereich Wirtschafts- und Sozialkunde

1

Rechte des Arbeitnehmers/Pflichten des Arbeitgebers

Entlohnung	Zahlung des vereinbarten Lohnes zum vereinbarten Termin
Fürsorgepflicht	Beachtung der Unfallverhütungsvorschriften und der Arbeitsgesetze, Einhaltung der regelmäßigen Arbeitszeit, Abführung der Sozialversicherungsbeiträge
Zeugnispflicht	Beim Ausscheiden kann der Arbeitnehmer vom Arbeitgeber ein schriftliches Arbeitszeugnis verlangen.

Pflichten des Arbeitnehmers/Rechte des Arbeitgebers

Arbeitspflicht	pünktliche und gewissenhafte Erledigung aller Arbeiten
Gehorsamspflicht	Weisungen des Arbeitgebers befolgen
Treue- und Schweigepflicht	Wahrnehmung der Interessen des Arbeitgebers, Wahrung der Betriebsgeheimnisse, Verbot von Geschäften des Arbeitnehmers auf eigene Rechnung ohne Einwilligung des Arbeitgebers
Haftpflicht	Haftung für vorsätzlich oder fahrlässig herbeigeführte Schäden während der Arbeitszeit

2

1. Art/Dauer des Arbeitsverhältnisses
2. Beginn des Arbeitsverhältnisses
3. Tätigkeitsbeschreibung
4. Höhe des Arbeitsentgelts
5. Sonderzuwendungen
6. Regel-Arbeitszeit
7. Arbeitszeitkonto
8. Urlaub/Betriebsferien
9. Verhalten bei Arbeitsunfähigkeit
10. Kündigung
11. Ende des Arbeitsverhältnisses

3

a) Die ordentliche Kündigung ist an Kündigungsfristen gebunden (§ 45 RTV für gewerbliche Arbeitnehmer im Maler- und Lackiererhandwerk).
Diese Kündigung erfolgt immer fristgerecht.
Die außerordentliche Kündigung ist eine fristlose Kündigung.
Für diese Kündigung müssen immer wichtige Gründe vorliegen, die einer Partei die Fortsetzung des Arbeitsverhältnisses nicht möglich machen.

b)

Gründe des Arbeitgebers	Gründe des Arbeitnehmers
Straftaten des Arbeitnehmers (z. B. Diebstahl)	Tätlichkeiten
Arbeitsverweigerung	grobe Beleidigungen
Verletzungen der Arbeitsschutzbestimmungen (Abmahnverfahren beachten)	Verletzungen der Arbeitsschutzbestimmungen
vorsätzliche Sachbeschädigung	Ausbleiben der Lohnzahlungen
Schwarzarbeit nach schriftlicher Abmahnung	

4

Einfaches Zeugnis:
Angaben zur Person, Art der Beschäftigung, Dauer der Beschäftigung

Qualifiziertes Zeugnis:
Angaben zur Person, Art der Beschäftigung, Dauer der Beschäftigung, besondere Kenntnisse, Fortbildungsbereitschaft, Wertung der Arbeitsleistung, Sozialverhalten, Führungseigenschaften

5

GefStoffV	Gefahrstoffverordnung	AZO	Arbeitszeitverordnung
GewO	Gewerbeordnung	AFG	Arbeitsförderungsgesetz
BGB	Bürgerliches Gesetzbuch	ArbSchG	Arbeitsschutzgesetz
HGB	Handelsgesetzbuch	KSchG	Kündigungsschutzgesetz
ArbZG	Arbeitszeitgesetz	SchwbG	Schwerbehindertengesetz

6

Aussagen	KV	RV	AV	UV	PV
Mutterschaftsvorsorge umfasst regelmäßige Vorsorgeuntersuchungen während der Schwangerschaft.	X				
Die Höhe der monatlichen Zahlungen ist von persönlichen und allgemeinen Faktoren abhängig.		X			
Pflichtversichert sind alle Arbeitnehmer und einige Selbstständige während der beruflichen Tätigkeit und auf dem Weg zur und von der Arbeit.				X	
Die Höhe der Pflegesätze richtet sich nach der Pflegestufe des Bedürftigen.					X
Zahlung von Lehrgangskosten nach Antrag für berufliche Fortbildungsmaßnahmen.			X		

7

- Bescheid der Rentenversicherung
- Widerspruch des Versicherten beim Rentenversicherungsträger/Verfahren erledigt, wenn Rentenversicherung dem Widerspruch stattgibt
- Ablehnung des Widerspruchs durch die Rentenversicherung
- Klage vor dem Sozialgericht/Erste Instanz
- Berufung vor dem Landessozialgericht/Berufungsinstanz
- Revision vor dem Bundessozialgericht/Revisionsinstanz

8

- Technisierung/Automation/Rationalisierung
- Nachfrageänderungen
- Lohnunterschiede
- Preisunterschiede
- Abwanderungen ins Ausland
- Firmenzusammenschlüsse/Konzentration
- Staatliche Maßnahmen (z. B. Umweltschutzvorschriften)
- Kaufkraftschwund/Minderung des Reallohns

9	d	**10**	c	**11**	b	**12**	a	**13**	d
14	a	**15**	a	**16**	d	**17**	c	**18**	b
19	a	**20**	b	**21**	c	**22**	b	**23**	d
24	b	**25**	d	**26**	c	**27**	d	**28**	d

Bildquellenverzeichnis:

|Bundesverband Farbe Gestaltung Bautenschutz, Frankfurt am Main: Titel. |Di Gaspare, Michele (Bild und Technik Agentur für technische Grafik und Visualisierung), Bergheim: 51. |Glasurit, Münster: 22, 31. |HAZET-WERK Hermann Zerver GmbH & Co. KG, Remscheid: 26. |LAYHER (Wilhelm Layher GmbH & Co KG), Güglingen-Eibensbach: 43. |SATA GmbH & Co. KG, Kornwestheim: 23. |stock.adobe.com, Dublin: loraks Titel.

Wir arbeiten sehr sorgfältig daran, für alle verwendeten Abbildungen die Rechteinhaberinnen und Rechteinhaber zu ermitteln. Sollte uns dies im Einzelfall nicht vollständig gelungen sein, werden berechtigte Ansprüche selbstverständlich im Rahmen der üblichen Vereinbarungen abgegolten.

westermann

Friedhelm Dukat, Norbert Gehring, Helmut Holtrup, Rainer Lennartz, Gerald Riecke,
Wolfgang Schramm

Herausgeber: Friedhelm Dukat

Prüfungsvorbereitung Fahrzeuglackierer

Gesellenprüfung/Abschlussprüfung

5. Auflage

Technische Informationen

Bestellnummer 04909

Inhaltsverzeichnis

service@westermann.de
www.westermann.de

Bildungsverlag EINS GmbH
Ettore-Bugatti-Straße 6-14, 51149 Köln

ISBN 978-3-427-**04909**-8

westermann GRUPPE

Technische Informationen

UP-Schnellspachtel

Anwendung:	Grobspachtel (Dose) Ausfüllen von Beulen, schnell trocknend, leicht schleifbar. Grobspachtel (Kartusche) Ausfüllen von Beulen, schnell trocknend, leicht schleifbar.
Eigenschaften:	Schnell trocknend, leicht schleifbar.
Anmerkungen:	Spachtelmasse und Härterpaste rot gut mischen (homogener Farbton, kein Marmoreffekt), Härtermenge von 3 % nicht überschreiten, Peroxidüberschuss führt zu Decklackverfärbungen.

Anwendung	Grobspachtel	Grobspachtel
Lackaufbau	nach Herstellerangaben	nach Herstellerangaben
Mischungsverhältnis	100 Vol. % (Dose)	100 Vol. % (Kartusche)
Härter	3 Vol. %	Zugabemenge je nach Härterkartusche
Verdünnung		
Potlife 20°C	4–5 Min.	4–5 Min.
Trocknung: 20 °C	15 Min.	15 Min.
60 °C		
Infrarot: (kurzwellig)	4 Min.	4 Min.
(mittelwellig)	5–10 Min.	5–10 Min.
Schleifen		
Exzenter	P 80 / P 150	P 80 / P 150

Sicherheitshinweis

Produkte sind nur für den fachmännischen Gebrauch geeignet. Es kann nicht ausgeschlossen werden, dass im Produkt Partikel < 0,1 µm enthalten sein können. Der innerhalb der EU vorgeschriebene VOC-Grenzwert für dieses Produkt wird eingehalten.

Technische Informationen

Kunststoffspachtel, grau

Anwendung:	Flexibler Feinspachtel für die Anwendung auf lackierbaren Kunststoffanbauteilen, zum Ausfüllen von kleineren Beschädigungen.
Eigenschaften:	Flexibel, festkörperreich (High Solid), universell einsetzbar, auf allen lackierbaren Kunststoffanbauteilen, schnell trocknend, leicht schleifbar, gut haftend.
Anmerkungen:	Spachtelmasse und Härterpaste rot gut mischen (homogener Farbton, kein Marmoreffekt), Härtermenge von 3 % nicht überschreiten, Peroxidüberschuss führt zu Decklackverfärbungen.

Anwendung	Feinspachtel
Lackaufbau	nach Herstellerangaben
Mischungsverhältnis	100 Gew. %
Härter	2–3 Gew. %
Verdünnung	
Potlife 20°C	4–5 Min.
Trocknung: 20 °C	25–35 Min.
60 °C	15 Min.
Infrarot: (kurzwellig)	8 Min.
(mittelwellig)	5–10 Min.
Schleifen	P 80 / P 150
Exzenter	Kontrollfarbe P 240 / P 320 Spachtelstelle und Altlackierung

Sicherheitshinweis

Produkte sind nur für den fachmännischen Gebrauch geeignet. Es kann nicht ausgeschlossen werden, dass im Produkt Partikel < 0,1 µm enthalten sein können. Der innerhalb der EU vorgeschriebene VOC-Grenzwert für dieses Produkt wird eingehalten.

Technische Informationen

Polyester-Spachtel, weiß

Anwendung:	Grob- und Feinspachtel
Eigenschaften:	Festkörperreich (High Solid), universell einsetzbar: Stahlblech, verzinkte Bleche, Aluminium, schnell trocknend, leicht schleifbar, gut haftend.
Anmerkungen:	Spachtelmasse und Härterpaste rot gut mischen (homogener Farbton, kein Marmoreffekt), Härtermenge nicht über 3 %, Peroxidüberschuss führt zu Decklackverfärbungen.

Anwendung	Grob- und Feinspachtel
Lackaufbau	nach Herstellerangaben
Mischungsverhältnis	100 Gew.% Spachtelmasse
Härter	2–3 Gew.% Härter
Verdünnung	
Potlife 20°C	4–5 Min.
Trocknung: 20 °C	20–30 Min.
60 °C	
Infrarot: (kurzwellig)	4 Min.
(mittelwellig)	5–10 Min.
Schleifen	P 80 / P 150
Exzenter	P 240 / P 320 Spachtelstelle und Altlackierung

Sicherheitshinweis

Produkte sind nur für den fachmännischen Gebrauch geeignet. Es kann nicht ausgeschlossen werden, dass im Produkt Partikel < 0,1 µm enthalten sein können. Der innerhalb der EU vorgeschriebene VOC-Grenzwert für dieses Produkt wird eingehalten.

Technische Informationen

Glasfaserspachtel

Anwendung:	Glasfaserverstärker, zähelastischer Polyester-Spachtel für kleinere, durchgerostete Stellen.
Eigenschaften:	Ausbesserung beschädigter GFK-Teile.
Anmerkungen:	Der innerhalb der EU vorgeschriebene VOC-Grenzwert für dieses Produkt (Produktkategorie: IIB.b) in gebrauchsfertiger Einstellung beträgt max. 250 g/l. Dieses Produkt hat einen VOC-Gehalt von 180 g/l.

Anwendung	Glasfaserverstärker, zähelastischer Polyester-Spachtel
Lackaufbau	nach Herstellerangaben
Mischungsverhältnis	100 Vol. %
Härter	2–3 Vol. %
Verdünnung	
Potlife 20°C	5 Min.
Trocknung: 20 °C	20 Min.
60 °C	
Infrarot: (kurzwellig)	4 Min.
(mittelwellig)	5–10 Min.
Schleifen	
Exzenter	P 80 / P 150

Sicherheitshinweis

Produkte sind nur für den fachmännischen Gebrauch geeignet. Es kann nicht ausgeschlossen werden, dass im Produkt Partikel < 0,1 µm enthalten sein können. Der innerhalb der EU vorgeschriebene VOC-Grenzwert für dieses Produkt wird eingehalten.

Technische Informationen

Universal-Spachtel, hellgrau

Anwendung:	Grob- und Feinspachtel
Eigenschaften:	Festkörperreich (High Solid), universell einsetzbar: Stahlblech, verzinkte Bleche, Aluminium, schnell trocknend, leicht schleifbar, gut haftend.
Anmerkungen:	Spachtelmasse und Härterpaste rot gut mischen (homogener Farbton, kein Marmoreffekt). Härtermenge nicht über 3 %. Peroxidüberschuss führt zu Decklackverfärbungen. Der innerhalb der EU vorgeschriebene VOC-Grenzwert für dieses Produkt (Produktkategorie: IIB.b) in gebrauchsfertiger Einstellung beträgt max. 250 g/l. Dieses Produkt hat einen VOC-Gehalt von 180 g/l.

Anwendung	Grob- und Feinspachtel	Grob- und Feinspachtel – K
Lackaufbau	nach Herstellerangaben	nach Herstellerangaben
Mischungsverhältnis	100 Vol. % (Dose)	100 Vol. % (Kartusche)
Härter	2–3 Vol. %	Zugabemenge je nach Härterkartusche
Verdünnung		
Potlife 20°C	4–5 Min.	4–5 Min.
Trocknung: 20 °C	20–30 Min.	20–30 Min.
60 °C		
Infrarot: (kurzwellig)	4 Min.	4 Min.
(mittelwellig)	5–10 Min.	5–10 Min.
Schleifen Exzenter	P 80 / P 150 Kontrollfarbe P 240 Spachtelstelle und Altlackierung	P 80 / P 150 Kontrollfarbe P 240 Spachtelstelle und Altlackierung

Sicherheitshinweis

Produkte sind nur für den fachmännischen Gebrauch geeignet. Es kann nicht ausgeschlossen werden, dass im Produkt Partikel < 0,1 µm enthalten sein können. Der innerhalb der EU vorgeschriebene VOC-Grenzwert für dieses Produkt wird eingehalten.

Technische Informationen

1K-Kunststoffhaftprimer

Anwendung:	Haftgrund für Kunststoffe
Eigenschaften:	Universeller Haftvermittler für alle lackierbaren Kunststoffe im Pkw-Bereich.
Anmerkungen:	Als Füller werden eingesetzt: HS-Füller/Grundierfüller, Elastifizierer-Zusatz nach Herstellerangaben zugeben. GFK-Teile: Kein Kunststoffprimer erforderlich.

Anwendung	Schleiffüller (Nassschliff)	
Lackaufbau	nach Herstellerangaben	
VOC spritzfertig	< 840 g/l	
Spritzviskosität DIN 4 20 °C	spritzfertig	
Fließbecher Spritzdruck	HVLP-Pistole: 1,3 mm 2,0–3,0 bar / 0,7 bar Düseninnendruck	Hochdruckpistole: 1,3–1,4 mm 3,0–4,0 bar
Saugbecher Spritzdruck	HVLP-Pistole: 1,8 mm 2,0–3,0 bar / 0,7 bar Düseninnendruck	Hochdruckpistole: 1,7 mm 3,0–4,0 bar
Spritzgänge	1–2 dünne, aber geschlossene Schichten auftragen.	
Schichtdicke	ca. 10 µm	
Ablüftzeit 20 °C	15 Min. vor Füllerauftrag	

Sicherheitshinweis

Produkte sind nur für den fachmännischen Gebrauch geeignet. Es kann nicht ausgeschlossen werden, dass im Produkt Partikel < 0,1 µm enthalten sein können. Der innerhalb der EU vorgeschriebene VOC-Grenzwert für dieses Produkt wird eingehalten.

Technische Informationen	
1K-Grundfüller dunkelgrau, wasserverdünnbar	
Anwendung:	– wasserverdünnbarer Grundfüller – Isoliergrund für schlecht durchgetrocknete Altlackierung – Isoliergrund für TPA – einsetzbar als Schleifkontrollfarbe
Eigenschaften:	Enthält weniger als 5 % organische Lösemittel.
Anmerkungen:	– Die Trocknung ist stark abhängig von Temperatur, Luftfeuchtigkeit, Luftzirkulation, Schichtdicke – Spritzpistolenköpfe bei Arbeitspausen in Wasser eintauchen – Lackreste und Waschwasser sammeln und nach Vorschrift entsorgen – Lagerstabilität 12 Monate – 2004/42/IIB(c I)(540)180: Der innerhalb der EU vorgeschriebene VOC-Grenzwert für dieses Produkt (Produktkategorie: IIB.c I) in gebrauchsfertiger Einstellung beträgt max. 540 g/l. Dieses Produkt hat einen VOC-Gehalt von 180 g/L

Lackaufbau		
Ergiebigkeit	366 m²/l bei 1 µm	
Verdünnung	+ 25 %	
Spritzviskosität DIN 4 20 °C	25–35 s	
Potlife 20°C	7 Tage	
Fließbecher Spritzdruck	HVLP-Pistole: 1,7–1,9 mm 2,0–3,0 bar / 0,7 bar Düseninnendruck	Compliant Fließbecherpistole: 1,6–1,8 mm 2,0 bar
Spritzgänge	2	
Schichtdicke	40–60 µm	
Ablüftzeit 20 °C	ca. 5 Min. zwischen den Spritzgängen, bis matt abgelüftet	
Trocknung: 20 °C / 60 °C	2,0 Std.; Temperatur mindestens 20 °C, Luftfeuchtigkeit max. 50 %, 30 Min.	
Infrarot: (kurzwellig) (mittelwellig)	3 Min. 50 % + 5 Min. 100 % 15–20 Min.	
Schleifen Handschliff	P 800	Nachreinigung mit Reinigungsmittel
Schleifen Exzenter	P 400	

Sicherheitshinweis

Produkte sind nur für den fachmännischen Gebrauch geeignet. Es kann nicht ausgeschlossen werden, dass im Produkt Partikel < 0,1 µm enthalten sein können. Der innerhalb der EU vorgeschriebene VOC-Grenzwert für dieses Produkt wird eingehalten.

Technische Informationen	
HS-Grundfüller, VOC, grau	
Anwendung:	Grundfüller mit Trockenschliffeigenschaften.
Eigenschaften:	Schnelle Trocknung auch bei niedrigen Temperaturen, festkörperreich (High Solid), hohe Füllkraft, spritzsicher, guter Korrosionsschutz und gute Wetterbeständigkeit, guter Decklackstand.
Anmerkungen:	Schleifkontrolle einsetzen (besseres Schleifergebnis). Kann in 3–4 Spritzgängen auch als Füllgrund (max. 150 µm) eingesetzt werden, dann verlängert sich jedoch die Trockenzeit.

Anwendung	**Grundfüller (Grundierung)**	
Lackaufbau	nach Herstellerangaben	
VOC spritzfertig **Ergiebigkeit**	< 540 g/l 410 m²/l bei 1 µm	
Mischungsverhältnis	4 : 1 : 1 100 Vol. %	
Härter	25 Vol. %	
Verdünnung	25 Vol. %	
Spritzviskosität DIN 4 20 °C	19–22 s	
Potlife 20°C	1 h	
Fließbecher Spritzdruck	HVLP-Pistole: 1,7–1,9 mm 2,0–3,0 bar / 0,7 bar Düseninnendruck	Hochdruckpistole: 1,4–1,6 mm 3,0–4,0 bar
Saugbecher Spritzdruck	HVLP-Pistole: 2,2 mm 2,0–3,0 bar / 0,7 bar Düseninnendruck	Hochdruckpistole: 1,7 mm 3,0–4,0 bar
Spritzgänge	2 Spritzgänge	
Schichtdicke	50–70 µm	
Trocknung: 20 °C / 60 °C	2,5 h 20 Min.	
Infrarot: (kurzwellig) (mittelwellig)	8 Min. 10–15 Min.	
Schleifen Exzenter	P 400	

Sicherheitshinweis

Produkte sind nur für den fachmännischen Gebrauch geeignet. Es kann nicht ausgeschlossen werden, dass im Produkt Partikel < 0,1 µm enthalten sein können. Der innerhalb der EU vorgeschriebene VOC-Grenzwert für dieses Produkt wird eingehalten.

Technische Informationen	
EP-Grundfüller, hellbeige	
Anwendung:	Grundfüller/Füllgrund/Haftvermittler
Eigenschaften:	Guter Korrosionsschutz, gute Fülle, guter Decklackstand, wischbeständig mit Silicon- und Teerfleckenentferner.
Anmerkungen:	Bei Lufttrocknung: Mindesttemperatur + 15 °C. Bester Decklackstand, wenn Grundfüller forciert getrocknet wird. Als Haftvermittler nach 3 h / 20 °C mit Ziehspachtel oder Streichplastik überspachtelbar.

1. Grundfüller

Anwendung	Schleiffüller (Nassschliff)	
Lackaufbau	nach Herstellerangaben	
VOC spritzfertig **Ergiebigkeit**	< 540 g/l 350 m²/l bei 1 µm	
Mischungsverhältnis	2 : 1 + 30 % 100 Vol. %	
Härter	50 Vol. %	
Verdünnung	30 Vol. %	
Spritzviskosität DIN 4 20 °C	16 s	
Potlife 20°C	10 h	
Fließbecher Spritzdruck	HVLP-Pistole: 1,7–1,9 mm 2,0–3,0 bar / 0,7 bar Düseninnendruck	Hochdruckpistole: 1,4–1,6 mm 3,0–4,0 bar
Saugbecher Spritzdruck	HVLP-Pistole: 2,2 mm 2,0–3,0 bar / 0,7 bar Düseninnendruck	Hochdruckpistole: 1,7 mm, 3,0–4,0 bar
Spritzgänge	2 Spritzgänge	
Schichtdicke	40–50 µm	
Trocknung: 20 °C **60 °C**	8 h 30 Min.	
Infrarot: (kurzwellig) **(mittelwellig)**	11 Min. 10–15 Min.	
Schleifen	P 800	
Exzenter	P 400	

Sicherheitshinweis

Produkte sind nur für den fachmännischen Gebrauch geeignet. Es kann nicht ausgeschlossen werden, dass im Produkt Partikel < 0,1 µm enthalten sein können. Der innerhalb der EU vorgeschriebene VOC-Grenzwert für dieses Produkt wird eingehalten.

Technische Informationen

EP-Grundfüller, hellbeige

2. Füllgrund/Haftgrund

Anwendung	Füllgrund	Haftgrund
Lackaufbau	nach Herstellerangaben	nach Herstellerangaben
VOC spritzfertig **Ergiebigkeit**	< 540 g/l 420 m²/l bei 1 µm	< 540 g/l 322 m²/l bei 1 µm
Mischungsverhältnis	2 : 1 100 Vol. %	2 : 1 + 40 % 100 Vol. %
Härter	50 Vol. %	50 Vol. %
Verdünnung	bei Bedarf	40 Vol. %
Spritzviskosität DIN 4 20 °C	unverdünnt	14 s
Potlife 20°C	10 h	10 h
Fließbecher Spritzdruck	HVLP-Pistole: 1,7–1,9 mm 2,0–3,0 bar / 0,7 bar Düseninnendruck	Hochdruckpistole: 1,4–1,6 mm 3,0–4,0 bar
Saugbecher Spritzdruck	HVLP-Pistole: 2,2 mm 2,0–3,0 bar / 0,7 bar Düseninnendruck	Hochdruckpistole: 1,7 mm 3,0–4,0 bar
Spritzgänge	4 Spritzgänge	1 Spritzgang
Schichtdicke	max. 100 µm	15–20 µm
Ablüftzeit 20 °C		30 min. 3 h vor Ziehspachtel
Trocknung: 20 °C **60 °C**	16 h 60 Min.	
Infrarot: (kurzwellig) **(mittelwellig)**	10–12 Min. 15–20 Min.	
Schleifen	P 800	
Exzenter	P 400	

Sicherheitshinweis

Produkte sind nur für den fachmännischen Gebrauch geeignet. Es kann nicht ausgeschlossen werden, dass im Produkt Partikel < 0,1 µm enthalten sein können. Der innerhalb der EU vorgeschriebene VOC-Grenzwert für dieses Produkt wird eingehalten.

Technische Informationen

2K-Kunststoffgrundfüller

Anwendung:	Grundierung und Grundfüller für die rationelle Lackierung von Kunststoffteilen am Fahrzeug.
Eigenschaften:	Gute Haftung zu allen an Fahrzeugen üblichen, lackierfähigen Kunststoffsubstraten. Anwendung als Haftvermittler im Dreischichtaufbau als auch als Grundfüller bei Decklacksystemen.
Anmerkungen:	Für den Einsatz als Schleiffüller ist eine forcierte Trocknung von 30 min. 60 °C erforderlich.

Anwendung	Grundfüller (Grundierung)	Haftvermittler
Lackaufbau	nach Herstellerangaben	nach Herstellerangaben
VOC spritzfertig **Ergiebigkeit**	< 840 g/l	
Mischungsverhältnis	4 : 1 : 1 100 Vol. %	
Härter	25 Vol. %	
Verdünnung	25 Vol. %	
Spritzviskosität DIN 4 20 °C	16–18 s	
Potlife 20°C	1 h	
Fließbecher Spritzdruck	HVLP-Pistole: 1,2–1,3 mm 2,0–3,0 bar / 0,7 bar Düseninnendruck	Hochdruckpistole: 1,3–1,4 mm 3,0–4,0 bar
Saugbecher Spritzdruck	HVLP-Pistole: 1,8 mm 2,0–3,0 bar / 0,7 bar Düseninnendruck	Hochdruckpistole: 1,7 mm 3,0–4,0 bar
Spritzgänge	½ + 1 Spritzgang	1
Schichtdicke	30–40 µm	ca. 20 µm
Ablüftzeit 20 °C	20 Min.	20 Min.

Sicherheitshinweis

Produkte sind nur für den fachmännischen Gebrauch geeignet. Es kann nicht ausgeschlossen werden, dass im Produkt Partikel < 0,1 µm enthalten sein können. Der innerhalb der EU vorgeschriebene VOC-Grenzwert für dieses Produkt wird eingehalten.

Technische Informationen

HS-2K-Decklack

Anwendung:	1-Schicht-HS-Uni-Decklack
Eigenschaften:	Festkörperreich, wirtschaftlich, hervorragende Wetterbeständigkeit, Vergilbfestigkeit und Härte, sehr gute Durchtrocknung, sehr guter Glanz und Fülle.
Anmerkungen:	Härter und Einstellzusätze nach Temperatur und Objektgröße einsetzen. Keine Basisfarben „pur" einsetzen, immer mit Mischlack.

Anwendung	1-Schicht-HS-Uni-Decklack		
Lackaufbau	nach Herstellerangaben		
VOC spritzfertig **Ergiebigkeit**	< 420 g/l 475 m²/l bei 1 µm		
Mischungsverhältnis	Einwaage gemäß Mischformel: 2 : 1 : 10 % Meßstab 100 Vol. %		
Härter	50 Vol. %		
Verdünnung	10 Vol. %		
Spritzviskosität DIN 4 20 °C	ca. 20–22 s		
Potlife 20°C	2–3 h		
Fließbecher Spritzdruck	HVLP-Pistole: 1,2–1,3 mm 2,0–3,0 bar / 0,7 bar Düseninnendruck	Hochdruckpistole: 1,3–1,4 mm 4,0 bar	
Saugbecher Spritzdruck	HVLP-Pistole: 1,8 mm 2,0–3,0 bar / 0,7 bar Düseninnendruck	Hochdruckpistole: 1,7 mm 4,0 bar	
Spritzgänge	2 Spritzgänge		
Schichtdicke	50–70 µm		
Streichauftrag	4 : 1 (Härter) + 5 % Streich- und Rollzusatz		
Härter-Typ	normal	kurz	lang
Trocknung: 20 °C	8 h	6 h	10 h
60 °C	30 Min.	20 Min.	35 Min.
Infrarot: (kurzwellig)	8 Min.		
(mittelwellig)	10–15 Min.		

Sicherheitshinweis

Produkte sind nur für den fachmännischen Gebrauch geeignet. Es kann nicht ausgeschlossen werden, dass im Produkt Partikel < 0,1 µm enthalten sein können. Der innerhalb der EU vorgeschriebene VOC-Grenzwert für dieses Produkt wird eingehalten.

Technische Informationen

3-Schicht-Decklack

Anwendung:	3-Schicht-Lackierungen mit extrem changierenden Farbtoneffekten.
Eigenschaften:	Um den gewünschten Farbtoneffekt zu erreichen ist ein einheitlicher, schwarzer Untergrund erforderlich.
Anmerkungen:	Nur passenden Klarlack einsetzen. Empfehlungen der Lackhersteller beachten.

Anwendung	3-Schicht-Decklack	
Lackaufbau	nach Herstellerangaben	
VOC spritzfertig **Ergiebigkeit**	< 420 g/l 115 m²/l bei 1 µm	
Mischungsverhältnis	1 : 1 100 Vol. % Metallic/Uni	
Verdünnung	100 Vol. % Einstellzusatz	
Spritzviskosität DIN 4 20 °C	ca. 18–22 s	
Potlife 20°C	48 h spritzfertige Materialeinstellung	
Fließbecher Spritzdruck	HVLP-Pistole: 1,2–1,3 mm 2,0–3,0 bar / 0,7 bar Düseninnendruck	Hochdruckpistole: 1,3–1,4 mm 4,0 bar
Saugbecher Spritzdruck	HVLP-Pistole: 1,8 mm 2,0–3,0 bar / 0,7 bar Düseninnendruck	Hochdruckpistole: 1,7 mm 4,0 bar
Spritzgänge	2–3 Spritzgänge (gleichmäßiger Farbtoneffekt)	
Schichtdicke	ca. 15–20 µm	
Ablüftzeit 20 °C	ca. 10 Min. matt ablüften	

Sicherheitshinweis

Produkte sind nur für den fachmännischen Gebrauch geeignet. Es kann nicht ausgeschlossen werden, dass im Produkt Partikel < 0,1 µm enthalten sein können. Der innerhalb der EU vorgeschriebene VOC-Grenzwert für dieses Produkt wird eingehalten.

Technische Informationen

2-Schicht-Decklack (Metallic/Uni/Perleffekt)

Anwendung:	2-Schicht-Metalleffekt- und Uni-Lackierungen, wasserverdünnbar, Nass-in-Nass-Verfahren mit Klarlack.
Eigenschaften:	Hohes Deckvermögen, hohe Wirtschaftlichkeit. Wasserverdünnbar, Gehalt organischer Lösemittel < 10 %, erfüllt alle aktuellen sowie anstehenden VOC-Vorgaben.
Anmerkungen:	Die Ablüftzeiten können durch den Einsatz von geeigneten Abblasgeräten erheblich verkürzt werden. Ablüftzeit vor Klarlackauftrag: 2–3 Min. (matte Fläche)

Anwendung	2-Schicht-Decklack (Metallic/Uni/Perleffekt)	
Lackaufbau	nach Herstellerangaben	
VOC spritzfertig **Ergiebigkeit**	< 420 g/l 130 m²/l bei 1 µm	
Mischungsverhältnis	2 : 1 100 Vol. % Metallic/Uni (lt. Mischformel)	
Verdünnung	50 Vol. % Einstellzusatz (nach Zugabe sofort umrühren!)	
Spritzviskosität DIN 4 20 °C	ca. 18–22 s	
Potlife 20°C	Ausmischung ist in Kunststoff- oder innenlackierten Dosen 6 Monate lagerstabil.	
Fließbecher Spritzdruck	HVLP-Pistole: 1,2–1,3 mm 2,0–3,0 bar / 0,7 bar Düseninnendruck	
Saugbecher Spritzdruck	HVLP-Pistole: 1,8 mm 2,0–3,0 bar / 0,7 bar Düseninnendruck	
Spritzgänge	2 (deckend spritzen) + 1/2 zur Effektangleichung	
Schichtdicke	ca. 10–15 µm	
Ablüftzeit 20 °C	Nach jedem Spritzgang ca. 5 Min.	
Zwischentrocknung Trocknung: 20 °C Abblasen mit Dry Jet	Nach jedem Spritzgang matt ablüften lassen.	
Schleifen	Staubeinschlüsse können trocken ausgeschliffen werden, anschließend nachnebeln.	

Sicherheitshinweis

Produkte sind nur für den fachmännischen Gebrauch geeignet. Es kann nicht ausgeschlossen werden, dass im Produkt Partikel < 0,1 µm enthalten sein können. Der innerhalb der EU vorgeschriebene VOC-Grenzwert für dieses Produkt wird eingehalten.

Technische Informationen

NFZ-HS-2K-Dickschicht-Decklack

Anwendung:	2K-HS-Dickschicht-Decklack für den Nutzfahrzeugbereich.
Eigenschaften:	VOC-konformer 2K-Dickschicht-Decklack. Gute Glanz- und Farbtonbeständigkeit. Hohe mechanische und chemische Widerstandsfähigkeit. Hohe Wirtschaftlichkeit. Gutes Füllvermögen und hohe Schichtstärke.
Anmerkungen:	Beschleunigte Wärmetrocknung möglich. Airlessverarbeitung. 2K-Lacke reagieren mit Feuchtigkeit. Deshalb müssen alle Verarbeitungsgeräte und Mischgefäße usw. absolut wasserfrei sein.

Anwendung	**NFZ-HS-2K-Dickschicht-Decklack**
Lackaufbau	nach Herstellerangaben
VOC spritzfertig **Ergiebigkeit**	415–419 g/l 10,3 m²/l bei 50 µm Trockenschichtdicke
Mischungsverhältnis	3 : 1 + 12 % 100 Vol. %
Härter	33,3 Vol. %
Verdünnung	12 Vol. %
Spritzviskosität 20 °C	20–25 s / DIN 4 mm 53–72 s / ISO 4 mm
Potlife 20°C	2–3 h
Fließbecher Spritzdruck	Spritzdüse: 1,4–1,6 mm 3,0–4,0 bar 1 Arbeitsgang = 50–60 µm
Saugbecher Spritzdruck	Spritzdüse: 1,7–1,8 mm 3,0–4,0 bar 1 Arbeitsgang = 50–60 µm
Airless Spritzdruck	Spritzdüse: 0,23–0,28 mm 16,0–250,0 bar 1 Arbeitsgang = 50–60 µm
Ablüftzeit 20 °C	5–15 Min.
Objekttemperatur: **60 °C** **20 °C**	 25–30 Min. Lufttrocknung über Nacht

Sicherheitshinweis

Produkte sind nur für den fachmännischen Gebrauch geeignet. Es kann nicht ausgeschlossen werden, dass im Produkt Partikel < 0,1 µm enthalten sein können. Der innerhalb der EU vorgeschriebene VOC-Grenzwert für dieses Produkt wird eingehalten.

Technische Informationen

HS-Multi-Klarlack

Anwendung:	HS-Klarlack für 2-Schichtlackierungen
Eigenschaften:	Festkörperreich (Medium Solid), hervorragende Wetterbeständigkeit, hervorragender Decklackstand, Vergilbungsfestigkeit und Härte, schnelle Trocknung, Polierfähigkeit und Abklebefestigkeit.
Anmerkungen:	Härtertyp und Einstellzusatz je nach Temperatur und Objektgröße auswählen.

Anwendung	**HS-Klarlack für 2-Schichtlackierungen**
Lackaufbau	nach Herstellerangaben
VOC spritzfertig **Ergiebigkeit**	< 420 g/l 390 m²/l bei 1 µm
Mischungsverhältnis	2 : 1 + 10 % 100 Vol. %
Härter	50 Vol. %
Verdünnung	10 Vol. %
Spritzviskosität DIN 4 20 °C	18–20 s
Potlife 20°C	4 h
Fließbecher Spritzdruck	HVLP-Pistole: 1,2–1,3 mm 2,0–3,0 bar / 0,7 bar Düseninnendruck
Saugbecher Spritzdruck	HVLP-Pistole: 1,8 mm 2,0–3,0 bar / 0,7 bar Düseninnendruck
Spritzgänge	2 Spritzgänge
Schichtdicke	50–70 µm
Ablüftzeit 20 °C	Nach jedem Spritzgang 2–3 Min.
Trocknung: 20 °C **60 °C**	8 h 30 Min.
Infrarot: (kurzwellig) **(mittelwellig)**	8 Min. 10–15 Min.

Sicherheitshinweis

Produkte sind nur für den fachmännischen Gebrauch geeignet. Es kann nicht ausgeschlossen werden, dass im Produkt Partikel < 0,1 µm enthalten sein können. Der innerhalb der EU vorgeschriebene VOC-Grenzwert für dieses Produkt wird eingehalten.

Technische Informationen	
HS-Klarlack, VOC 3.5	
Anwendung:	HS-Klarlack für 2-Schichtlackierungen, die dem VOC-Grenzwert 420 g/l entsprechen.
Eigenschaften:	Festkörperreich (Medium Solid), hervorragende Wetterbeständigkeit, hervorragender Decklackstand, Vergilbungsfestigkeit und Härte, schnelle Trocknung, Polierfähigkeit und Abklebefestigkeit.
Anmerkungen:	Härtertyp und Einstellzusatz je nach Temperatur und Objektgröße auswählen. A

Anwendung	HS-Klarlack für 2-Schichtlackierungen
Lackaufbau	nach Herstellerangaben
VOC spritzfertig **Ergiebigkeit**	420 g/l 390 m^2/l bei 1 µm
Mischungsverhältnis	2 : 1 + 10 % 100 Vol. %
Härter	50 Vol. %
Verdünnung	10 Vol. %
Spritzviskosität DIN 4 20 °C	20–22 s
Potlife 20°C	1 h
Fließbecher Spritzdruck	HVLP-Pistole: 1,2–1,3 mm 2,0–3,0 bar / 0,7 bar Düseninnendruck
Saugbecher Spritzdruck	HVLP-Pistole: 1,8 mm 2,0–3,0 bar / 0,7 bar Düseninnendruck
Spritzgänge	2 Spritzgänge
Schichtdicke	50–70 µm
Ablüftzeit 20 °C	3 Min. zwischen den Spritzgängen
Trocknung: 20 °C **60 °C**	10 h 30 Min.
Infrarot: (kurzwellig) **(mittelwellig)**	8 Min. 10–15 Min.

Sicherheitshinweis

Produkte sind nur für den fachmännischen Gebrauch geeignet. Es kann nicht ausgeschlossen werden, dass im Produkt Partikel < 0,1 µm enthalten sein können. Der innerhalb der EU vorgeschriebene VOC-Grenzwert für dieses Produkt wird eingehalten.

Technische Informationen	
HS-Universal-Klarlack, VOC	
Anwendung:	HS-Klarlack für 2-Schichtlackierungen
Eigenschaften:	Festkörperreich (High Solid), sichere Applikationseigenschaften, ausgezeichneter Verlauf und gute Ausspannung, schnelle Trocknung mit hoher Oberflächenhärte, Polierfähigkeit und Abklebfestigkeit.
Anmerkungen:	Härtertyp und Einstellzusatz je nach Temperatur und Objektgröße auswählen. Der innerhalb der EU vorgeschriebene VOC-Grenzwert für dieses Produkt (Produktkategorie: IIB.d) in gebrauchsfertiger Einstellung beträgt max. 420 g/l. Dieses Produkt hat einen VOC-Gehalt von 419 g/l.

Anwendung	HS-Klarlack für 2-Schichtlackierungen	
Lackaufbau	nach Herstellerangaben	
VOC spritzfertig **Ergiebigkeit**	< 420 g/l 330 m^2/l bei 1 µm	
Mischungsverhältnis	2 : 1 + 10 % 100 Vol. %	
Härter	50 Vol. %	
Verdünnung	10 Vol. %	
Spritzviskosität DIN 4 20 °C	20–22 s	
Potlife 20°C	2 h	
Fließbecher Spritzdruck	HVLP-Pistole: 1,2–1,3 mm 2,0–3,0 bar / 0,7 bar Düseninnendruck Compliant Fließbecherpistole 1,2–1,4 mm 2,0 bar	
Spritzgänge	2 Spritzgänge	½ + 1 ohne Zwischenablüftzeit auf senkrechten Flächen möglich
Schichtdicke	40–60 µm	ca. 50 µm
Ablüftzeit 20 °C	3 Min. zwischen den Spritzgängen	
Trocknung: 20 °C **60 °C**	5 h 30 Min.	
Infrarot: (kurzwellig) **(mittelwellig)**	8 Min. 10–15 Min.	

Sicherheitshinweis

Produkte sind nur für den fachmännischen Gebrauch geeignet. Es kann nicht ausgeschlossen werden, dass im Produkt Partikel < 0,1 µm enthalten sein können. Der innerhalb der EU vorgeschriebene VOC-Grenzwert für dieses Produkt wird eingehalten.

Technische Informationen

Reinigungsmittel für Wasserlacksysteme

Anwendung:	*Reinigungsmittel für Wasserlacksysteme* – Flächen abwischen mit fusselfreiem Lappen und Reinigungsmittel oder aufsprühen mit Sprühflasche und nachwischen mit fusselfreiem Lappen. *Reinigung für Spritzgeräte* – Sauberes Spritzgerät mit Reinigungsmittel durchspülen. *Antistatikmittel für Kunststoffteile* – Flächen abwischen mit fusselfreiem Lappen und Reinigungsmittel oder aufsprühen mit Sprühflasche und nachwischen mit fusselfreiem Lappen.
Eigenschaften:	Gute Reinigungswirkung. Wirkt antistatisch (Kunststofflackierung).
Anmerkungen:	*Das Reinigungsmittel dient zur Reinigung* – von Untergründen vor dem Auftrag von 1K-Grundfüller und 2-Schicht-Decklack (Metallic/Uni); – nach dem Feinschliff von 1K-Grundfüller; – als Antistatikmittel vor dem Decklackauftrag (besonders bei Kunststoffteilen); – von Spritzpistolen vor der Anwendung von 1K-Grundfüller oder 2-Schicht-Decklack (Metallic/Uni).

Sicherheitshinweis

Produkte sind nur für den fachmännischen Gebrauch geeignet. Es kann nicht ausgeschlossen werden, dass im Produkt Partikel < 0,1 µm enthalten sein können. Der innerhalb der EU vorgeschriebene VOC-Grenzwert für dieses Produkt wird eingehalten.

Technische Informationen

Steinschlag- und Unterbodenschutz, wasserverdünnbar

Anwendung:	Als Unterboden- und Steinschlagschutz sowie Isoliergrund.
Eigenschaften:	Spritzfertig, lieferbar in 1 l-Dosen. Verarbeitung mit Spezialpistole oder Airlesspumpe. Material ist überlackierbar.
Anmerkungen:	Spachtelstellen isolieren mit Grundfüller. Arbeitsgeräte nach Gebrauch sofort mit Wasser reinigen. Spritznebel innerhalb von 30 Min. mit nassem Schwamm oder Einstellzusatz entfernen. Steinschlag- und Unterbodenschutz auch als Isolierung einsetzbar bei blutenden Altlackierungen, Peroxidflecken und TPA. Unterbodenschutz Airless: Düse 0,41–0,5 mm, Druck 120–180 bar; Druckkessel: Düse 2–3 mm, Zerstäubungsdruck 3–6 bar; Farbdruck je nach Struktur.

Anwendung	Unterbodenschutz	Korrosionsschutz/ Haftverlmittler
Lackaufbau	nach Herstellerangaben	nach Herstellerangaben
VOC spritzfertig **Ergiebigkeit**	< 250 g/l 450 m²/l bei 1 µm	< 250 g/l 466 m²/l bei 1 µm
Verdünnung	bei Bedarf Wasser	bei Bedarf Wasser max. 5 %
Spritzviskosität DIN 4 20 °C	spritzfertig	20 s
Fließbecher Spritzdruck		HVLP-Pistole: 1,9 mm 2,0–3,0 bar / 0,7 bar Düseninnendruck
Saugbecher Spritzdruck	HVLP-Pistole: 3–4 mm 4,0–6,0 bar / je nach Struktur	
Spritzgänge	4–6 Spritzgänge	1–2 Spritzgänge
Schichtdicke	500–1000 µm	40–50 µm
Trocknung: 20 °C **60 °C**	6 h 45–60 Min.	2 h 30 Min.
Infrarot: (kurzwellig) **(mittelwellig)**	8 Min. 10–15 Min.	8 Min. 10–15 Min.

Sicherheitshinweis

Produkte sind nur für den fachmännischen Gebrauch geeignet. Es kann nicht ausgeschlossen werden, dass im Produkt Partikel < 0,1 µm enthalten sein können. Der innerhalb der EU vorgeschriebene VOC-Grenzwert für dieses Produkt wird eingehalten.

Technische Informationen

Elastifizierer

Anwendung:	Elastifizierungszusatz für Kunststofflackierung
Eigenschaften:	Elastisch, gut mischbar
Anmerkungen:	Zugabe von 25 Vol. %

Anwendung	Grundmaterialien	Decklack/Klarlack
Lackaufbau	nach Herstellerangaben	nach Herstellerangaben
Mischungsverhältnis	4 Vol.-T Füller (100 Vol. %) 1 Vol.-T Elastifiz.-Z. (25 Vol. %)	4 Vol.-T Decklack/Klarlack (100 Vol. %) 1 Vol.-T Elastifiz.-Z. (25 Vol. %)
Härter	4 : 1 : 1 100 Vol. % Füller : Elastifiz.-Z. 25 Vol. % Härter	2 : 1 + 10 % 100 Vol. % Decklack/ Klarlack : Elastifizierer-Zusatz 25 Vol. % Härter
Verdünnung	25 Vol. %	ca. 10 Vol. %
Spritzviskosität DIN 4 20 °C	16–18 s	Decklack 20–22 s Klarlack 17–18 s
Potlife 20 °C	1–2 h	4 h
Fließbecher Spritzdruck	HVLP-Pistole: 1,7–1,9 mm 2,0–3,0 bar / 0,7 bar Düseninnendruck	HVLP-Pistole: 1,2–1,3 mm 2,0–3,0 bar / 0,7 bar Düseninnendruck
Saugbecher Spritzdruck	HVLP-Pistole: 2,2 mm 2,0–3,0 bar / 0,7 bar Düseninnendruck	HVLP-Pistole: 1,3 mm 2,0–3,0 bar / 0,7 bar Düseninnendruck
Spritzgänge	2 Spritzgänge	2 Spritzgänge
Schichtdicke	ca. 50 µm	50–60 µm
Trocknung: 20 °C **60 °C**	4 h 40 Min.	16 h 45 Min.
Infrarot: (kurzwellig) **(mittelwellig)**	8 Min. 10–15 Min.	8 Min. 10–15 Min.

Sicherheitshinweis

Produkte sind nur für den fachmännischen Gebrauch geeignet. Es kann nicht ausgeschlossen werden, dass im Produkt Partikel < 0,1 µm enthalten sein können. Der innerhalb der EU vorgeschriebene VOC-Grenzwert für dieses Produkt wird eingehalten.

Technische Informationen

HS- Decklackhärter / HS-Füllhärter

Anwendung:	HS-Decklackhärter für die Anwendung mit Decklacken und Klarlacken. HS-Füllhärter für die Anwendung mit Grundmaterialien (Füller) – HS-Füllerhärter kurz – HS-Füllerhärter normal
Anmerkungen:	Anbruchbehälter gut verschließen. Härter sind feuchtigkeitsempfindlich. Verarbeitungsdaten siehe Stammmaterial.

Sicherheitshinweis

Produkte sind nur für den fachmännischen Gebrauch geeignet. Es kann nicht ausgeschlossen werden, dass im Produkt Partikel < 0,1 µm enthalten sein können. Der innerhalb der EU vorgeschriebene VOC-Grenzwert für dieses Produkt wird eingehalten.

Gefahrstoffverordnung

Gefahrstoffverordnung (GefStoffV) (Auszug)

Die Gefahrstoffverordnung soll den Menschen vor arbeitsbedingten und sonstigen Gesundheitsgefahren und die Umwelt vor stoffbedingten Schädigungen schützen.

Gefahrstoffe sind mit einem Symbol sowie mit standardisierten R-Sätzen (R = Risiko), S-Sätzen (S = Sicherheitsratschläge) und E-Sätzen (E = Entsorgung) gekennzeichnet, die auf den Verpackungen der Gefahrstoffe angegeben werden müssen.

R-Sätze (Auszug)

R 10	Entzündlich
R 16	Explosionsgefährlich in Mischung mit brennbaren Stoffen
R 20	Gesundheitsschädlich beim Einatmen
R 21	Gesundheitsschädlich bei Berührung mit der Haut
R 22	Gesundheitsschädlich beim Verschlucken
R 23	Giftig beim Einatmen
R 24	Giftig bei Berührung mit der Haut
R 25	Giftig beim Verschlucken
R 35	Verursacht schwere Verätzungen
R 36	Reizt die Augen
R 45	Kann Krebs erzeugen

S-Sätze (Auszug)

S 1	Unter Verschluss aufbewahren
S 2	Darf nicht in die Hände von Kindern gelangen
S 3	Kühl aufbewahren
S 7	Behälter dicht geschlossen halten
S 8	Behälter trocken halten
S 15	Vor Hitze schützen
S 20	Bei der Arbeit nicht essen und trinken

E-Sätze (Auszug)

E 1	Verdünnen, in den Ausguss geben
E 3	In den Hausmüll geben
E 8	Der Sondermüllbeseitigung zuführen
E 12	Nicht in die Kanalisation gelangen lassen

Gefahrensymbole und Kennzeichnung gefährlicher Stoffe

Gefahrstoffe im Kfz-Bereich

Abfallbezeichnung	Gefahrklasse nach VbF	Wassergefährdungsklasse nach VwVwS	Gefahrstoffkennzeichnung nach GefStoffV
Akku-Säure	–	WKG 1	
Altfarben, Altlacke	A II–A III (je nach Inhalt)	WKG 2	
Altöl bekannter Herkunft	A III	WKG 3	
Altöl unbekannter Herkunft	A I	WKG 3	
Altreifen	–	–	–
Autobatterien	–	WKG 1	
Betriebsmittel, ölverschmiert	A I–A III (je nach Inhalt)	WKG 3	
Bremsflüssigkeit	–	WKG 1–2	
Kaltreiniger, halogenfrei	A II–A III (je nach Inhalt)	WKG 2–3 (je nach Inhalt)	
Kraftstoffe, verunreinigt	A I	WKG 2–3 (je nach Inhalt)	
Kühlflüssigkeit	–	WKG 1	
Lösemittelgemische	A I–A III (je nach Inhalt)	WKG 2–3 (je nach Zusammensetzung)	
Nitroverdünner	A II	WKG 2	
Ölbinder, verbraucht	–	WKG 3	
Ölfilter	A III	WKG 3	
Trockenbatterien	–	WKG 2	
Waschbenzin	A I	WKG 2	

VbF: Verordnung über brennbare Flüssigkeiten
VwWwS: Gefahrstoffverordnung
GefStoffV: Gefahrstoffverordnung

Verordnung über brennbare Flüssigkeiten

Verordnung über brennbare Flüssigkeiten (VbF) (Auszug)
Die Verordnung bezieht sich auf Anlagen zur Lagerung, Abfüllung und zum Betrieb von brennbarer Flüssigkeiten. Die brennbaren Flüssigkeiten werden in Abhängigkeit von Flammpunkt und Wasserlöslichkeit in Gefahrenklassen eingeteilt.

Gefahrenklasse	Flammpunkt	Beispiele
A I	< 21 °C	Ottokraftstoffe Lösemittel
A II	21 bis 55 °C	Petroleum Kaltreiniger
A III	55 bis 100 °C	Dieselkraftstoff Leichtes Heizöl
B	< 21 °C in Wasser löslich bei 15 °C	Alkohol Spiritus

Konsequenzen für den Betrieb	Konsequenzen für die Mitarbeiter
• Feuerlöscher • Objektabsaugungen • Getrennte Lagerräume für brennbare Flüssigkeiten • Betriebsanweisung erstellen • Mitarbeiter schulen	• Rauchverbot • Umgang mit offener Flamme vermeiden • Gebinde von brennbaren Stoffen geschlossen halten • Keine brennbaren Stoffe in Arbeitsräumen lagern Bei Arbeiten am Kraftstoffsystem • Rauchverbot • Zündquellen vermeiden • Ausgelaufenes Benzin sofort aufnehmen • Entstehende Dämpfe absaugen

Besondere Schraubenköpfe und Warenzeichen

Schlitz- und Kreuzschlitzschrauben

Schlitz- oder Kreuzschlitzschrauben werden als Zylinder-, Senk-, Linsenzylinder- und Linsensenkschrauben mit Schlitz oder Kreuzschlitz eingesetzt.

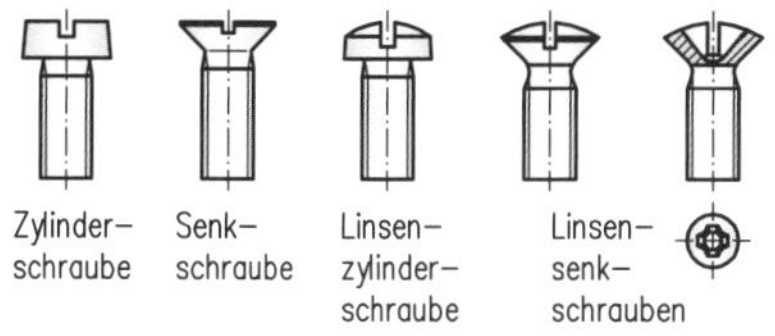

Blechschrauben

Zum Verbinden von Blechen verwendet man Blechschrauben. Sie schneiden sich beim Einschrauben das Muttergewinde selbst in das vorgebohrte Blech oder es werden vorgestanzte Bleche als Mutter verwendet.

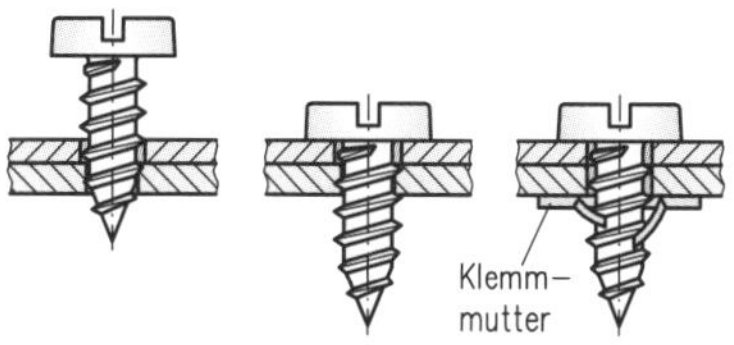

Symbol	Benennung	Symbol	Benennung	Symbol	Benennung
	Außen-Torx®-Schraube[1]		Innen-Torx®-Schraube[1]		Innen-Torx®-Schraube mit Zapfenführung[1]
	POZIDRIVE®[2]		Innenvielzahnschraube XZN[3]		Innenvielzahnschraube mit Zapfenführung XZN[4]
	PHILLIPS-RECESS-Kreuzschlitzschraube		Innenkeilprofilschraube RIBE CV[5]		5-Stern-Sonderprofil

[1] Torx® ist das eingetragene Warenzeichen der CAMCAR TEXTRON INC.
[2] POZIDRIVE® ist das geschützte Warenzeichen der European Industrial Services Ldt.
[3] Anwender sind z. B. Mercedes-Benz, Ford, Renault.
[4] Anwender sind z. B. Opel (Frontera), Audi A4, A6.
[5] Anwender ist z. B. Ford.

Muttern

Sechskantmutter	Sechskantmutter mit Flansch	Radmutter	Kronenmutter	Hutmutter
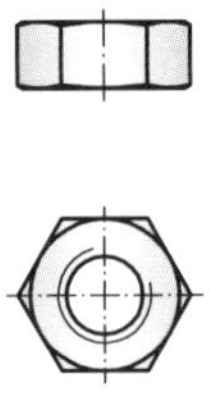	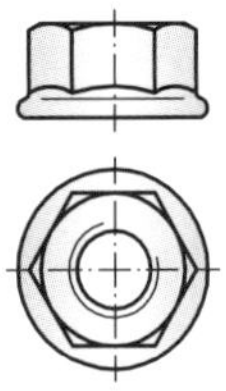	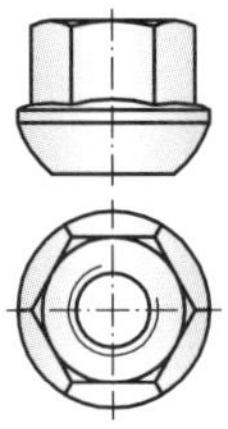	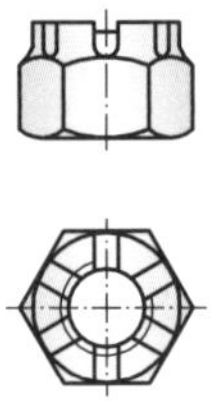	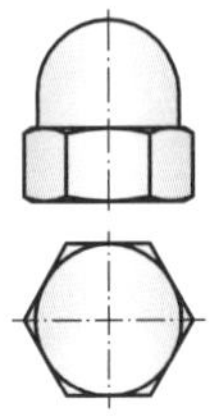

Schraubensicherungen

Schraubensicherungen sollen das selbsttätige Lösen der Schraubenverbindung verhindern.

formschlüssig		kraftschlüssig
Kronenmutter mit Splint	Sicherungs-blech	selbstsichernde Verbindung
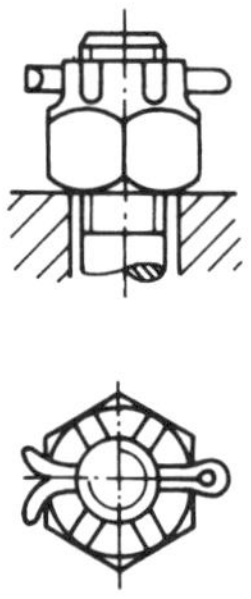	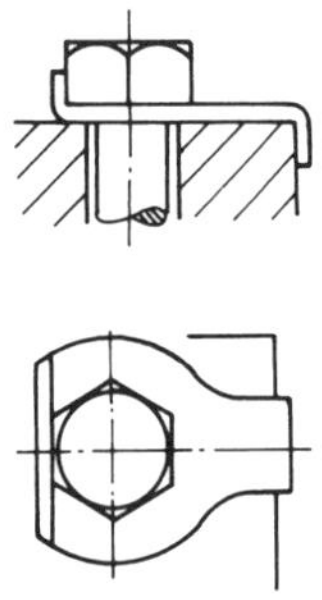	

stoffschlüssig

Beim Einschrauben platzen die winzig kleinen Mikrokapseln auf. Klebstoff und Härter vermischen sich und benetzen das Gewinde.

Werkzeuge zur Demontage und Montage

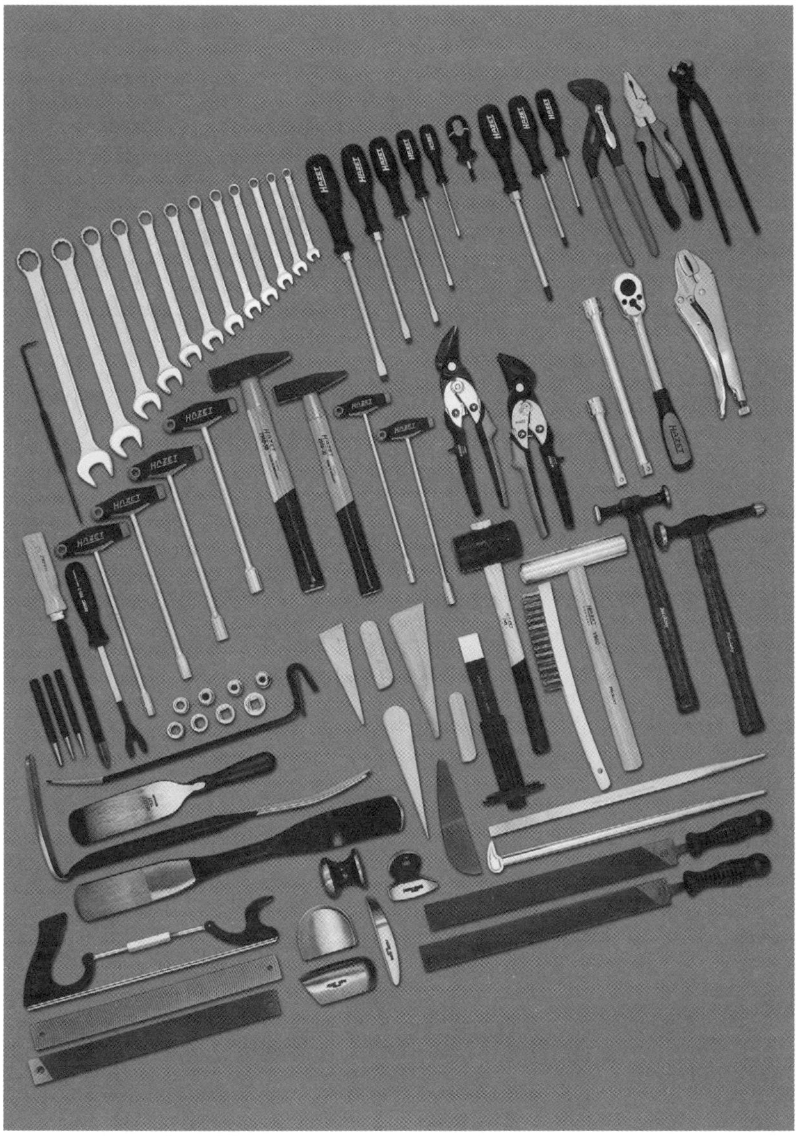

Maul-Ring-Schlüssel

TORX-Ringschlüssel

gekröpfter Ringschlüssel

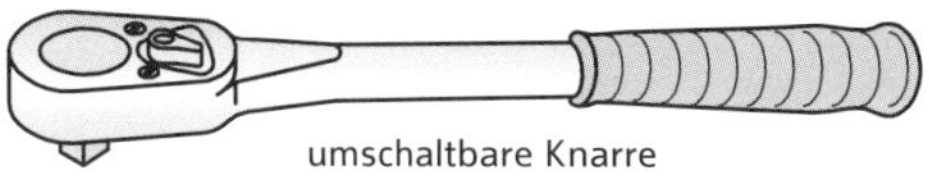
umschaltbare Knarre

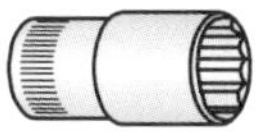
Steckschlüssel-Einsatz

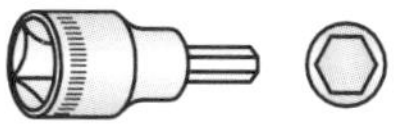
Innensechskant-Einsatz

Innenvielzahn-Einsatz

Innen-TORX-Einsatz

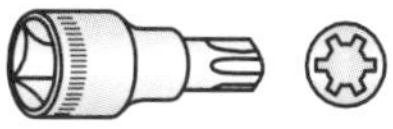
Innenkeilprofil-Einsatz

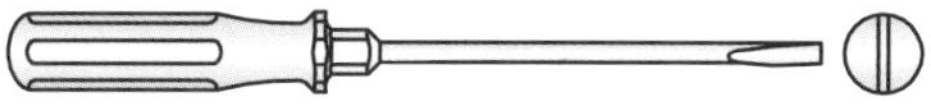
Schlitz-Schraubendreher

Kreuzschlitz-Schraubendreher

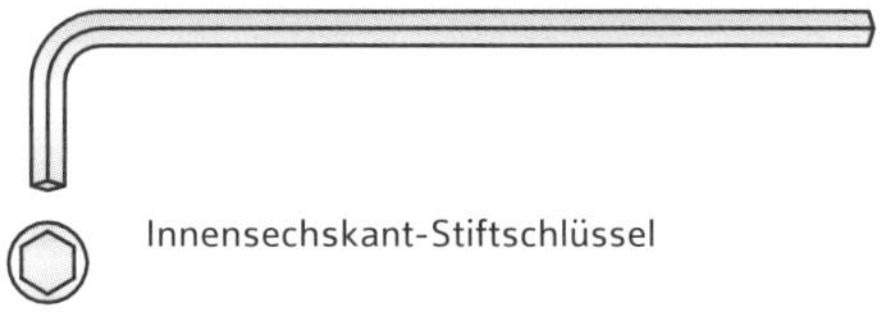
Innensechskant-Stiftschlüssel

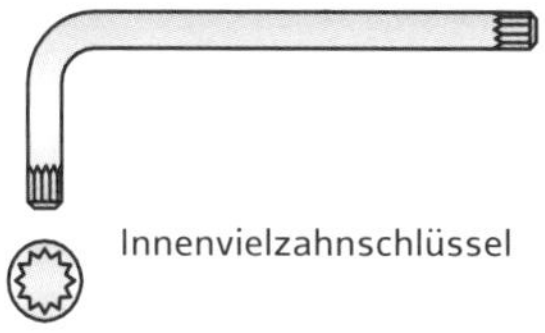
Innenvielzahnschlüssel

Drehmomentschlüssel

Wird eine Schraubenverbindung zu fest angezogen, wird sie überbeansprucht und kann reißen, wird sie zu schwach angezogen, kann sie sich lösen. Die Automobilhersteller schreiben daher für viele Schraubenverbindungen im Kraftfahrzeug Anzugsmomente (Drehmomente) vor, um zu gewährleisten, dass die Schrauben bzw. Muttern richtig und gleichmäßig angezogen werden.

Um Schrauben gleichmäßig mit einem bestimmten Drehmoment anzuziehen, ist ein Drehmomentenschlüssel erforderlich. Das gewünschte Drehmoment wird am Schlüssel eingestellt. Beim Erreichen des eingestellten Drehmoments signalisiert der Schlüssel dies durch fühlbare, hörbare und/oder sichtbare Merkmale.

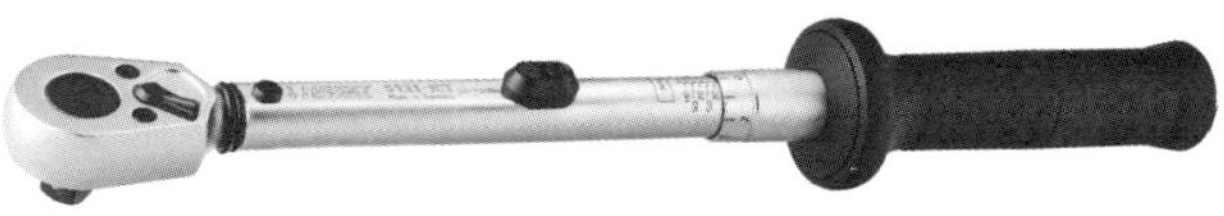

Prüfen, Messen, Lehren

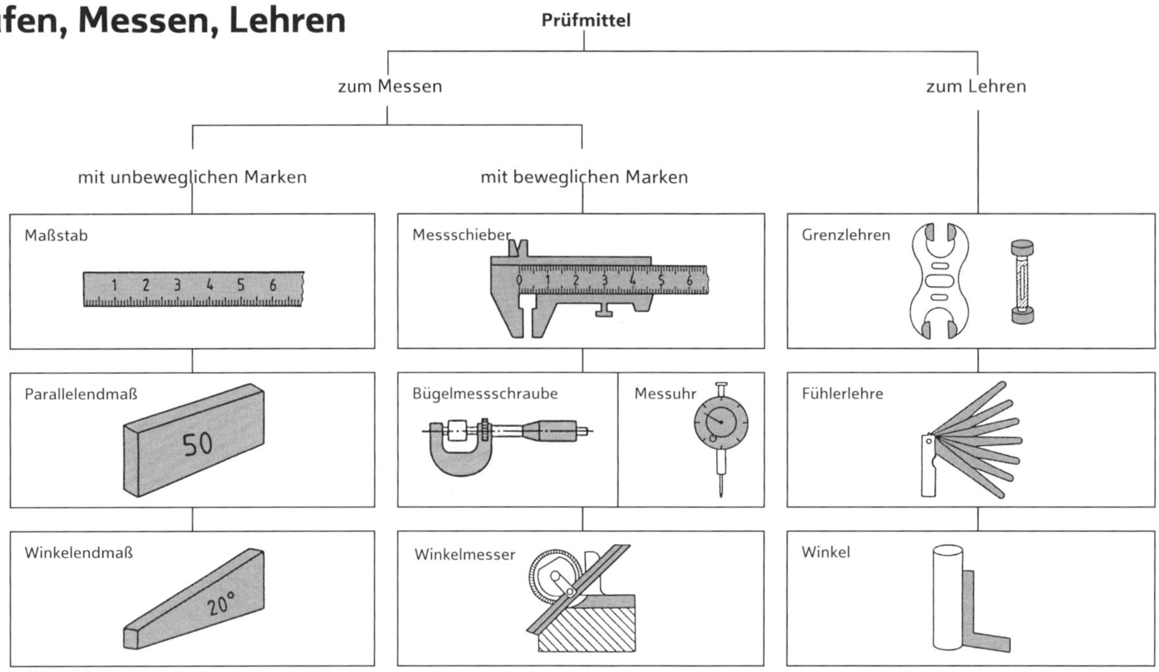

Messschieber und Bügelmessschraube

Messschieber

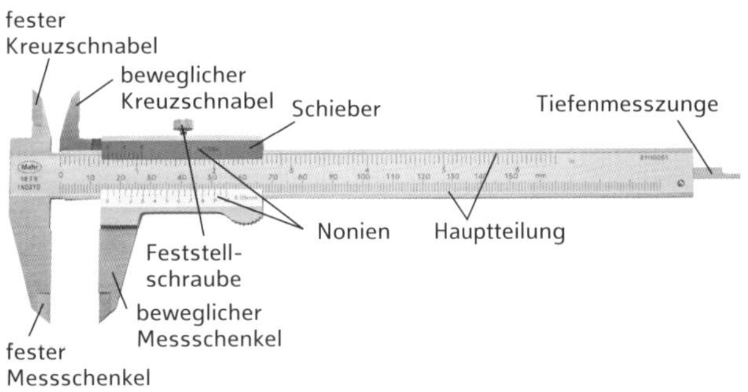

Der Messschieber besteht aus

- dem festen Schenkel mit dem Strichmaßstab in Millimeterteilung und
- dem beweglichen Schenkel mit dem Schieber, auf dem der Nonius aufgetragen ist.

Der Nonius ist z. B. 19 mm lang. Die Länge von 19 mm ist in 10 gleiche Teile unterteilt. Der Abstand von Teilstrich zu Teilstrich beträgt 1,9 mm. Der Abstand zum „2 mm"-Teilungsstrich des Strichmaßstabes beträgt 0,1 mm.

Wird der Schieber nach rechts so verschoben, dass der 1. Teilstrich des Nonius mit dem 2. Teilstrich (2 mm) des Strichmaßstabes übereinstimmt, so haben sich die Messschenkel um 2 mm – 1,9 mm = 0,1 mm geöffnet.

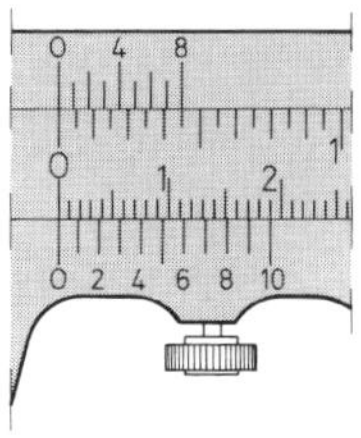

Die Messgenauigkeit des Messschiebers beträgt 0,1 mm = 1/10 mm.

Bügelmessschraube

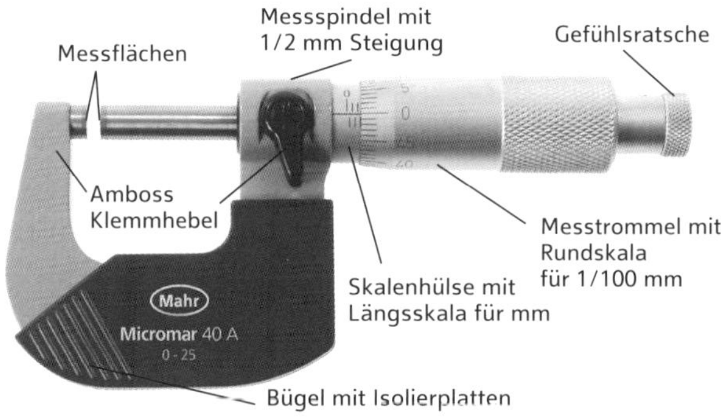

Die Bügelmessschraube besteht aus folgenden Funktionselementen:

- Bügel mit dem Amboss und der Skalenhülse
  Auf der Skalenhülse sind die ganzen und halben Millimeter aufgetragen. Im Innern befindet sich ein Innengewinde mit einer Steigung von 0,5 mm.
- Messspindel mit Messtrommel
  Die Messspindel hat ein Außengewinde mit einer Steigung von 0,5 mm. Die Messtrommel besitzt eine Skala mit 50 Teilen. Eine Gefühlsratsche sorgt für einen gleichmäßigen Messdruck.

Bei einer Umdrehung der Messtrommel verschiebt sich die Messspindel um 0,5 mm in Längsrichtung. Dreht man die Messtrommel um einen Skalenteil, so bewegt sich die Messspindel in Achsrichtung um

1/50 von 0,5 mm = 1/100 mm

Die Messgenauigkeit der Messschraube beträgt 0,01 mm.

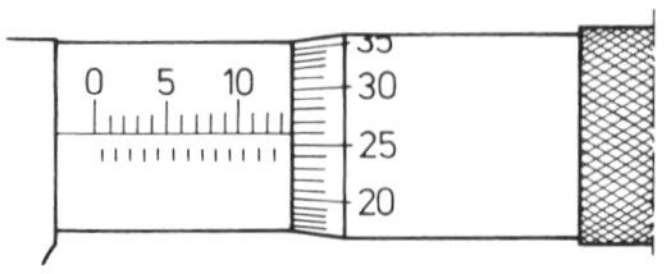

Räder, Reifen

Kundengespräch

Kundenbeanstandung: Lenkrad zittert beim Fahren.

Sichtprüfung, Direktannahme: Reifendruck, Reifenzustand prüfen: ungleiche Abnutzung, Spurstangengelenke, Schwingungsdämpfer.

Ursache: Wenn Spurstangengelenke, Schwingungsdämpfer in Ordnung sind, kann die Ursache in nicht ausgewuchteten Rädern liegen. Die ungleiche Abnutzung der Reifen deutet darauf hin.

Informationsbeschaffung Räder und Reifen

Räder

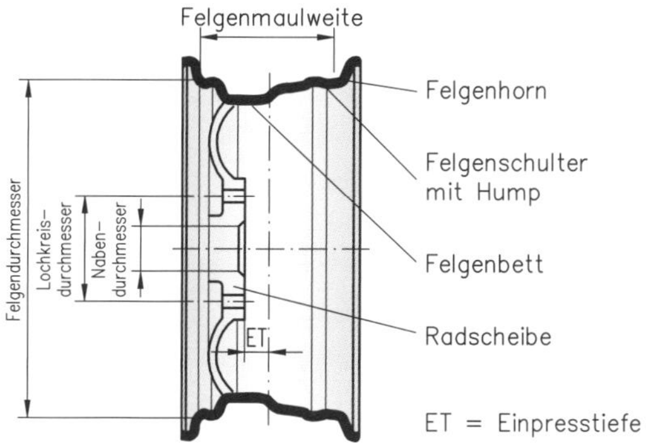

Das Rad besteht aus dem Radkörper und der Felge.
Es wird aus Stahl oder einer Leichtmetall-Legierung (gegossen oder geschmiedet) hergestellt. Leichtmetallräder sind mit einem Klarlacküberzug gegen Korrosion geschützt. Der Radkörper wird mit dem Zentriersitz des Scheibenrades an der Radnabe mit Radschrauben oder Radmuttern befestigt.
Für Pkw werden Tiefbettfelgen mit in die Felgenschulter eingepresste Höcker, Hump genannt, gefertigt, die dafür sorgen, dass ein schlauchloser Reifen bei schneller Kurvenfahrt nicht von der Felgenschulter gedrückt wird.

Felgenbezeichnung: 6 J x 15 H2

6	Felgenmaulweite in Zoll
J	Felgenhornform
x	Tiefbettfelge
15	Felgendurchmesser in Zoll
H2	Angabe über Humpform und Humpzahl

Reifen

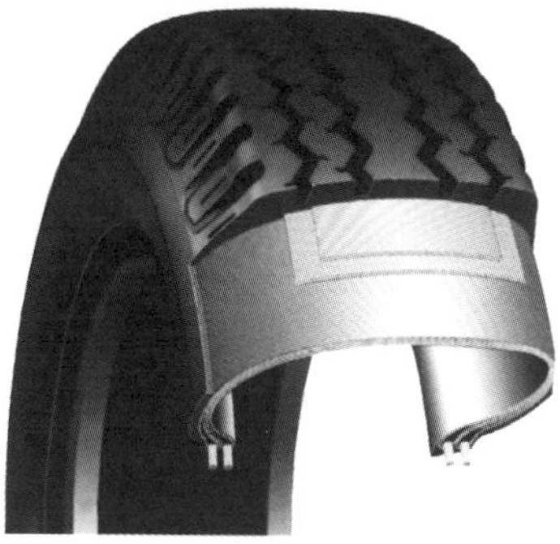

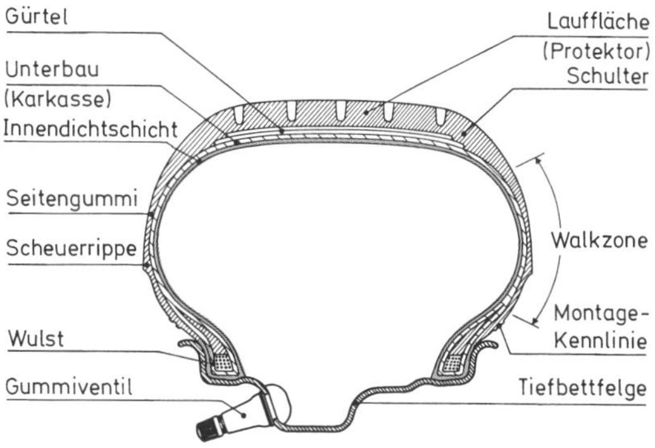

Der Reifen besteht aus
- dem Zwischenbau (Protektor) mit Lauffläche aus mehreren Gewebeschichten und Gummipolstern,
- dem Gürtel aus mehreren Lagen in Gummi eingebetteten Stahl oder Kunststoff-/Aramid-Einlagen,
- dem Gewebeunterbau (Karkasse) aus gummierten Fäden aus Rayon, Stahl, Polyester oder Aramid.
- den Wülsten mit eingesetzten Stahl- oder Aramiddrähten,
- der luftdichten inneren Gummischicht,
- dem Seitengummi mit Scheuerleiste zum Schutz des Gewebeunterbaus.

Reifenbezeichnung: 195/70 R 14 89 H

195	Reifenbreite in mm
/70	Verhältnis Höhe zu Breite in %
R	Reifenbauart: Radialreifen
14	Felgendurchmesser in mm
89	Tragfähigkeitsklasse
H	Geschwindigkeitsklasse: zulässig bis 210 km/h

Einfacher Gleichstromkreis

Der einfache Gleichstromkreis für eine Beleuchtung besteht aus:

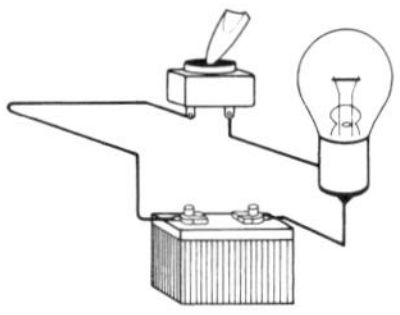

- Spannungsquelle: Batterie,
- Verbraucher: Glühlampe,
- Schalter,
- Verbindungsleitungen.

Die einzelnen Funktionselemente und ihr Zusammenwirken werden in einem Schaltplan durch Schaltzeichen dargestellt. Die Schaltzeichen sind nach DIN EN 60617 genormt. Der Schaltplan wird grundsätzlich im stromlosen und mechanisch nicht betätigten Zustand gezeichnet.

Der Stromlaufplan ist die ausführliche Darstellung einer Schaltung in ihren Einzelheiten. Er zeigt durch eine übersichtliche Darstellung der Stromwege die Wirkungsweise einer Schaltung. Für die Anordnung gibt es folgende Darstellungsarten:

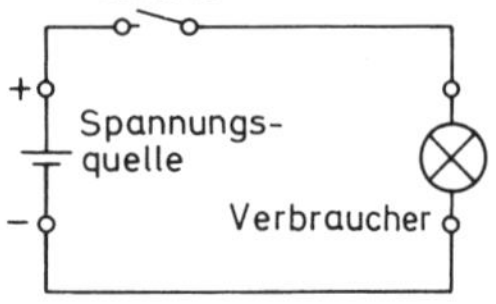

Geräte	Schaltsymbol
Batterie 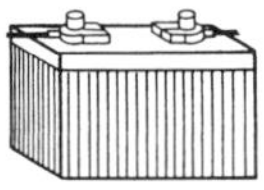	
Lampe 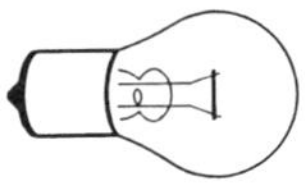	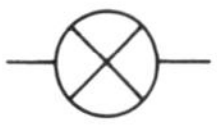
Schalter 	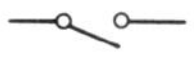
Leitung 	

Größe	Formelzeichen	Einheit
Stromstärke	I	Ampere (A)
Spannung	U	Volt (V)
Widerstand	R	Ohm (Ω)

Schaltzeichen

Die Schaltzeichen sind die Bauelemente eines Schaltplanes. Sie stellen die vereinfachte Form der Bauelemente dar.

Die Schaltzeichen werden grundsätzlich im stromlosen und mechanisch nicht betätigten Zustand gezeichnet.

Betätigung

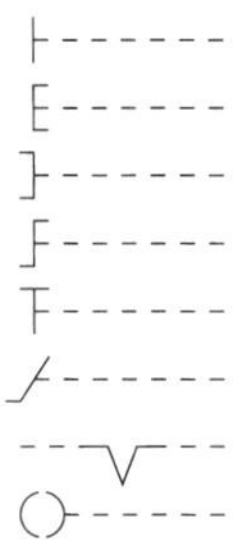

- Handantrieb: allgemein
- durch Drücken
- durch Ziehen
- durch Drehen
- durch Kippen
- Fußantrieb
- Raste
- Schlüsselbetätigter Schalter

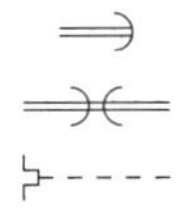

- Verzögerte Betätigung
- Bewegung nach rechts
- Bewegung nach links und rechts
- thermische Betätigung

Schalter

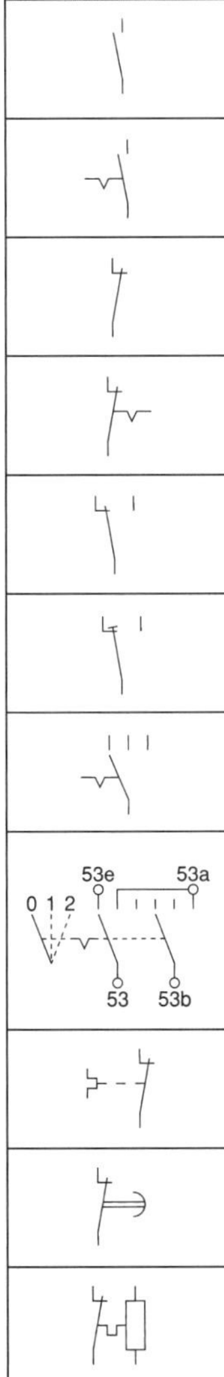

- Schließer, mit selbsttätigem Rückgang
- Schließer, mit nicht selbsttätigem Rückgang
- Öffner, mit selbsttätigem Rückgang
- Öffner, mit nicht selbsttätigem Rückgang
- Wechsler, mit Unterbrechung schaltend
- Wechsler, ohne Unterbrechung schaltend
- Stellschalter, mit drei Schaltstellungen
- Stellschalter, mit drei Schaltstellungen
- Thermoschalter
- Öffner, schließt verzögert
- Thermokontakt

Relais

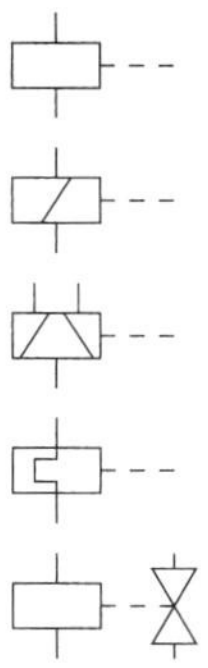

- Relais oder Schütz
- Antrieb mit einer Wicklung
- Antrieb mit zwei gegensinnig wirkenden Wicklungen
- Thermorelais
- Magnetventil

Widerstände

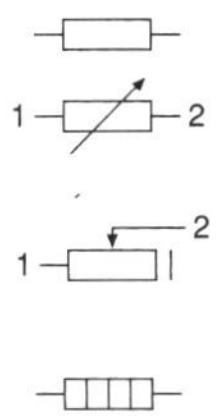

- Widerstand
- veränderbarer Widerstand (Drehwiderstand)
- veränderbarer Schiebewiderstand mit Abschaltstellung
- Heizwiderstand, Glühkerze, Heizung allgemein

Induktivitäten, Wicklungen

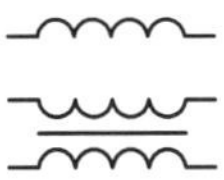

- Wicklung
- Transformator mit Kern, z. B. Zündspule

Kondensatoren

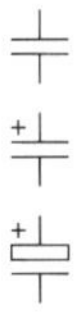

- Kondensator
- Kondensator, gepolt
- Elektrolytkondensator, gepolt

Drehstrommaschinen

- Drehstromgenerator mit Gleichrichter und Regler

Gleichstrommaschinen

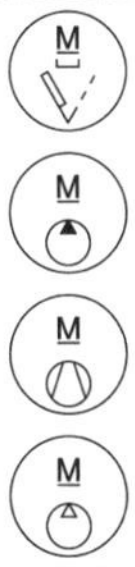

- Scheibenwischermotor
- Kraftstoff-, Scheibenspülerpumpe
- Lüfter
- Druckluftpumpe

Halbleiterbauelemente

Halbleiterwiderstände

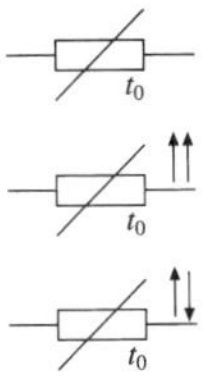

- temperaturabhängiger Widerstand
- PTC-Widerstand
- NTC-Widerstand

Dioden, Thyristoren

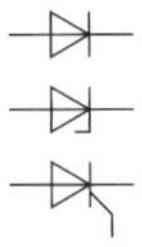

- Diode
- Z-Diode
- Thyristor

Transistoren

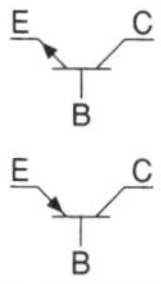

- NPN-Transistor
- PNP-Transistor

Optoelektronische Bauelemente

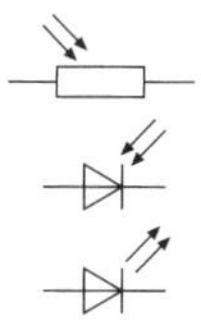

- Fotowiderstand
- Fotodiode
- Leuchtdiode (LED)

Sensoren

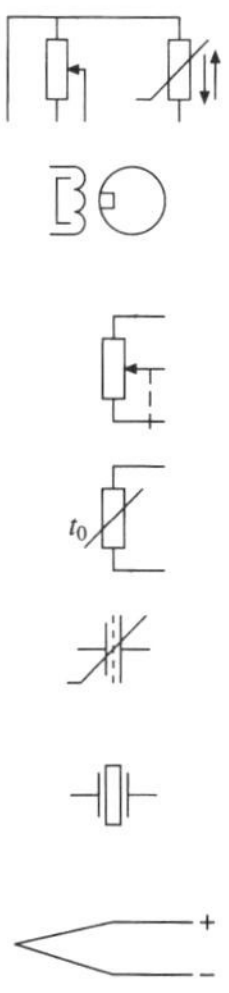

- Luftmengenmesser
- Induktionsgeber
- Widerstandsstellungsgeber
- Widerstandsthermometer
- Lambda-Sonde
- Klopfsensor
- Thermofühler

Klemmenbezeichnungen

Klemmenbezeichnungen an Bauelementen sollen verhindern, dass beim Anklemmen von Leitungen Verwechslungen entstehen. An Anschlüssen, wo eine Verwechslung keine Folgen hat, kann auf Klemmenbezeichnungen verzichtet werden. Die Klemmenbezeichnungen nach DIN werden durch Bezeichnungen nach VDE-Norm ergänzt.

Die Bezeichnungen nach VDE-Norm sind fortlaufende Zahlen z. B. am Steuergerät. Die einzelne Zahl hat im Gegensatz zu den Klemmenbezeichnungen keine Bedeutung. Die Anschlüsse an die Bezeichnungen nach VDE-Norm erfolgen aufgrund des Schaltplanes.

Klemme	Bedeutung
1	Zündspule, Zündverteiler, Niederspannung
	Zündverteiler mit zwei getrennten Stromkreisen
1 a	zum Zündunterbrecher I
1 b	zum Zündunterbrecher II
2	Kurzschließklemme (Magnetzündung)
4	Zündspule, Zündverteiler, Hochspannung
	Zündverteiler mit zwei getrennten Stromkreisen
4 a	von Zündspule I, Klemme 4
4 b	von Zündspule II, Klemme 4
15	Geschaltetes Plus hinter Batterie [Ausgang Zünd-(Fahrt)-Schalter]
15 a	Ausgang an Vorwiderstand zur Zündspule und Starter
	Glühstartschalter
17	Starten
19	Vorglühen
30	Eingang von Batterie Plus, direkt
	Batterieumschaltrelais 12/24 V
30 a	Eingang von Batterie II Plus
31	Rückleitung an Batterie Minus oder Masse, direkt
31 b	Rückleitung an Batterie Minus oder Masse über Schalter oder Relais (geschaltetes Minus)
	Batterieumschaltrelais 12/24 V
31 a	Rückleitung an Batterie II Minus
	Rückleitung an Batterie I Minus
	Elektromotoren
32	Rückleitung[1]
33	Hauptanschluss[1]
33 a	Endabstellung
33 b	Nebenschlussfeld
33 f	für zweite kleinere Drehzahlstufe
33 g	für dritte kleinere Drehzahlstufe
33 h	für vierte kleinere Drehzahlstufe
33 L	Drehrichtung links
33 R	Drehrichtung rechts
	Starter
45	Getrenntes Startrelais, Ausgang; Starter: Eingang (Hauptstrom)
	Zwei-Starter-Parallelbetrieb Startrelais für Einrückstrom
45 a	Ausgang Starter I Eingang Starter I und II
45 b	Ausgang Starter II
48	Klemme am Starter und am Startwiederholrelais Überwachung des Startvorgangs
	Blinkgeber (Impulsgeber)
49	Eingang
49 a	Ausgang
49 b	Ausgang zweiter Blinkkreis
49 c	Ausgang dritter Blinkkreis
	Starter
50	Startersteuerung (direkt)
50 a	Batterieumschaltrelais, Ausgang für Startersteuerung
50 b	Startersteuerung, Parallelbetrieb von zwei Startern mit Folgesteuerung
	Startrelais für Folgesteuerung des Einrückstroms bei Parallelbetrieb von zwei Startern
50 c	Eingang in Startrelais für Starter I
50 d	Eingang in Startrelais für Starter II
	Startsperrrelais
50 e	Eingang
50 f	Ausgang
	Startwiederholrelais
50 g	Eingang
50 h	Ausgang
	Wechselstromgenerator
51	Gleichspannung am Gleichrichter
51 e	Gleichspannung am Gleichrichter mit Drosselspule für Tagfahrt
	Anhänger-Signale
52	Weitere Signalgebung vom Anhänger zum Zugwagen
53	Wischermotor, Eingang (+)
53 a	Wischer (+), Endabstellung
53 b	Wischer (Nebenschlusswicklung)
53 c	Elektr. Scheibenspülerpumpe
53 d	Wischer (Bremswicklung)
53 e	Wischermotor mit Permanentmagnet und dritter Bürste (für höhere Geschwindigkeit)
54	Anhänger-Signale Anhänger-Steckvorrichtungen und Leuchtenkombinationen,
54 g	Bremslicht Druckluftventil für Dauerbremse im Anhänger, elektromagnetisch betätigt
55	Nebelscheinwerfer
56	Scheinwerferlicht
56 a	Fernlicht und Fernlichtkontrolle
56 b	Abblendlicht
56 d	Lichthupenkontakt
57	Standlicht für Krafträder (im Ausland auch für Pkw, Lkw usw.)
57 a	Parklicht
57 L	Parklicht, links
57 R	Parklicht, rechts
58	Begrenzungs-, Schluss- Kennzeichen- und Instrumentenleuchten
58 b	Schlusslichtumschaltung bei Einachsschleppern
58 c	Anhänger-Steckvorrichtung für einadrig verlegtes und im Anhänger abgesichertes Schlusslicht
58 d	Regelbare Instrumentenbeleuchtung, Schluss- und
58 L	Begrenzungsleuchte, links
58 R	rechts, Kennzeichenleuchte
	Wechselstromgenerator (Magnetzünder-Generator)
59	Wechselspannung, Ausgang, Gleichrichter, Eingang
59 a	Ladeanker, Ausgang
59 b	Schlusslichtanker, Ausgang
59 c	Bremslichtanker, Ausgang
61	Generatorkontrolle
	Tonfolgeschaltgerät
71	Eingang
71 a	Ausgang zu Horn 1 + 2 tief
71 b	Ausgang zu Horn 1 + 2 hoch
	Alarmschalter (Rundumkennleuchte)
75	Radio, Zigarettenanzünder
76	Lautsprecher
77	Türventilsteuerung
	Schalter Öffner und Wechsler
81	Eingang
81 a	erster Ausgang, Öffnerseite
81 b	zweiter Ausgang, Öffnerseite
	Schließer
82	Eingang
82 a	erster Ausgang
82 b	zweiter Ausgang
82 z	erster Eingang
82 y	zweiter Eingang
	Mehrstellenschalter
83	Eingang
83 a	Ausgang, Stellung 1
83 b	Ausgang, Stellung 2
83 L	Ausgang, Stellung links

1) Polaritätswechselklemme 32/33 möglich

Klemme	Bedeutung
83 R	Ausgang, Stellung rechts
	Stromrelais
84	Eingang, Antrieb und Relaiskontakt
84 a	Ausgang, Antrieb
84 b	Ausgang, Relaiskontakt
	Schaltrelais
85	Ausgang, Antrieb (Wicklungs-ende Minus oder Masse)
	Eingang, Antrieb
86	Wicklungsanfang
86 a	Wicklungsanfang oder erste Wicklung
86 b	Wicklungsanzapfung oder zweite Wicklung
	Relaiskontakt bei Öffner und Wechsler
87	Eingang
87 a	erster Ausgang (Öffnerseite)

Klemme	Bedeutung
87 b	zweiter Ausgang
87 c	dritter Ausgang
87 z	erster Eingang
87 y	zweiter Eingang
87 x	dritter Eingang
	Relaiskontakt bei Schließer
88	Eingang
	Relaiskontakt bei Schließer und Wechsler (Schließerseite)
88 a	erster Ausgang
88 b	zweiter Ausgang
88 c	dritter Ausgang
	Relaiskontakt bei Schließer
88 z	erster Eingang
88 y	zweiter Eingang
88 x	dritter Eingang
	Generator und Generatorregler
B+	Batterie Plus

Klemme	Bedeutung
B–	Batterie Minus
D+	Dynamo Plus
D–	Dynamo Minus
DF	Dynamo Feld
DF 1	Dynamo Feld 1
DF 2	Dynamo Feld 2
	Drehstromgenerator
U, V, W	Drehstromklemmen
	Fahrtrichtungsanzeige
C	(Blinkgeber)
C 0	Erste Kontrolllampe Hauptanschluss für vom Blink-geber getrennte Kontrolllampe
C 2	Zweite Kontrolllampe
C 3	Dritte Kontrolllampe (z. B. beim Zwei-Anhänger-Betrieb)
L	Blinkleuchten, links
R	Blinkleuchten, rechts

Kennfarben der Sicherungen

Keramiksicherung		Flachsicherung			
Kennfarbe	Nennstrom	Kennstrom	Nennstrom	Kennfarbe	Nennstrom
Gelb	5 A	Violett	3 A	Hellblau	15 A
Weiß	8 A	Rosa	4 A	Gelb	20 A
Rot	16 A	Hellbraun	5 A	Weiß	25 A
Blau	25 A	Braun	7,5 A	Hellgrün	30 A
		Rot	10 A		

(weiß) (rot) (blau)

8 A 16 A 25 A

Kurzfassung für die Pkw-Außenbeleuchtung

Vorgeschriebene Leuchten									
Leuchten	**Anzahl**	**Farbe**	**Leistung**	**StVZO ECE**	**Leuchten**	**Anzahl**	**Farbe**	**Leistung**	**StVZO ECE**
Abblendscheinwerfer	2	weiß	bis 55 W	§ 50 ECE-R7	Bremsleuchten	2	rot	18/21 W	§ 53 ECE-R7
Fernlichtscheinwerfer	2	weiß	bis 60 W	§ 50 ECE-R7	Rückfahrscheinwerfer	1 o. 2	weiß	z. B. 21 W	§ 52 ECE-R23
Begrenzungsleuchten	2	weiß	3 ... 5 W	§ 51 ECE-R7	Nebelschlussleuchte	1	rot	21 W	§ 53 ECE-R38
Fahrtrichtungsanzeiger Warnblinklicht	2 + 2	gelb		§ 54 ECE-R6	Kennzeichenleuchte	1	weiß	5 ... 10 W	§ 54 ECE-R7
Schlussleuchten	2	rot	5 W	§ 53 ECE-R7	Rückstrahler	2	rot	–	§ 53 –
Erlaubte Zusatzleuchten									
Leuchten	**Anzahl**	**Farbe**	**Leistung**	**StVZO ECE**	**Leuchten**	**Anzahl**	**Farbe**	**Leistung**	**StVZO ECE**
Nebelscheinwerfer	2	weiß, gelb	–	§ 52 ECE-R19	Hochgesetze Zusatzbremsleuchten	–	–	–	–
Parkleuchten	1 vorn (weiß) u. 1 hinten(rot); 1 auf jeder Seite		–	§ 51	Zusatzfernscheinwerfer	–	–	–	–
Suchscheinwerfer	1	weiß	bis 35 W	–	–	–	–	–	–

Weitergehende Informationen www.verkehrsportal.de

Bildquellenverzeichnis:
|BC GmbH Verlags- und Medien-, Forschungs- und Beratungsgesellschaft, Ingelheim: 14. |Böllhoff Gruppe, Bielefeld: 16. |Bundesverband Farbe Gestaltung Bautenschutz, Frankfurt am Main: Titel. |Di Gaspare, Michele (Bild und Technik Agentur für technische Grafik und Visualisierung), Bergheim: 15, 19, 20. |Glasurit, Münster: 3, 4, 5, 6, 7, 8, 9, 10, 11, 12, 13. |HAZET-WERK Hermann Zerver GmbH & Co. KG, Remscheid: 17. |Mahr GmbH, Göttingen: 18. |Shutterstock.com, New York: creativesunday 19; leshun irina 19. |stock.adobe.com, Dublin: loraks Titel.